高等职业教育粮食类专业教材

中国轻工业"十四五"规划立项教材

通风除尘
与物料输送技术

主　编

张自立　杜延兵

中国轻工业出版社

图书在版编目（CIP）数据

通风除尘与物料输送技术/张自立，杜延兵主编
. —北京：中国轻工业出版社，2024.8
ISBN 978-7-5184-4558-5

Ⅰ.①通… Ⅱ.①张… ②杜… Ⅲ.①食品厂—通风
除尘②食品厂—物料输送系统 Ⅳ.①TS208

中国国家版本馆 CIP 数据核字（2023）第 180117 号

责任编辑：张　靓

文字编辑：王　婕　　责任终审：白　洁　　封面设计：锋尚设计
版式设计：砚祥志远　　责任校对：晋　洁　　责任监印：张京华

出版发行：中国轻工业出版社（北京鲁谷东街 5 号，邮编：100040）
印　　刷：艺堂印刷（天津）有限公司
经　　销：各地新华书店
版　　次：2024 年 8 月第 1 版第 1 次印刷
开　　本：787×1092　1/16　印张：15.75
字　　数：363 千字
书　　号：ISBN 978-7-5184-4558-5　定价：46.00 元
邮购电话：010-85119873
发行电话：010-85119832　　010-85119912
网　　址：http://www.chlip.com.cn
Email：club@ chlip.com.cn

本书配套数字资源的获取与使用

本教材配套数字资源已上线超星学习通数字教材，师生可通过学习通APP获取本书配套的PPT课件、微课视频、在线测验等。

下载学习通，注册并登录

首页→应用中心→数字教材→搜索教材名称

 教师端

教师建课→学生扫码进班→开展混合式教学

 学生端

学生学习→选择自学或加入班级

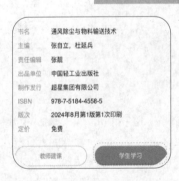 

前言 PREFACE

"通风除尘与物料输送技术"是高等职业教育粮食工程技术与管理专业的一门核心专业课。课程主要培养学生对通风除尘风网和物料输送风网的设计和操作、维护、调整能力，使学生掌握通风除尘与物料输送基本理论、基本知识和基本技能。本书始终坚持以习近平新时代中国特色社会主义思想为指导，在现代高等职业教育"工学结合"教学理念的指导下，依据通风除尘和物料输送工作岗位对职业能力的需求，秉持"立德树人""德技并修"的指导思想，以培养学生的综合素质和实践能力为目标，按照"模块"的框架结构进行整体设计，包括知识点和工作内容任务，让学生在完成具体任务的过程中，掌握相关理论知识和技能，培养学生树立安全生产和生命至上思想，学习过程中知行合一、学以致用，增长知识、锤炼品格，培养学生积极主动、勇于探索的自主学习方式，并注重培养学生的职业能力、终身学习能力与可持续发展能力。引导学生形成实事求是的科学态度，不断提高科学思维能力，增强分析问题、解决问题的实践本领，依靠学习走向未来。

按照粮食加工通风除尘和物料输送岗位技能需求，本书详细论述了通风除尘与物料输送必需的基础知识和技能操作，内容对接现代企业的新技术、新工艺、新方法。全书共分七个模块，分别介绍了空气流动流体力学基础知识、通风机、粉尘控制、通风除尘系统设计、气力输送技术、气力输送系统设计计算和运行管理、机械输送设备等内容。本书的编写力求内容全面、先进，叙述简明扼要，兼顾基本原理，注重操作技能，并配有丰富的习题、详尽的微课和PPT在线学习资料。

本书由山东商务职业学院粮油食品学院张自立副教授、杜延兵教授担任主编，中储粮秦皇岛直属库贾林、无锡中粮工程科技有限公司黄海军、陈伟参与编写，山东商务职业学院粮油食品学院熊素敏教授担任主审，模块一由张自立编写，模块二、模块七由杜延兵编写，模块三、模块四由熊素敏编写，模块五、模块六由贾林、陈伟编写，工作任务部分由黄海军编写。全书由张自立审稿。

本书在编写过程中，得到了多位专家、教授的支持和帮助，尤其是山东商务职业学院及其粮油食品学院、无锡中粮工程科技有限公司、中储粮秦皇岛直属库有关领导对本书的编写给予了大力支持，在此一并致谢。

由于编者水平有限，书中难免有不少疏漏和错误之处，恳请广大读者批评指正。

编者

2023 年 7 月

目 录 CONTENTS

模块一

空气流动流体力学基础知识

学习目标

知识目标

1. 了解空气构成成分。
2. 熟悉空气的基本特性参数。
3. 掌握动压、静压和全压的计算方法。
4. 熟悉常见管道变形管件。
5. 掌握沿程摩擦阻力、局部阻力和管道总阻力的计算方法。
6. 熟悉常用测压仪器使用方法。

绪论微课

技能目标

1. 能进行基本参数转换计算。
2. 能判断大气环境是否污染。
3. 能分辨空气管流类型。
4. 能进行管道断面之间动压、静压和全压的计算。
5. 能正确查阅对应附录，进行沿程摩擦阻力、常见各种局部阻力和管道总阻力的计算。
6. 能正确使用常用测压仪器。
7. 能进行管道动压、静压和全压的测定。

素质目标

1. 通过空气构成成分判断空气是否污染，树立绿色环保意识。
2. 通过空气参数计算，培养精益求精的工匠精神。
3. 通过管道压力测定，形成实事求是的科学态度，树立劳动意识、安全用电意识、安全生产和生命至上意识。

模块导学

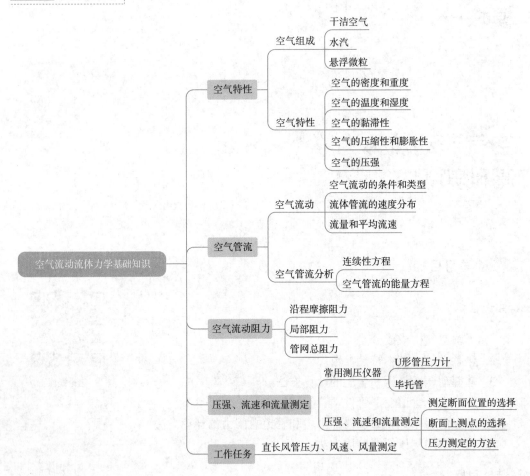

知识点一

空气特性

一、空气组成

空气是由多种成分组成的混合气体，主要由干洁空气、水汽和悬浮微粒三部分构成。

1. 干洁空气

干洁空气即干燥清洁空气，不含水汽和悬浮微粒。干洁空气的主要成分为氮气、氧气和氩气，这三部分在空气的总容积中约占 99.97%，其他成分有二氧化碳、氖、氦、氪、氢、氙、臭氧等。

2. 水汽

水汽是空气的一项重要组成部分，其浓度随地理位置和气象条件不同变化范围较大。干燥地区的水汽含量低至 0.02%，暖湿地区含量可达 6%。

3. 悬浮微粒

悬浮微粒主要指因自然因素变化而悬浮在空气中的颗粒物，如火山爆发产生的火山灰，土壤、岩石风化的微细颗粒物以及植物花粉等。

一般情况下，空气中的氮气、氧气和氩气，以及微量的氖、氦、氪、氢、氙、氡等稀有气体是空气组分的恒定部分；二氧化碳和水汽是空气的可变组分；悬浮微粒是空气的不定组分。

干洁空气、水汽和悬浮微粒为空气的自然组成，又称为空气的本底物质。本底的某个组分在含量上有显著变化时或空气中本来不存在的物质在空气中大量出现时，即意味着空气受到了污染（一般水汽含量的变化除外）。

二、空气特性

空气的物理特性
——密度、重度
及温湿度微课

（一）空气的密度和重度

1. 空气的密度

单位体积空气所具有的质量称为空气的密度，用 ρ 表示，其表达式为：

$$\rho = \frac{m}{V} \tag{1-1}$$

式中　ρ——空气的密度，kg/m^3；

　　　m——空气的质量，kg；

　　　V——空气的体积，m^3。

标准空气的密度 $\rho_a = 1.2 kg/m^3$。

2. 空气的重度

单位体积空气所具有的重量（指重力）称为空气的重度，用 γ 表示，其表达式为：

$$\gamma = \frac{G}{V} \tag{1-2}$$

式中　γ——空气的重度，N/m^3；

　　　G——空气的重量，N；

　　　V——空气的体积，m^3。

根据牛顿第二定律，$G = mg$，可得出：

$$\gamma = \rho g \tag{1-3}$$

式中　g——当地重力加速度，m/s^2，一般取 $g = 9.81 m/s^2$。

标准空气的重度 $\gamma_a = 11.77 kg/m^3$。

（二）空气的温度和湿度

1. 空气的温度

空气是由不同成分的分子所组成的混合气体，空气分子不停地进行着无规律的热运动，空气分子热运动的平均动能的大小能表明其温度的高低。

实际工程中，通常采用摄氏温度，即相对温度，用 t 表示，单位为℃。理论上，通常采用开氏温度，即热力学温度，用 T 表示，单位为 K。

热力学温度和相对温度的关系为：

$$T = t + 273 \quad (K) \tag{1-4}$$

2. 空气的湿度

空气由氮气（N_2）、氧气（O_2）、二氧化碳（CO_2）、臭氧（O_3）等多种气体成分和水蒸气组成，完全没有水蒸气的空气称为干燥空气。

单位体积空气中所含水蒸气的质量称为绝对湿度，即水蒸气的密度，用 ρ_s 表示。

湿空气的绝对湿度与同温度下的最大绝对湿度（饱和湿度 ρ_{max}）之比称为相对湿度，用 ψ 表示。其表达式为：

$$\psi = \frac{\rho_s}{\rho_{max}} \tag{1-5}$$

式中　ψ——空气的相对湿度，%；

　　　ρ_s——空气的绝对湿度，kg/m^3；

ρ_{max}——空气的饱和湿度，kg/m^3。

空气的相对湿度一般在 30%～80%。当相对湿度的数值高于 80% 时为高湿度空气，当相对湿度的数值低于 30% 时为异常干燥状态空气。

3. 空气的露点温度

含有一定水汽的空气，随着温度降低，就会有一部分水汽冷凝成水滴形成结露现象，结露时的温度称为露点温度。

露点温度对于通风除尘与气力输送有着重要的影响，一般要尽量避免。

（三）空气的黏滞性

请先观察个小实验。如图 1-1 所示，用细线悬挂圆筒 B，筒内置一个小圆筒 A，A、B 两筒的轴线重合。使圆筒 A 迅速旋转，圆筒 A 外表面的空气随着圆筒 A 一起转动，由于空气层有层间有内摩擦力（黏滞力），故空气一层带动一层旋转，最终带动圆筒 B 也旋转起来。

流体流动时所表现出的内摩擦力即黏滞力，反映了流体抵抗外力使其产生变形的特性，这种特性称为黏滞性，简称黏性。流体的黏性大小用动力黏性系数（也称黏度）μ 表示，单位为 Pa·S。μ 值越大，流体黏性越大。

黏性的大小受温度的影响较大，空气等气体的黏性随温度的增高而增大，而水等液体的黏性随着温度的增高反而减小。

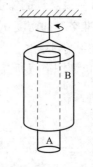

图 1-1　空气黏性实验

由于空气流体具有黏性，空气在管道中流动时需要消耗一定的能量克服黏滞力，因此也就产生了流体的阻力。也正是因为空气和水具有黏性，飞机才能在空气中飞翔，轮船才能在水中航行。在通风工程中，由于空气流体具有黏性，可利用空气介质携带粉尘和物料，从而达到通风除尘和物料输送的目的。

（四）空气的压缩性和膨胀性

空气在一定的温度下受到压强作用体积缩小、密度增大的特性称为空气的压缩性。在压强一定时，空气因温度升高而体积增大、密度减小的特性称为空气的膨胀性。

一般情况下，可以把空气当做没有黏性的理想气体，因此表示空气状态变化的三个物理量，即体积 V、压力 P、温度 T 三者之间的关系，可用理想气体状态方程反映：

空气的物理特性——黏性、压缩性及膨胀性微课

$$\frac{P_1 V_1}{T_1} = \frac{P_2 V_2}{T_2} = \cdots = K = 常数 \qquad (1-6)$$

或
$$PV = KT \qquad (1-7)$$

上式表明，对于一定质量的气体，当其状态发生变化时，压力、体积的乘积与热力学温度的比值始终为一常数，这就是气体状态方程。

气体状态方程适用于没有黏性的理想气体，通风和输送工程中的空气，由于其压力相对于大气压力不是很大，且温度为室温，故其状态变化可以认为符合以上气体状态方程。

气体状态方程中的 K 称为气体状态常数，它与气体状态无关。对于干燥空气，$K = 87.33 \mathrm{N \cdot m/(kg \cdot K)}$；对于中等湿度（$\varphi = 50\%$）的空气，$K \approx 288.4 \mathrm{N \cdot m/(kg \cdot K)}$。

由式（1-6）和式（1-7）可得出：
$$Pm = \rho KT \qquad (1-8)$$

对于单位质量的气体：
$$\rho = \frac{P}{KT} \qquad (1-9)$$

上式说明空气的密度是随压力和温度的变化而变化的。

在通风工程中，通常将摄氏温度为 20℃、绝对压力为一个标准大气压力、相对湿度为 50% 的空气称为标准空气。一般情况下，当压力和温度变化不大时，可近似认为空气的密度为常数，取值为标准空气的密度。但在特定情况下，如高原和高寒地区，由于空气的压力和温度变化较大，其密度可按式（1-9）计算。

标准空气的密度大小计算如下：
$$\rho = \frac{P}{KT} = \frac{760 \times 13.6 \times 9.81}{288.4 \times (273 + 20)} = 1.2 \ (\mathrm{kg/m^3})$$

因此，标准空气的重度为：
$$\gamma = \rho g = 1.2 \times 9.81 = 11.8 \ (\mathrm{N/m^3})$$

（五）空气的压强

通风工程中所指的压力就是物理学中所指的压强，即空气垂直作用于容器单位面积上的力，用 P 表示，单位为帕斯卡，用 Pa 或 $\mathrm{N/m^2}$ 表示。在空气流体中，压力表示流体单位体积所具有的能量的大小，通常用实测的方法得出，有时也可用计算的方法得出。

1. 压强的表示方法

（1）绝对压强　以绝对真空为基准计量的压力称为绝对压力，其大小为正值。

（2）相对压强　以大气压力为基准计量的压力为相对压力，用 P_r 表示，其大小可能为正值，也可能为负值。

（3）真空度　相对压力有正负之分，小于大气压力的压下力称为相对负压力。相对负压力的绝对值称为真空度。即真空度 = 大气压 - 绝对压强。

如图 1-2 所示，A 点的相对压强为正值，B 点的相对压强为负值，当地大气压的相对压强为零。

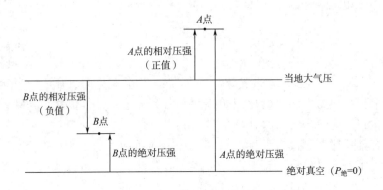

图 1-2　绝对压强、相对压强和大气压的关系

2. 压强的单位

（1）定义单位　单位面积上的力来度量的压强的大小，即

$$P = \frac{F}{A} \tag{1-10}$$

空气的物理特性
——压强微课

式中　F——垂直作用于容器内壁的力，N；

　　　A——力 F 作用的面积，m^2；

　　　P——压强，N/m^2。

N/m^2 为压强的国际单位制。N/m^2 简称帕，符号 Pa，即 $1N/m^2 = Pa$。

在通风工程中，压强习惯于用 kg/m^2 表示，此单位为压强的工程制单位。压强的工程制单位与国际单位制之间的关系为 $1kg/m^2 = 9.81Pa$。

（2）液柱高度　压强的计量单位用液柱高度来表示，如毫米汞柱（mmHg）、毫米水柱（mmH_2O）。

$$1mmHg = 13.6mmH_2O$$

$$1mmH_2O = 1kg/m^2$$

（3）大气压　大气压强的单位以大气压来表示，如物理大气压（atm）、工程大气压（at）。地球表面的大气重量所引起的压力称为大气压力，用 P_0 表示。大气压力的大小随各地海拔的变化而变化，海拔越高，大气压力越小，而且大气压力与当地温度、湿度等气候因素也有关。通常将地球纬度为 45°、摄氏温度为 0℃ 的海平面上的大气压力称为标准大气压力，即 1atm。

$$1atm = 760mmHg = 10336mmH_2O = 10336kg/m^2 = 1.0336kg/cm^2$$

$$= 10336 \times 9.81Pa = 1.0133 \times 10^5 Pa$$

$$1at = 736mmHg = 10000mmH_2O = 1kg/cm^2$$

知识点二

空气管流

一、空气流动

（一）空气流动的条件和类型

1. 空气流动的条件

力是改变物体运动状态的原因，气体压强的不平衡引起了空气的流动。空气流动的基本条件是：存在一定的压力差。

2. 空气流动的类型

（1）管流 空气在管道中的流动，简称为管流。

（2）射流 空气以一定的速度从管道端头、容器或管道上的条缝、孔口等处流出时，在空气中沿气流运动方向形成一股气流，这股气流称为通风射流。射流周围没有固体边界，四周受到大气压的作用。

（3）汇流 空气由管道进口吸入时，进风口附近的空气流向进风口形成汇流。

（二）流体管流的速度分布

1. 层流和紊流

流体在管道中的流动状态存在着层流和紊流两种流型。英国物理学家雷诺在 1883 年通过实验，首次发现了流体管流的两种流型：层流和紊流，并在实验的基础上确定了两种流型的判断方法。

流体在管道中以较低的速度流动时，流体各层之间相互滑动而不混合，即流体质点只存在轴向速度而无径向速度，这种流动即为层流。层流是一种有秩序的流动。

空气的流动状态微课

当管道中流体速度较高时，流体质点在管流的径向上也得到了附加速度，分层流动发生了混合，层流被破坏，流动状态发展为紊流。紊流是一种流体质点杂乱无章的流动。

流体的两种状态可以相互转变，流体的流动状态取决于流体的流速 v、管道直径 D、流体密度 ρ 和黏性系数 μ。雷诺根据大量实验，总结提出了一个判定流体状态的无因次量，称为雷诺数，用 Re 表示，其表达式为：

$$Re = \frac{vD\rho}{\mu} \qquad (1-11)$$

实验测得，当流体的实际雷诺数 $Re<2320$ 时，流体状态为层流；当流体的实际雷诺数 $Re>2320$ 时，流体状态为紊流。流体流动状态发生改变时的雷诺数称为临界雷诺数。

流体的流动状态对流动阻力有很大影响，紊流时的阻力比层流时要大得多，在实际的通风和气力输送工程中，一般情况下其风速不少于 10m/s、管径不小于 80mm，空气的黏性系数 μ 取值为 18×10^{-6}Pa·s，则此时空气的雷诺数为：

$$Re = \frac{vD\rho}{\mu} = \frac{10\times80/1000\times1.2}{18\times10^{-6}} = 53333 > 2320$$

上式说明，空气流体在管道中流动时的流动状态为紊流，在进行阻力计算时就是以此为理论基础的。

2. 不同流型管流的速度分布规律

流体的流动状态不同，管流断面上质点的速度分布也不同。

层流流型时管流的速度分布如图1-3（1）所示。空气流动在管道断面轴心线上流速最大，管道内壁处速度最小，趋于零，速度分布曲线呈抛物线形状。圆管层流运动时，有效断面上的速度分布呈抛物线规律变化，平均速度为最大速度的一半。即

$$v = \frac{1}{2}u_{max} \tag{1-12}$$

式中　u_{max}——管道断面轴心线上的速度。

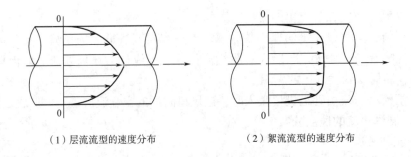

（1）层流流型的速度分布　　　　　（2）絮流流型的速度分布

图1-3　层流和紊流管流断面速度分布

紊流流型时的速度分布如图1-3（2）所示。空气流动同样具有在管道断面轴心线上流速最大，在管道内壁处速度为零的特点，速度分布呈对数曲线形状。由于紊流流体质点存在径向速度，因此速度分布曲线在轴心区域较层流速度分布曲线平坦。

紊流流型时，有效断面上的气流速度分布按对数曲线分布。平均速度v与最大速度u_{max}的理论比值在0.80~0.85之间，即

$$v = (0.80 \sim 0.85)u_{max} \tag{1-13}$$

在实际通风工程上，常取系数0.9来计算紊流流型时空气流动的平均速度，即

$$v = 0.9u_{max} \tag{1-14}$$

（三）流量和平均流速

1. 流量

单位时间内流过某有效断面的流体量称为流量。有效断面指在通风管道中垂直于流动方向的横断面。流量有体积流量（Q）、质量流量（M）和重度流量（G）三种表示方法。

实际的通风工程中，常用体积流量表示流量，此时流量即风量，用符号Q表示，单位为m^3/s或m^3/h。

2. 平均流速

虽然空气管流不同流型时，速度分布规律不同，但是在通风工程上所研究的并不是管流中空气分子的微观运动，而是空气在外力作用下的宏观机械运动，如空气流速

的大小、风量的高低等。因此，常用平均流速来表示管流断面空气实际流速的大小。

二、空气管流分析

（一）连续性方程

如图 1-4 所示，空气在变截面管中流动，沿气流方向任意取两个有效断面，即断面 1-1 和断面 2-2，断面面积分别为 S_1、S_2，平均风速分别为 v_1、v_2，若管道与外界无空气流体交换，空气在管道中连续流动且密度不变，根据质量守恒定律，单位时间内流过断面 1-1 和断面 2-2 的空气流量相等，即

$$Q_1 = Q_2 = Q \tag{1-15}$$

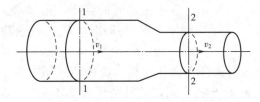

图 1-4　连续性方程示意图

式（1-15）即为空气在管道中流动时的连续性方程，它说明在同一管道中，无论截面面积如何变化，流过任意断面的流量不变。

连续性方程也可写成：

$$S_1 v_1 = S_2 v_2 \tag{1-16}$$

式（1-16）说明，在同一管道中，任意断面面积与平均风速成反比。面积大，风速就小；面积小，风速就大。

对于圆形风管，连续性方程可写成：

$$\frac{(D_1)^2}{(D_2)^2} = \frac{v_2}{v_1} \tag{1-17}$$

式（1-17）说明，在同一管道中，平均风速与风管直径的平方成反比。

在实际的通风工程中，吸尘装置采用收缩管，就是为了既保证吸风管中有足够的风速能吸走含尘空气，又防止在暖口处从设备中吸走物料，这就是连续性方程在实际的通风工程中的应用。

（二）空气管流的能量方程

1. 空气流动的压力

（1）静压　静压是使空气收缩或膨胀的压力，用符号 H_{st} 表示。它在管道中同一截面各个方向上的大小相同，无论是流动的空气还是静止的空气，都有静压。与大气压力相比，当 $H_{st} > P_0$ 时为正静压；当 $H_{st} < P_0$ 时为负静压。在实际工程中，静压的大小

一般通过测量得出。

（2）动压　单位体积空气所具有的动能称为动压，是空气分子作定向运动时产生的压力，它只在空气运动方向上起作用，且永远为正值。在管道中间同一截面的不同点，由于空气流速不同，其动压也不同。静止的空气只有静压，没有动压。

$$H_d = \frac{v^2}{2g}\gamma = \frac{1}{2}\rho v^2 \qquad (1-18)$$

式中　H_d——管道中空气的动压，Pa；

　　　　γ——空气的重度，N/m³；

　　　　ρ——空气的密度，kg/m³；

　　　　v——管道中空气的流速，m/s。

通风的形式及空气
流动时的压强微课

在实际工程中，动压用符号 H_d 表示，其大小可以通过测量得出，也可以通过计算得出。

（3）全压　全压代表空气在管道中流动时的全部能量（此时不计流体的位能）。全压力用符号 H_o 表示，其大小为静压力 H_{st} 和动压力 H_d 的代数和，即

$$H_o = H_{st} + H_d \qquad (1-19)$$

在实际工程中，全压与静压、动压一样，都用相对压力表示。全压的大小有正、负之分，在管道的同一截面上的不同点，其全压大小不相等，静止的空气静压等于全压。

2. 理想气体流动的能量方程

空气在管道中流动时具有压力，也就是具有能量（压力即为单位体积空气所具有的能量），根据连续性方程可知，空气在管道中作稳定流动时，其风速随断面积的变化面变化，速度的变化又引起压力即能量的变化。

图 1-5 为一段两端处于不同高度的变径管，如流体在管中为理想流体，作稳定流动，那么在变径管上任取 1~2 段流体，经分析可得出：

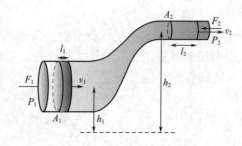

图 1-5　能量方程示意图

$$H_{st1} + \frac{1}{2}\rho v_1^2 + \rho g h_1 = H_{st2} + \frac{1}{2}\rho v_2^2 + \rho g h_2 \qquad (1-20)$$

即

$$H_{st} + \frac{1}{2}\rho v^2 + \rho g h = 常数 \qquad (1-21)$$

式（1-21）即理想流体能量方程，又称伯努利方程。该式说明，理想流体在作稳定流动时，其静压能、动压能和位能之和为常数，即流体的总能量保持不变。

如果把空气看成理想流体，由于其密度很小，位能 $\rho g h$ 可忽略不计，则流体能量方程可写成：

$$H_{st} + \frac{1}{2}\rho v^2 = 常数$$

或

$$H_{st}+H_d = 常数 \qquad (1\text{-}22)$$

式中，H_{st} 为静压，H_d 为动压，两者之和为全压。

式（1-22）说明，在不考虑能量损失的情况下，管道中全压不变，同一断面的静压和动压可相互转化。

3. 实际气体流动的能量方程

在实际工程中，空气流体在管道中流动时由于具有黏性，必然会有能量损失，即压力损失，也就是通常所说的空气在管道中流动时有阻力，如用 H_Δ 表示空气从截面 1 流向截面 2 的压力损失，则实际流体的能量方程为

空气流动时的伯努利方程微课

$$H_{st1}+H_{d1} = H_{st2}+H_{d2}+H_\Delta \qquad (1\text{-}23)$$

或

$$H_{o1} = H_{o2}+H_\Delta \qquad (1\text{-}24)$$

则

$$H_\Delta = H_{o1}-H_{o2} \qquad (1\text{-}25)$$

式（1-25）说明，空气流体在管道中流动时要克服管道中的阻力，也就会产生压力损失，所以空气流体在向前流动的过程中不断损失能量，其全压不断变小。这样，就需要通过机械动力（常采用通风机）不断为流体补充能量，才能实现空气流体连续稳定的流动。

以上的实际流体能量方程适用于流体管道与外界无能量交换的情况。

知识点三

空气流动阻力

一、沿程摩擦阻力

空气在直长管道中流动时，流速恒定不变，流动阻力只有沿程不变的切应力，即称为沿程摩擦阻力，简称沿程摩阻。

空气在直长管道中流动克服沿程摩擦阻力损失的能量，称为沿程摩擦能量损失，简称沿程损失。

空气在直长管道中流动，沿程摩擦阻力产生的主要原因有两个方面：首先是空气在直长管道中流动时由于空气的黏滞性而存在于空气内部质点之间的内摩擦力；其次是空气与管道内壁之间的外摩擦力。

沿程阻力计算微课

在直径为 D 的直长管道中，沿空气流动方向任取两断面 1-1 断面和 2-2 断面。两断面之间管道长度为 L，空气的平均速度为 v，空气重度为 γ，1-1 断面的全压为 H_{o1}，2-2 断面的全压为 H_{o2}，则空气由 1-1 断面流到 2-2 断面的沿程摩擦阻力或沿程损失为：

$$H_m = H_{o1}-H_{o2} \qquad (1\text{-}26)$$

$$H_m = \frac{\lambda}{D}L\frac{v^2}{2g}\gamma \qquad (1\text{-}27)$$

式中　H_m——沿程摩擦阻力或沿程损失，Pa；

　　　D——直长管道直径，m；

　　　L——直长管道长度，m；

　　　v——管道中空气的流速，m/s；

　　　γ——空气的重度，N/m³；

　　　λ——沿程摩擦阻力系数，它与管流的流型密切相关（见本书附录一除尘风管计算表）。

式（1-26）、式（1-27）为沿程摩擦阻力或沿程损失的计算公式。

式（1-27）还可表示为：

$$H_\mathrm{m} = RL \tag{1-28}$$

式中　R——每米长风管所具有的沿程摩擦阻力，即单位摩阻（可通过本书附录一的第二部分查到），Pa/m；

　　　L——直长管道长度，m。

对于非圆形管道，一般采用当量直径计算沿程摩擦阻力，即

$$H_\mathrm{m} = \frac{\lambda}{D_\text{当}} L \frac{v^2}{2g} \gamma \tag{1-29}$$

式中　$D_\text{当}$——非圆形管道的当量直径，m。

非圆形管道当量直径可以用流速当量直径或流量当量直径表示。

1. 流速当量直径

假设有一圆形管道，其气流速度与矩形管道的气流速度相等，而且圆形管道的单位摩阻也等于矩形管道的单位摩阻，则这个圆形管道的直径即为该短形管道的流速当量直径。可按下式进行计算：

$$D_\mathrm{v} = \frac{2ab}{a+b} \tag{1-30}$$

式中　D_v——流速当量直径，m；

　　　a——矩形管道的宽，m；

　　　b——矩形管道的高，m。

2. 流量当量直径

假设有一圆形管道，其管内空气流量与矩形管道内的空气流量相等，而且圆形管道的单位摩阻也等于矩形管道的单位摩阻，则该圆管道的直径即为矩形管道的流量当量直径。可按下式进行计算：

$$D_\mathrm{Q} = 1.265 \left(\frac{a^3 b^3}{a+b} \right)^{0.2} \tag{1-31}$$

式中　D_Q——流量当量直径，m。

二、局部阻力

当空气流经管道中的局部管件或设备时，由于在边界急剧变化的区域出现了旋涡区和速度的重新分布，从而使流动阻力大大增加，这种阻力称为局部阻力，空气流动克服局部阻力引起的能量损

流动阻力微课

失，称为局部损失，用 H_J 表示。

边界急剧变化的管道，常称为局部构件。常见的局部构件有弯头、阀门、三通、变形管、风帽、进风口、出风口等，通风管道中连接的吸风罩、除尘器等设备也是局部构件。

局部阻力的产生，主要原因是管道边界的局部变化引起了空气速度的重新分布，因而附加了空气质点的相对运动和变形，也加剧了质点间的摩擦与相互撞击，从而使能量受到额外的损失；其次是管道的边界局部变化还引起了空气主流与边壁的分离并最终导致的旋涡的产生，而产生的旋涡消耗主流的能量。

局部阻力按下式计算：

$$H_J = \zeta \cdot H_d = \zeta \frac{v^2}{2g} \gamma \qquad (1-32)$$

式中　H_J——局部阻力或局部损失，Pa；

　　　ζ——局部构件阻力系数（常用局部构件的阻力系数见本书的附录二和附录三）；

　　　H_d——管道中空气的动压力，Pa；

　　　γ——空气的重度，N/m³；

　　　v——管道中空气的流速，m/s。

式（1-32）为局部阻力或局部损失的计算公式。局部阻力的计算，关键是局部构件局部阻力系数的确定。下面介绍几种常见的局部构件。

（1）弯头　弯头在通风管道中起到改变空气流动方向的作用。根据管道截面是圆形或是方形，对应的弯头有圆弯头和方弯头两种形式。

对于弯头的规格，一般有三个基本参数，见图1-6，即：

①曲率半径 R：即弯头中心线到弯曲中心的距离。

②转角 α。

③弯头管道参数：如圆弯头的直径 D，方弯头的宽和高。

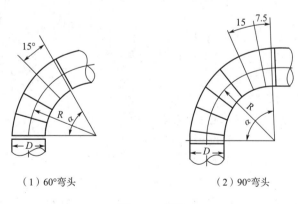

（1）60°弯头　　　　　（2）90°弯头

图1-6　弯头

弯头的曲率半径，一般描述成管道直径的倍数，如 $R = 1.5D$。弯头曲率半径大小，表示管道改变方向时的急或是缓，在除尘风网中弯头的曲率半径一般取 $1 \sim 2$ 倍管道直径大小，即 $R = (1 \sim 2)D$。气力输送管道通常取 $R = (6 \sim 10)D$ 或 $R \geqslant 1m$。弯头的转角表示弯头的转向是多少度，如 90°弯头、45°弯头等。

弯头的阻力系数由曲率半径、转角等参数（分节制作的弯头还要选定节数）查弯头阻力系数表即可确定，见本书附录二。

弯头阻力计算微课

（2）阀门　阀门在除尘风网中起到调节管道中风量大小的作用，在除尘风网中最常见的阀门有插板阀和蝶阀两种，见图 1-7。

（1）插板阀　　　　　　　　　　（2）蝶阀

图 1-7　阀门

一般在压强较低的管段中使用插板阀，在压强较高的管段中使用蝶阀。可根据蝶阀的倾角或插板阀的开启程度查附录二得到阀门的阻力系数。

阀门和三通
阻力计算微课

（3）三通　三通是除尘风网中最常见的局部构件，作用是将支流管道内的风量并入主管道。

由图 1-8 可知，描述三通的主要参数有：支流管道与主管道的夹角 α，主管道的直径 $D_{主}$ 和流速 $v_{主}$，支流管道的直径 $D_{支}$ 和流速 $v_{支}$ 等。

根据三通夹角 α、主流管道直径与支流管道直径的比值（$D_{主}/D_{支}$）和支流管道内气流速度与主流管道内气流速度的比值（$v_{支}/v_{主}$），查本书附录三三通阻力系数表即可分别得到三通主流管道的阻力系数 $\zeta_{主}$ 和三通支流管道的阻力系数 $\zeta_{支}$。

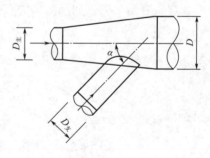

查阅三通局部阻力系数可知，三通主流管道的阻力系数 $\zeta_{主}$ 和三通支流管道的阻力系数 $\zeta_{支}$ 有时会是负值。这是因为三通是两股不同能量的气流汇合的区域，当两股气流汇合时如果其中的一

图 1-8　三通

股气流能量非常高，另一股气流的能量又比较低，则其中能量比较低的气流所在的管道阻力系数就可能为负值。负的阻力系数表明这股气流碰撞、汇合后损失的能量少于得到的能量，但主流、支流管道的阻力系数不可能同时出现负值。

（4）汇集风管　汇集风管是将多根支管气流汇集到一根总管的一种管件。对于直径相差不大、分布较均匀的支管，汇集风管可做成圆锥形，如图 1-9（1）所示；对于直径相差较大或分布不均匀的支管，汇集风管可做成阶梯形，如图 1-9（2）所示。

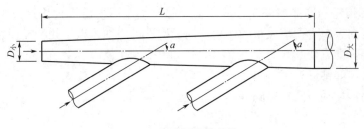

（1）圆锥形汇集风管

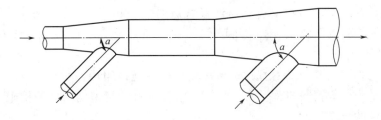

（2）阶梯形汇集风管

图 1-9　汇集风管

圆锥形汇集风管的总阻力可按下式近似计算：

$$H_h = 2RL \tag{1-33}$$

式中　H_h——汇集风管的总阻力，kgf/m^2；

$\quad\quad R$——对应于大头直径和风速的单位长度上的沿程阻力，$(kgf/m^2)/m$；

$\quad\quad L$——汇集风管的总长度，m。

阶梯形汇集风管的总阻力应分段计算。

变形管是风网管道系统中不可缺少的部分，也是产生管道阻力的主要结构部分，因此，在设计确定管道结构时，应尽可能考虑减少管道阻力，以降低风网的动耗。

三、管网总阻力

1. 管网

直长管道和局部构件连接所组成的系统，称为管网。管网与风机、除尘器连接，即可完成特定的通风任务。管网一般由直长管道和局部构件组成。

（1）直长管道　通风管道的形状，一般为圆管形，也有因现场条件或工艺要求部分采用矩形管道。圆形、矩形通风管道的常用规格见表 1-1。

表 1-1　　　　　　　　　　圆形、矩形通风管道的常用规格

圆形管道			矩形管道		
管径/mm	壁厚/mm	允许误差/mm	管径/mm	壁厚/mm	允许误差/mm
60~200	0.5	±1	<200×200	0.5	-2
200~500	0.75	±1	<500×500	0.75	-2
500~1000	1.0	±1	<1000×1000	1.0	-2

（2）局部构件　局部构件在管网中主要起连接作用，连接直长管段或设备，有的还起着改变流动方向、调节风量的作用。局部构件可归纳为以下几种类型。

①变形管：如方变圆、圆变方等。

②变径管：如锥形管。

③节流阀：如插板阀、蝶阀等。

④除尘设备：如除尘器、产尘设备等。

⑤其他构件：如弯头、三通、风帽等。

一般局部构件所用材料厚度，与连接管道的壁厚相同，并且要求连接处无凸台、不漏气，局部构件内壁要光滑、无凸起等。

2. 管网总阻力

对于任一管网，因为都由直长管道和局部构件连接组成，所以，空气在管网中流动产生的流动阻力即管网的总阻力，为管网中所有直长管道的沿程摩擦阻力和管网中所有局部构件的局部阻力之和，即

$$\sum H = \sum H_{\mathrm{m}} + \sum H_{\mathrm{J}} \tag{1-34}$$

式中　$\sum H$——管网的总阻力；

　　$\sum H_{\mathrm{m}}$——管网中所有直长管道的沿程摩擦阻力之和；

　　$\sum H_{\mathrm{J}}$——管网中所有局部构件的局部阻力之和。

由沿程摩擦阻力、局部阻力计算公式可知，在沿程摩擦阻力系数 λ 不变时，沿程摩擦阻力与管道直径成反比，与直长管道的长度成正比，与管道内气流速度的平方成正比；在局部阻力系数 ζ 不变时，局部阻力与局部构件进口风速的平方成正比。因此，设计除尘风网时，为了减少管网的阻力即降低管网能耗，应选择设计最短的管道长度、合适的管道直径和既经济又安全的输送风速。

通风管道的
阻力计算微课

知识点四

压强、流速和流量测定

在实际工程中，为了给风网的操作和调整提供数值依据，常需要进行风网管道中的压力、风速和风量等技术参数的测定。

风管风量压力测定
仪器微课

一、常用测压仪器

（一）U 形管压力计

如图 1-10 所示，U 形管压力计主要由两端开口的 U 形玻璃管、以毫米为单位的刻度尺和底板三部分组成。刻度尺的 0 点通常设置于中间，这样读数较方便。

使用 U 形管压力计测压前，应在玻璃管中盛放测压液，其液面应对准 0 刻度。为了观察方便，可在测压液中加入少量有色液体。在实际工程中，一般用水作测压液，因水的密度为 1000kg/m³，根据压力计算公式可知：

$$H = \frac{1}{1000}\gamma h \qquad\qquad (1-35)$$

式中　H——测定的压力，Pa；

　　　γ——测压液的重度，N/m^3；

　　　h——U 形管压力计中液柱的高度差，mm。

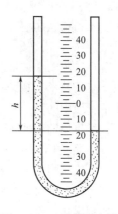

图 1-10　U 形管压力计

利用 U 形管压力计可测定管道中空气的静压。如图 1-10 所示，用软管将测压点与 U 形玻璃管的一个开口端连接，另一开口端连接大气，在管道中的压力的作用下，U 形管的两边将形成液柱差，读出 h 值即为所测压力的大小，该压力为相对压力，也称表压。还可以利用 U 形管压力计测定等截面管中两截面的静压差。

实际使用 U 形管压力计时应注意：第一，U 形玻璃管应垂直放置，且测压液应准确地置于 0 刻度；第二，软管连接应可靠，不漏气；第三，读数时眼睛视线应与液面保持水平；第四，所测压力小于 20mmH$_2$O 时不宜采用 U 形管压力计，以免误差太大。

单独使用 U 形管压力计只能测定静压，如要测定动压和全压，还必须借助于毕托管。

（二）毕托管

毕托管是一种感受和传导空气压力的仪器，它和 U 形管压力计配合使用可完成管道中空气全压、动压和静压的测量。其结构如图 1-11 所示。它是由两根薄壁空心紫铜管套装而成，形成两个独立的空气通道。A 孔与 C 孔连通，分别感受和输出全压力；D 孔（管壁部小孔）和 B 孔连通，分别感受和输出静压。

使用毕托管测定压力时，将其 A 孔端通过风管壁部开孔插入管中与气流相对，然后根据所测压力的种类选择 C 孔和 D 孔，用软管与 U 形管压力计连接，如图 1-12 所示。读数时应注意：第一，检查各孔和通道，不能有堵塞现象；第二，A 孔所在弯曲直角段方向应与气流方向尽可能平行，以免造成太大的测量误差。

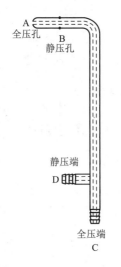

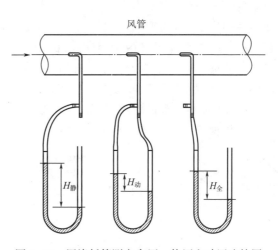

图 1-11　毕托管的外形和结构　　　图 1-12　用毕托管测定全压、静压和动压连接图

17

二、压强、流速和流量测定

在实际的通风除尘与气力输送工程中，风网中空气的阻力、风速和流量是最主要、最基本的技术参数，通过测定设备、管道进出口断面的全压可求出它们的阻力；通过测定管道中的动压可计算出它们的风速和风量，因此，管道中空气压力的测定是最根本、最重要的问题。

1. 测定断面位置的选择

一组风网中主要包括通风机、输料管、风管、作业设备、除尘器、进卸料器、变形管等部分。对其进行压力测定时，应根据测定的内容不同选择合适的测定断面。

测定作业设备、除尘器、进卸料器及各种变形管（弯头、三通等）的阻力时，测定断面位置应选在紧靠这些设备的进出口处。

测定管道中的风速、风量时，为了尽量减小气流不稳定对测定结果的影响，测定断面位置应离设备及交形管有足够的距离，即尽可能将测定断面选在直长管部分。通常以气流方向为准，测定断面离上游设备成管件的距离应不小于管径的 4~5 倍，离下游设备或管件的距离应不小于管径的 2 倍，管道直长部分较短时，测定断面应偏向下游方向的设备或管件。

2. 断面上测点的选择

由于气流在管道断面上的速度分布不均匀，所以必须通过测定确定断面的平均风速。对于直长圆形风管，可测出断面中心的最大风速，然后用计算的方法确定平均风速，平均风速与最大风速的关系式为：

$$v = (0.8 \sim 0.85) v_{max}$$

对于非直长风管，由于气流速度分布既不均匀，又无规律可循，为了保证测定结果的准确性，必须对同一断面进行多点测定，然后求平均值。断面上测点的位置可采用等截面分环法确定。

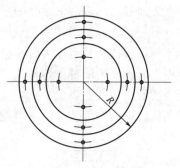

图 1-13　圆形管道等截面分环法测点布置

如图 1-13 所示，将测定断面根据直径大小划分成几个面积相等的同心圆环（图中粗实线部分），测点则在等分各圆环断面的中心线（图中点划线部分）与管径线相交处。

测点的数量和测点的位置可参考表 1-2 和表 1-3。表中 D 为风管直径，n 为划分的圆环数，y 为圆形风管测点离管壁的距离。实测时，可在毕托管上用刻度标明 A 孔端离管壁的距离，根据毕托管插入的深度找准测点位置。

表 1-2　圆环的划分

风管直径 D/mm	<200	200~400	400~600	600~800	800~1000	>1000
划分的圆环数 n	2~3	4	5	6	7~8	9~10

表 1-3 圆形风管测点距管壁距离 (*R* 为管道半径)

管径/mm		130	130~200	200~450	450~650
环数		1	2	3	4
测点数		2	4	6	8
圆形风管测点离管壁的距离 *y*/mm	1	0.293*R*	0.134*R*	0.086*R*	0.064*R*
	2	0.707*R*	0.500*R*	0.293*R*	0.210*R*
	3	—	1.500*R*	0.591*R*	0.388*R*
	4	—	1.866*R*	1.409*R*	0.646*R*
	5	—	—	1.707*R*	1.354*R*
	6	—	—	1.914*R*	1.612*R*
	7	—	—	—	1.790*R*
	8	—	—	—	1.936*R*

[**例 1-1**] 已知风管直径为 180mm，试确定管道断面上的测点的位置。

解：查表 1-2 得知，该风管断面应划分成 3 个同心圆环，即 $n=3$，这样就有对称的 6 个测点，它们的位置确定如下。

查表 1-3 可得 $y_1/D=0.296$，$y_2/D=0.174$，$y_3/D=0.044$

则

$$y_1 = 0.296D = 0.296 \times 180 = 53 \ (\text{mm})$$
$$y_2 = 0.174D = 0.174 \times 180 = 31 \ (\text{mm})$$
$$y_3 = 0.044D = 0.044 \times 180 = 8 \ (\text{mm})$$

3. 压力测定的方法

确定了测定断而及断面上的测点位置后，在断面位置的管壁上打孔，孔径大小以毕托管能插入管道内为标准，然后利用毕托管和 U 形管压力计的不同连接方法可实现静压、全压和动压的测定，连接方法见图 1-12。

（1）测量静压 测静压应先按要求将毕托管插入管内适当位置，然后用软管将毕托管静压输出孔 B 与 U 形管压力计开口端连接，这样测出的压力即为相应测点的静压值。

（2）测量全压 测定方法与静压力的测定方法类似，不同的是，此时应用软管将毕托管的全压输出孔 C 与 U 形管压力计开口端连接。

（3）测定动压 因 $H_o = H_{st} - H_d$，所以可将毕托管的全压输出孔 C 和静压输出孔 B 分别与 U 形管压力计的两个开口端用软管连接，这样从 U 形管压力计上读得的数值即为所测点的动压值。

实测时应注意：在测定不同压力时，毕托管与 U 形管压力计各端口的连接应正确，以免出现错误的测定结果；同时，由于管道中的压力有正、负之别，所以应注意观察和验证压力计上液柱上升的方向。

实测时，应逐一将测定结果进行记录，然后进行数据计算，得出有关测定结果。对多点测定的值应计算其平均值，具体计算方法为：

$$H_{st} = \frac{H_{st1} + H_{st2} + \cdots\cdots + H_{stn}}{n} \quad\quad (1-36)$$

$$H_o = \frac{H_{o1} + H_{o2} + \cdots\cdots + H_{on}}{n} \quad\quad (1-37)$$

$$H_d = \left(\frac{\sqrt{H_{d1}} + \sqrt{H_{d2}} + \cdots\cdots + \sqrt{H_{dn}}}{n} \right)^2 \quad\quad (1-38)$$

测定动压时，由于气流不稳定，有时会出现动压力为零甚至为负值的情况，计算时可将这些测点的动压值计为零，测点数 n 不变。

相应断面的平均压力值计算出来后，可根据动压力计算式 $H_d = \frac{1}{2}\rho v^2$、风量计算 $Q = \frac{\pi}{4}D^2 v$ 计算风速和风量值，用压损计算式 $H_{f1-2} = H_{o1} - H_{o2}$ 计算对应设备或管道的压损。

工作任务　　直长风管压力、风速、风量测定

▌任务要求

1. 熟悉风网测定中常用仪器（毕托管、U 形管压力计）的使用方法。

2. 掌握管道中各参数的测量方法。

3. 掌握通风风网中风机全压的测定方法。

4. 培养实事求是的职业精神、严谨的科学态度，树立劳动意识，树立安全用电、安全生产意识。

风管风压测定微课

▌任务描述

根据维护规定或工作需求，按照企业风网操作规程，独立或协同其他人员，在规定时间内对风网实施相应的项目测定，记录结果；将测定结果反馈给相关部门，工作过程中遵循现场工作管理规范。

风速风量测定微课

▌任务实施

一、熟悉、认知直长风管压力、风速和风量测定装置

直长风管压力分布测定装置示意图如图 1-14 所示。

二、实施步骤

1. 正确连接毕托管和 U 形管压力计。

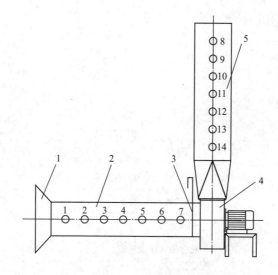

1—锥形进风口　2—进风管　3—插板阀　4—风机　5—排风管

图 1-14　直长风管压力分布测定装置示意图

2. 在吸气段和压气段选定测点。

3. 关闭插板阀，启动风机，待风机运行平稳后，开启并调节插板阀，进行测定。

4. 测定各测点的静压、动压、全压。

三、数据处理

1. 测定结果记录

测点	动压	静压	全压	备注
吸气段 1				
吸气段 2				
吸气段 3				
吸气段 4				
吸气段 5				
吸气段 6				
压气段 1				
压气段 2				
压气段 3				
压气段 4				
压气段 5				
压气段 6				

2. 风机风量及全压的计算结果

（1）平均风速 $v=$

（2）平均风量 $Q=$

（3）风机全压 $H=$

任务评价

评价项目	评价内容	分值	得分
准备工作	管道、管道连接处的密封性检查	5	
	风机转向检查	5	
	测点的确定	5	
	毕托管插入深度确定	5	
	风机启动规范	10	
仪器使用	U 形管压力计使用标准、规范	15	
	毕托管使用标准、规范	15	
	逐点测定	5	
数据处理	原始记录填写正确、规范	10	
	测定结果计算正确、规范	10	
职业素养	严谨的科学态度	5	
	实事求是的职业精神	5	
	安全生产意识	5	
总得分			

习 题

一、名词解释

空气的压缩性和膨胀性；相对压强；绝对压强；真空度；平均速度；黏滞性；湿度；露点温度；标准空气；全压；静压；动压；层流；紊流；沿程摩擦阻力；局部阻力。

二、填空题

1. 200mmHg = _____ mmH$_2$O = _____ kg/m^2 = _____ kg/cm^2。

2. 100mmH$_2$O = _____ kg/m^2 = _____ N/m^2 = _____ Pa = _____ kPa。

3. 空气流动的条件是 _____。

4. 空气的压力越大，密度越 _____；空气温度越高，密度越 _____；标准空气的密度为 _____。

5. 气流速度越大，动压越 _____；管道气流中某点的全压不变时，动压越大，静压越 _____。

6. 流体的流动状态有层流和_____两种。实际通风工程中空气的流动状态通常为_____。

7. 空气在管道中流动时的阻力包括_____和_____两种，阀门和风帽的阻力主要为_____。

8. 弯头的转角越大，阻力越_____；弯头的弯曲半径越大，阻力越_____。

9. 局部阻力产生的原因是_____。空气流速越大，局部阻力越_____。

三、计算题

1. 某风管断面压强为-40mmHg，空气温度20℃，当地大气压为760mmHg，计算该断面空气的重度。

2. 某地区大气压强为750mmHg，分别计算空气温度35℃和温度-10℃时空气的重度。

3. 某通风管道，管道直径为200mm，平均风速为14.5m/s，判断空气流动流型。如果管道直径为150mm，空气流动的流型为紊流，问平均风速至少为多少？

4. 某锥形风管大端直径 $D_1 = 300$mm，气流速度 $v_1 = 16$m/s，小端直径 $D_2 = 250$mm，计算风速 v_2 和风量 Q_1。

5. 计算1200m高空大气的空气重度（假设空气等温变化）。

6. 某水池表面为一个工程大气压，水池底面上的压强为3kg/cm^2，计算水的深度。

7. 通风管道某有效断面上的平均动压为18×9.81Pa，计算平均速度。如果管道直径为150mm，计算管道风量（m^3/s）。

8. 在一水平水管中，截面积3cm^{2}处的静压为400g/cm^2，截面积2cm^{2}处的静压为280g/cm^2，两截面间的能量损失是100g/cm^2，分别计算两截面的流速 v_1、v_2 和流量 Q_1、Q_2（m^3/min）。

9. 如图1-15所示，U形管中液体是水，计算不计能量损失时风管中的风速和风量（m^3/h）。若能量损失为20kg/m^2，风管中的风速和风量为多少？

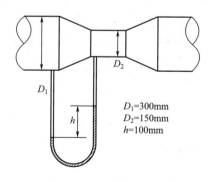

图1-15　U形管示意图

10. 某直长风管管长 $L = 10$m，直径 $D = 280$mm，平均风速 $v = 14$m/s，计算沿程摩擦阻力。

11. 某直长风管管长 $L = 7$m，直径 $D = 140$mm，平均风速 $v = 12$m/s，计算沿程摩擦阻力。

12. 某风管管长 $L = 3.2$m，直径 $D = 220$mm，风量 $Q = 1800$m/h，计算沿程摩擦阻力。

13. 某三通，主流管道直径 $D_主 = 360$mm，支流管道直径 $D_支 = 260$mm，夹角 $\alpha = 30°$，主流管道气流速度 $v_主 = 14$m/s，支管道气流速度 $v_支 = 13$m/s，计算三通的局部阻力。

14. 某直长风管长 $L = 3$m，直径 $D = 180$mm，平均风速 $v = 14$m/s，直长管道的末端连接一弯头，弯头曲率半径为 $1.5D$，转角 $90°$，分别计算：①直长管段的沿程摩擦阻力和弯头的局部阻力；②这段管道的总阻力。

15. 某风管上安装有一蝶阀，蝶阀的角度为 $45°$，已知管道内的平均风速为 14.5m/s，计算蝶阀的阻力。如果将蝶阀更换为插板阀，管道的直径为 320mm，确定插板阀的开启程度。

四、绘图题

1. 自己设定弯头参数，分别绘出圆形弯头、矩形弯头的三视图。

2. 某三通，主流管道直径 $D_主 = 360$mm，支流管道直径 $D_支 = 260$mm，夹角 $\alpha = 45°$，其余参数自己设定，试绘制该三通的三视图。

模块二

通风机

学习目标

知识目标

1. 了解风机的分类。
2. 熟悉离心式通风机的构造、工作原理、性能参数和性能曲线。
3. 了解罗茨鼓风机、空气压缩机的分类。
4. 熟悉罗茨鼓风机、往复式空气压缩机的构造和工作原理。

技能目标

1. 能利用离心式通风机的比例定律进行计算。
2. 能正确选用和操作离心式通风机。
3. 能处理离心式通风机、罗茨鼓风机的常见故障。

素质目标

1. 通过风机的选用，培养严谨细致的工作作风。
2. 通过风机性能测定培养安全生产意识、团队协作意识和精益求精的工匠精神。

模块导学

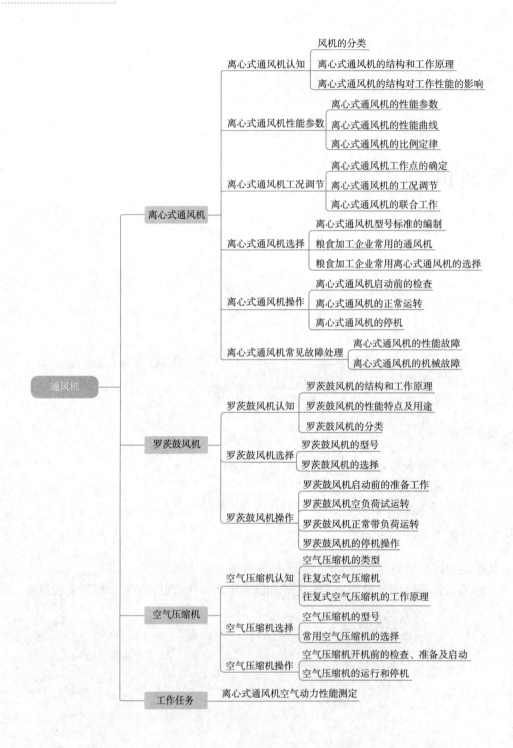

知识点一

离心式通风机

一、离心式通风机认知

（一）风机的分类

风机种类有很多，有各种各样的分类方法。按其产生压力的大小分为通风机、鼓风机、空气压缩机三类。

1. 通风机

产生的压力≤1500mmH$_2$O（1500×9.81N/m^2）的风机称为通风机。通常把压力≤10mmH$_2$O的通风机称为风扇。

离心式通风机微课

（1）按通风机产生的压力大小，可分为低压通风机、中压通风机和高压通风机。

低压通风机产生的压力≤100mmH$_2$O（100×9.81N/m^2）。

中压通风机产生的压力介于100~300mmH$_2$O（100×9.81~300×9.81N/m^2）。

高压通风机产生的压力介于300~1500mmH$_2$O（300×9.81~1500×9.81N/m^2）。

（2）按空气在通风机内部流动的方向，可以把通风机分为轴流式通风机和离心式通风机两种。轴流式通风机的特点是空气沿着轴向进入，通过叶轮后仍沿轴向排出；离心式通风机的特点是空气沿着轴向进入，在叶轮内沿径向流动，最后沿叶轮切向排出。

（3）按用途不同，还可以把通风机分为冷却通风机、排尘通风机、防爆通风机、防腐通风机、锅炉通风机、矿井通风机、空调通风机等。

一般来说，通风机作抽气用时称为抽风机、吸风机或引风机，作送气用时称为送风机、排风机或鼓风机。在粮食、饲料、油脂加工企业，一般采用的是离心式通风机。

2. 鼓风机

产生的压力在1500~30000mmH$_2$O（1500×9.81~30000×9.81N/m^2）的风机称为鼓风机。鼓风机按其工作原理可分为离心式鼓风机和回转式鼓风机两种。本模块介绍的罗茨鼓风机属于回转式鼓风机。

3. 空气压缩机

产生的压力超过30000mmH$_2$O（30000×9.81N/m^2）的风机称为空气压缩机，简称空压机或压缩机。粮食、饲料加工企业常采用的是往复式空气压缩机。

本模块主要介绍离心式通风机。

（二）离心式通风机的结构和工作原理

1. 离心式通风机的结构

图2-1是一台单侧进风的离心式通风机的结构示意图。它主要由叶轮、机壳、轴和轴承、机座等组成。

（1）叶轮　叶轮也称为工作轮，是离心式通风机的转动部分，又称为离心式通风机的转子，它由前盘、后盘、叶片和轮毂组成。

轮毂通常由铸铁制成，经镗孔后可套装在轴上。后盘用铆接、焊接或螺钉固定在轮毂上。夹装在前盘和后盘之间的叶片，其一端借铆钉固定在后盘上，另一端则与前盘铆接。

1—机座　2—机壳　3—叶轮　4—轮毂　5—前盘　6—轮盘　7—叶片

图 2-1　离心式通风机的结构示意图

叶片的形状主要有直叶叶片、弯叶叶片和机翼形叶片三种。它在叶轮上的装置形式又各有不同，分为前向、后向和径向三种，由此就构成了多种叶轮形式，如图 2-2 所示。

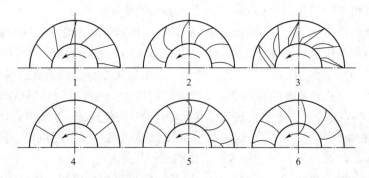

1—后向直叶　2—后向弯叶　3—后向机翼形叶　4—径向直叶　5—径向弯叶　6—前向弯叶

图 2-2　离心式通风机的叶轮形式

（2）机壳　离心式通风机的机壳是由蜗壳、风舌和进风口等部分组成。

①蜗壳：由一块蜗形板和左右两块侧板焊接或咬口而成。蜗壳的作用是收集从叶轮中出来的高速气体，将它们引向蜗壳的出风口。

②风舌：设置在蜗壳出风口的内侧，风舌的作用是防止气流在蜗壳内循环流动。

③进风口：又称集风器，它的作用是将气体导向叶轮，尽量避免产生涡流。进风口的结构形式有圆筒形、圆锥形、圆弧形和喷嘴形等不同形式，如图 2-3 所示。

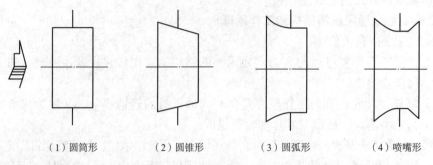

（1）圆筒形　　　　（2）圆锥形　　　　（3）圆弧形　　　　（4）喷嘴形

图 2-3　进风口的结构形式

（3）轴和轴承　轴和叶轮连接在一起，一般用平键或槽形键来固定。

轴承用来支承转动轴，轴承一般装在离心式通风机的一侧。根据具体情况，有的轴承也装在离心式通风机的两侧。常用的小功率离心式通风机采用滚动轴承，大功率的离心式通风机采用带油环的滑动轴承。

（4）机座　机座也称为支架，用来支承整个离心式通风机。机座通常用角钢焊接而成，也可用铁铸造成整体支架。机壳用螺钉固定在机座的侧面，在机座上装有轴承箱。

2. 离心式通风机的工作原理

如图 2-4 所示，当离心式通风机的叶轮在电机的带动下在机壳内旋转时，迫使叶片之间的空气跟着旋转，因此产生了离心力。在离心力的作用下，空气从叶轮中甩出，汇集到蜗壳内，最后从排风口流出。与此同时，由于叶轮内的空气被排出，叶轮中心处形成了一定的负压，外面的空气就在压力差的作用下，由进风口被吸入。由于叶轮不断地转动，空气就不断被吸入和压出，从而实现了连续输送一定压力气流的功能。这种通风机的工作是靠离心力的作用完成的，故称为离心式通风机。

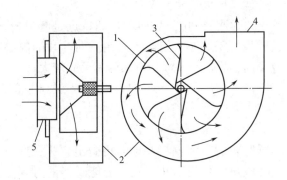

1—叶轮　2—机壳　3—叶片　4—排风口　5—进风口

图 2-4　离心式通风机内空气流动示意图

（三）离心式通风机的结构对工作性能的影响

1. 进风口的影响

进风口是设置在机壳侧面进风处的一个部件，它的结构形式影响它的作用发挥。

（1）圆筒形进风口　圆筒形进风口的气流状态不好，有涡流产生，能量损失最大；但因其加工工艺简便，所以还有些通风机采用圆筒形进风口。

（2）圆锥形进风口　圆锥形进风口的气流状态也不好，能量损失较大，但比圆筒形进风口有所进步，加工工艺也简便，因而这种进风口使用较多。

（3）圆弧形进风口　圆弧形进风口气流状态较好，能量损失较小；但加工工艺比前两种复杂。

（4）喷嘴形进风口　喷嘴形进风口气流状态最好，能量损失最小；但加工工艺复杂，精度要求较高，故多被用于高效通风机上。

2. 叶片的影响

叶片是叶轮最主要的部分，而叶片的形状和它在叶轮上的装置形式对离心式通风机性能有很大影响。

（1）叶片形状　离心式通风机叶片形状通常有三种，即直叶叶片、弯叶叶片和机翼形叶片。

①直叶叶片：该叶片叶轮产生的能量和此类通风机的工作效率比较适中，且其制造工艺简单、耐磨、不易积灰，所以从磨损和积垢的角度看，选用径向直叶较为有利。

②弯叶叶片：该叶片有较好的空气动力特性，制造工艺也不烦琐，因而使用较多。

③机翼形叶片：具有良好的空气动力特性，采用机翼形叶片的离心式通风机效率一般都比较高。该叶片都是做成中空的，减小了叶轮重量，但由此也给加工制造带来了麻烦，尤其是当机翼形叶片被磨漏后，杂质和粉尘会进入中空，使叶轮失去平衡而产生振动，故机翼形叶片多用于大型通风机。

（2）叶片的装置形式　根据叶片出口角的不同，叶片的安装形式可分为前向、后向和径向三种。

①前向叶片：叶片出口角大于90°。前向叶片的特点是叶道短，叶道弯曲大，气流的增压和能量转换过程都比较剧烈，容易产生涡流。因此，采用前向叶片的离心式通风机压力较高，噪声大，能量损失较大，效率较低。

②后向叶片：叶片出口角小于90°。后向叶片的特点是叶道较长，叶道弯曲缓和，气流的增压过程平缓，产生的涡流小。因此，采用后向叶片的离心式通风机压力相对较低，能量损失小，效率高，噪声小，但相对来说其尺寸较大。

③径向叶片：叶片出口角等于90°。径向叶片的特点介于前向叶片和后向叶片之间。

3. 蜗壳的影响

蜗壳的作用是将离开叶轮的气体收集并导向机壳出口，在这一过程中，将一部分动压能转变为静压能。在收集、导流以及实现压力能转换的过程中，总会伴有能量损失。为了尽可能减少这一损失，就要求蜗壳的线形与气流的流线尽可能一致。根据对离心式通风机内气体流动的理论研究可知：气体离开叶轮后的流线呈对数螺线。但为了制造方便，在实际制造中，机壳线形通常近似为一条阿基米德螺线。

4. 风舌的影响

风舌也称蜗舌。风舌用来防止少部分气体在蜗壳内循环流动。风舌可分为尖舌、深舌、短舌和平舌四种，如图2-5所示。如果叶轮与风舌之间的间隙过大，将有部分气体在蜗壳内循环流动，必然造成离心式通风机的风量、压力、效率降低。但是，如果叶轮与风舌之间的间隙过小，也会影响通风机效率，而且会产生较大的噪声。一般来说，采用尖舌时，通风机的效率较高，但效率曲线陡，经济工作区域小，噪声大。深舌多用于小比转数的离心式通风机，短舌多用于大比转数的离心式通风机。采用短舌时，效率曲线较平坦，经济工作区域较宽。平舌多用于低噪声的离心式通风机，但效率有些低。

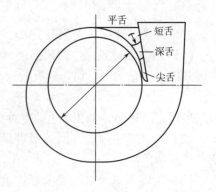

图2-5　各种不同的风舌

二、离心式通风机性能参数

（一）离心式通风机的性能参数

1. 离心式通风机的主要性能参数

离心式通风机的
性能参数微课

工程上衡量一台离心式通风机的性能，就是看这台离心式通风机究竟能使流经的空气产生多大的压力，在克服一定的阻力下能输送多少数量的空气（通常称为流量），以及需要消耗多少功率，从而确定这台离心式通风机的效率是多少。因此，离心式通风机的压力、流量、效率和功率是反映离心式通风机性能的四个主要参数。

（1）压力　离心式通风机出口断面上空气的全压与离心式通风机入口断面上空气的全压之差称为离心式通风机的压力，用字母 H 表示，它表达的是单位体积的空气流过离心式通风机后的能量增加值。离心式通风机的压力大小取决于离心式通风机的结构和叶轮转速。

（2）流量　离心式通风机的流量（也称为风量）常采用体积流量表示，用字母 Q 表示。它是指单位时间内吸入离心式通风机的气体体积。流量的大小取决于离心式通风机的结构和叶轮转速。

（3）效率　离心式通风机在将能量传递给空气的过程中，不可避免地会发生能量损失，这些损失包括水力损失、容积损失和机械损失。

①水力损失：源于空气在流动过程中带来的损失。它是由于空气具有黏滞性，在离心式通风机内流动产生摩擦，以及空气在叶轮和机壳内流动时，速度大小、方向的改变而造成损失的总称。

②容积损失：由于离心式通风机的叶轮和机壳之间有一定间隙，在离心式通风机工作时，一部分已离开叶轮进入机壳并且已具有一定压力的空气，又会通过这些间隙重新回到叶轮入口的低压区，由此造成的能量损失。

③机械损失：离心式通风机运转时，其轴承等机械部件相对运动而产生摩擦，以及叶轮前、后盘的外侧表面与空气之间的摩擦所造成的能量损失。

以上这三种能量损失使得离心式通风机的输出功率必然小于输入功率。

离心式通风机的效率是离心式通风机的输出能量与输入能量之比，用字母 η 表示。其中离心式通风机的输出能量体现为离心式通风机输出的风量和压力，而离心式通风机的输入能量体现为通过电机输入的机械能。换言之，离心式通风机的效率就是输出功率 N_{out} 与输入功率 N_{in} 之比，用公式表示为：

$$\eta = \frac{N_{\text{out}}}{N_{\text{in}}} \times 100\% \tag{2-1}$$

离心式通风机的效率，随离心式通风机的类型、大小、制造精度和工作状态的不同而异。

（4）功率　由以上可知，离心式通风机功率的概念有两种：一是离心式通风机的输出功率，二是离心式通风机的输入功率。

离心式通风机的输出功率又称为有效功率，其计算公式为：

$$N_{\text{out}} = \frac{QH}{1000 \times 3600} \quad\quad (2\text{-}2)$$

式中　N_{out}——离心式通风机的输出功率，kW；

　　　　Q——离心式通风机的风量，m^3/h；

　　　　H——离心式通风机的压力，N/m^2。

离心式通风机的输入功率就是电动机加在通风机轴上的功率，故又称为风机轴功率。根据式（2-1）和式（2-2）可得：

$$N_{\text{in}} = \frac{QH}{1000 \times 3600\eta} \quad\quad (2\text{-}3)$$

式中　N_{in}——离心式通风机的输入功率，kW。

由于作用在离心式通风机轴上的功率需要通过传动设备传送，若传动效率为 η_1，则电动机轴上的输出功率应为：

$$N_2 = \frac{QH}{1000 \times 3600\eta\eta_1} \quad\quad (2\text{-}4)$$

式中　N_2——离心式通风机的电动机轴上的输出功率，kW。

传动效率 η_1 的值随传动方式不同而异。平皮带传动 $\eta_1 = 0.85$；三角皮带传动 $\eta_1 = 0.95$；联轴器传动 $\eta_1 = 0.98$；如果通风机与电机同轴，则 $\eta_1 = 1.0$。

另外，在选配电机的时候，还应考虑电机本身的容量安全系数，这样，选配电机的功率就应该是：

$$N = N_2 K \quad\quad (2\text{-}5)$$

式中　N——选配电机的功率，kW；

　　　　K——电机的容量安全系数，其值见表 2-1。

表 2-1　　　　　　　　　　　　　　　　电机的容量安全系数

电机功率/kW	K	电机功率/kW	K
<0.5	1.5	2~5	1.2
0.5~1	1.4	5~10	1.15
1~2	1.3	>10	1.1

2. 离心式通风机的无因次性能参数

离心式通风机的有因次性能参数 Q、H、N 都是有单位的物理量，能反映某台离心式通风机的性能，但还不能清晰地反映出该类型通风机的整个特性，也不便于同其他类型的通风机进行比较。为了能清晰、简明地表明某种类型通风机的性能特点，为准确地选择、使用通风机提供依据，又引入了另一种性能参数，它们分别是流量系数、全压系数和功率系数，分别用字母 $\bar{Q}$、$\bar{H}$ 和 $\bar{N}$ 表示，由于它们都不是物理量，故称为无因次性能参数。

3. 离心式通风机的综合特性参数——比转数

（1）比转数的定义　在离心式通风机的无因次性能参数中，除了上述的流量系数、全压系数、功率系数外，还有一个综合特性参数，即比转数，用 n_s 表示。它是离心式通风机在最高效率点时的转速、流量和压力三个性能参数的一个函数值，其数学表达式为：

$$n_s = n \frac{\sqrt{Q_s}}{H^{\frac{3}{4}}} \qquad (2-6)$$

式中　n_s——比转数；

　　　Q_s——每秒钟流量，m^3/s；

　　　H——通风机全压，N/m^2；

　　　n——叶轮转速，r/min。

（2）比转数的应用　比转数是衡量离心式通风机性能的一个特定参数，它的应用主要有以下几点。

①用于离心式通风机的分类。从比转数的计算公式可以看到，比转数越小，说明流量越小或压力越大。可以用比转数来区分低、中、高压离心式通风机，一般的划分范围如下。

低压离心式通风机：$n_s \geqslant 60$（如 4-72-11 型通风机，$n_s = 72$）。

中压离心式通风机：$n_s = 30 \sim 60$（如 6-48-11 型通风机，$n_s = 48$）。

高压离心式通风机：$n_s = 15 \sim 30$（如 9-19-11 型通风机，$n_s = 19$）。

经验证明，离心式通风机的最佳比转数为 $15 \sim 90$，前向叶片的离心式通风机最佳比转数为 $15 \sim 65$，后向叶片的离心式通风机最佳比转数为 $20 \sim 90$。

②是设计离心式通风机的重要参数。叶轮的主要尺寸与比转数 n_s 有关，当转速和流量不变时，比转数越小，压力 H 越大，则要求叶轮直径 D 变大，叶轮出口处的宽度 b 变小，即离心式通风机的径向尺寸变大，轴向尺寸变小；反之，比转数越大，压力 H 越小，则要求叶轮直径 D 缩小，叶轮出口宽度 b 增大，即离心式通风机径向尺寸缩小，轴向尺寸增大。

③用于离心式通风机的相似设计。根据给定的设计参数（Q、H、n 等）计算出比转数大小，然后与现有的性能较好的、比转数相近的风机产品相比较，扩大或缩小尺寸。此法应用广泛、简单、有效。

4. 相似理论在通风机中的应用

在通风机的设计和研究中，由于空气在通风机中的流动过程相当复杂，对于通风机的设计，目前还不能仅凭理论计算的方法进行，还要依赖于实验的方法。这种方法就是根据相似理论，制造几种比实际通风机尺寸小的模型机来进行试验。通过这种模型试验的对比，选出最佳模型，并将模型试验的结果按相似理论还原到实物。相似理论还可用于同一台通风机在不同工作条件下的性能换算。因此，相似理论是通风机系列化和选择、确定通风机工作参数（指转速）的理论基础。

所谓通风机的相似理论，是指两通风机中叶轮与气体的能量传递过程与气体在通风机内的流动过程相似，也就是工况相似。它表现在：两机中任意对应点的对应参数之比相等，并且为一常数。根据相似理论，两机相似的基本要点是几何相似、运动相似和动力相似。

事实上，在进行模型试验时，要把实际情况中所有的作用力都考虑进去。满足动力相似的条件是有困难的，通常只能把次要的因素忽略（如气体的重力、弹性力等），保留主要的因素即可。

（二）离心式通风机的性能曲线

从前面介绍的离心式通风机的四个基本性能参数可知，离心式通风机的性能参数不是定值，而是变化的值。四个性能参数之间又是相互联系的，当其中一个参数（如风量）发生变化时，其他几个参数也随之发生变化。通过实验，我们把性能参数之间的这种变化的对应关系在坐标图上描绘成曲线，称为离心式通风机的性能曲线。这种反映离心式通风机主要工作参数之间变化关系的性能曲线，可以有各种不同的表达方式，其中常见的是有因次性能曲线、综合性能选择曲线和无因次性能曲线。

1. 有因次性能曲线

这种曲线通常是对应一台具体型号的通风机，在一定的转速下，由生产企业根据实际测定作出来的，用来反映通风机的各主要工作参数，即风压（H）、效率（η）、功率（N）与流量（Q）之间的关系。由于在不同转速下，通风机的性能是不相同的，因此我们所测定的性能以及绘制出来的性能曲线，都是针对某一特定转速而言的，它也只能反映某一转速时的性能，所以在性能曲线图上应注明转速 n 的数值。

图 2-6 是一台离心式通风机在 $n=1450 \text{r/min}$ 时的性能曲线图。

它由下列三条曲线组成：

H-Q 曲线，表示压力与流量的关系；

N-Q 曲线，表示功率与流量的关系；

η-Q 曲线，表示效率和流量的关系。

离心式通风机的性能也可用表格的形式表示，这种表格称为离心式通风机的性能表（见附录四）。离心式通风机的性能表使用起来比较方便，但它不能像性能曲线那样表示出离心式通风机的连续性能，故有一定的局限性。

离心式通风机的叶片装置形式有前向、径向、后向之分，此外各种不同的离心式通风机，其结构特点也各不相同。因此，它们对空气所做的功以及空气在离心式通风机内的能量损失也各不相同，故表现出的性能曲线也具有不同的特点。

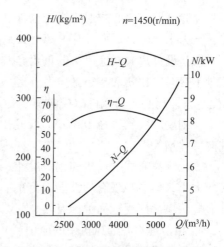

图 2-6　离心式通风机的性能曲线

图 2-7 是不同叶片类型的离心式通风机性能曲线图。图 2-7（1）为前向叶片离心式通风机的性能曲线；图 2-7（2）为径向叶片离心式通风机的性能曲线；图 2-7（3）为后向叶片离心式通风机的性能曲线。

各种离心式通风机的性能曲线虽不完全一致，但具有以下共同规律。

（1）离心式通风机的压力总是随着流量的变化而变化，一般在 H-Q 曲线中最高点的右边部分，其压力随着流量的增大面减少。

（2）离心式通风机的轴功率一般都是随着流量的增大而增大。

（3）离心式通风机的效率，开始是随着流量的增大而增大，当达到最大值后，随着流量的继续增加反而减少。

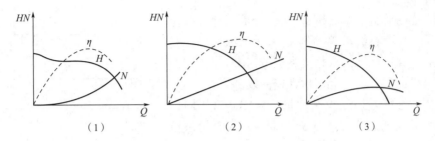

图 2-7　三种叶片装置形式的离心式通风机性能曲线

因此，离心式通风机在最高效率点所对应的流量和压力下工作最为经济。在实际应用中，一般要求离心式通风机的工作效率不小于最高效率的90%。例如，某离心式通风机的最高效率 $\eta = 0.8$，在选择使用该离心式通风机时，通常不使其工作点的效率低于 $0.8 \times 90\% = 0.72$。

以上介绍的离心式通风机的性能曲线和性能表，只给出了在某一确定转速下的流量与压力、功率、效率的关系曲线和性能参数，这给选择使用带来了方便。

2. 综合性能选择曲线

这是一种在选择离心式通风机时使用的比较方便的性能曲线。它是以不同机号的风量 Q 为横坐标，压力 H 为纵坐标绘制的。图中绘有等效率线和公称转速线。

离心式通风机的综合性能选择曲线是通风机性能曲线的另一种表达形式，它把不同转速下流量与压力的关系曲线绘制在同一坐标图上，并在此基础上把这一组曲线上的等效率点联系起来，绘出效率 η 的曲线。利用这种性能曲线图时，功率必须在确定了离心式通风机的工作点后，通过计算求得。同时，为了使该曲线图能为同一类型不同机号的离心式通风机共同使用，又将转速 n 改用公称转速 A 表示。公称转速 A 与转速 n 的关系为：

$$A = \text{No} \times n \ \text{或} \ n = \frac{A}{N_o} \tag{2-7}$$

式中　No——机号数（它与叶轮直径的分米数相等）。

本书附录四中所列 6-23 型离心式通风机性能选择曲线即为这种性能曲线。

如在离心式通风机系列产品的性能选择曲线图上，某条曲线标明的公称转速 $A = 14500 \text{r/min}$，则对于机号为 No5 通风机，它的实际转速 $n = \dfrac{14500}{5} = 2900$（r/min）；同是这条曲线，对应于机号为 No6 通风机，则它表示的实际转速 $n = \dfrac{14500}{6} = 2417$（r/min）。

一般性能曲线图所给的一段性能曲线都是高效区的部分，也就是说离心式通风机在这一段性能曲线上的效率都是在最高效率的90%以上。

3. 无因次性能曲线

离心式通风机的有因次性能曲线虽然反映了离心式通风机的流量和其他几个性能参数之间的关系，但不能清晰地反映出该类型通风机的整个特性，也不便于同其他类型的通风机进行比较，而无因次性能曲线却能清晰地表明某种类型通风机的性能特点。

如图 2-8 所示，以流量系数 $\bar{Q}$ 为横坐标，以压力系数 $\bar{H}$、功率系数 $\bar{N}$ 和全压效率 η 为纵坐标，利用离心式通风机的无因次性能参数 $\bar{Q}$、$\bar{H}$、$\bar{N}$ 和 η 绘制出的特性曲线，称为无因次性能曲线。

无因次性能参数是没有度量单位的，对于同一类型的离心式通风机，不论机号大小，其流量系数和压力系数都是基本相同的。这样，根据无因次性能参数所描绘出来的离心式通风机性能曲线就表示了这一类型所有离心式通风机的性能特点。

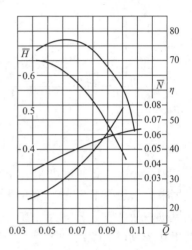

图 2-8　6-30 型离心式通风机无因次性能曲线

4. 离心式通风机的空气动力学略图

为了把某一经过实验证明性能良好的离心式通风机推广成一个系列，即演变出一系列几何尺寸相似的、大小不同的离心式通风机，需要绘制出该类型离心式通风机的各部分尺寸比例图，图中将叶轮直径 D 定为 100，其他尺寸则按其与叶轮直径 D 相对应的比例值标注，这样，该类型各种机号的离心式通风机就可以按该图的尺寸比例来设计制造，这种图称为空气动力学略图。

从无因次性能曲线和空气动力学略图中不但可以知道某种类型离心式通风机的结构特征，而且还能清楚地了解该种类型离心式通风机的性能特点，这就为我们较全面地认识和准确地选择、使用离心式通风机提供了依据。

（三）离心式通风机的比例定律

离心式通风机的风量、压力和功率都取决于离心式通风机的叶轮直径 D、圆周速度 u（或转速 n）以及空气的密度 ρ，如果用 D_1、n_1、ρ_1 分别表示某离心式通风机的叶轮直径、转速和空气密度，对于同一类型的另一台通风机，分别用 D_2、n_2、ρ_2 表示，则可以得到在同一效率时的流量 Q、压力 H、功率 N 之间的如下比例关系：

离心式通风机比例定律微课

$$\frac{Q_1}{Q_2}=\frac{D_1^3 n_1}{D_2^3 n_2} \tag{2-8}$$

$$\frac{H_1}{H_2}=\frac{D_1^2 n_1^2 \rho_1}{D_2^2 n_2^2 \rho_2} \tag{2-9}$$

$$\frac{N_1}{N_2}=\frac{D_1^5 n_1^3 \rho_1}{D_2^5 n_2^3 \rho_2} \tag{2-10}$$

以上三个比例关系式统称为离心式通风机的比例定律，表示 D、n、ρ 同时发生变化时的比例关系。因此，这组表达式又称为离心式通风机的全比例定律。

1. 离心式通风机的流量、压力、功率与转速的关系

如果在 D、n、ρ 三个参数中，只改变其中任意一个参数，而其余两个参数保持不变，例如，当叶轮直径 D 和空气密度 ρ 不变，而只改变叶轮转速 n 时，则有：

$$\frac{Q_1}{Q_2}=\frac{n_1}{n_2} \tag{2-11}$$

$$\frac{H_1}{H_2}=\frac{n_1^2}{n_2^2} \tag{2-12}$$

$$\frac{N_1}{N_2}=\frac{n_1^3}{n_2^3} \tag{2-13}$$

这一组关系式表明：同一类型、同一机号的离心式通风机在转速改变时，风量与转速的一次方成正比，压力与转速的二次方成正比，功率与转速的三次方成正比。因此，应特别注查的是，一旦提高离心式通风机的转速，其功率也会急剧增加。

[**例 2-1**] 假设某离心式通风机，当转速 $n=1000\mathrm{r/min}$ 时，其风量 $Q=4000\mathrm{m^3/h}$，功率 $N=2\mathrm{kW}$，现在要求把风量提高到 $Q_1=5000\mathrm{m^3/h}$，问转速 n_1 应提高到多少？此时所需的功率 N_1 是多少？

解：根据式（2-11），离心式通风机的转速应提高为：

$$n_1=\frac{Q_1}{Q}\times n=\frac{5000}{4000}\times1000=1250\ (\mathrm{r/min})$$

根据式（2-13），离心式通风机的功率此时应为：

$$N_1=\left(\frac{n_1}{n}\right)^3\times N=\left(\frac{1250}{1000}\right)^3\times2=3.9\ (\mathrm{kW})$$

从例 2-1 可以看到，虽然转速提高 25%，相应的风量也只提高了 25%，但是，功率却几乎增加了一倍。因此，在实际生产中，当我们改变离心式通风机转速时，必须重新计算所需的功率，并注意原来配备的电机是否会过载。

2. 离心式通风机的风量、压力、功率与空气密度的关系

当离心式通风机叶轮直径 D 和叶轮转速 n 保持不变，而空气密度 ρ 发生变化时，则有：

$$Q_1=Q_2 \tag{2-14}$$

$$\frac{H_1}{H_2}=\frac{\rho_1}{\rho_2}=\frac{\gamma_1}{\gamma_2} \tag{2-15}$$

$$\frac{N_1}{N_2}=\frac{\rho_1}{\rho_2}=\frac{\gamma_1}{\gamma_2} \tag{2-16}$$

这一组关系式说明：空气密度变化时，除风量不变外，离心式通风机的压力和功率都随之变化。在前面我们讨论离心式通风机的性能参数时，是以空气在标准状态下的密度（$\rho=1.2\mathrm{kg/m^3}$）为基础的，因此在实际生产中使用时，如果空气密度变化较大，则要依据上面这组关系式进行换算，这样才能得到离心式通风机的实际性能参数。

[**例 2-2**] 已知某离心式通风机的铭牌转速 $n=1450\mathrm{r/min}$，风量 $Q=4060\mathrm{m^3/h}$，压力 $H=375\times9.81\mathrm{Pa}$，该离心式通风机若在高山地区使用，测得该地区在温度为 20℃ 时的大气压为 0.7 标准大气压，试计算离心式通风机的实际风量和压力。

解：首先计算该地区空气密度。因空气密度或重度与压力成正比，所以

$$\rho_1=\rho\ \frac{P_1}{P}=1.2\times\frac{0.7}{1}=0.84\ (\mathrm{kg/m^3})$$

式中　ρ——标准状况下的空气密度，为 $1.2\mathrm{kg/m^3}$；

ρ_1——该地区的空气密度，$\mathrm{kg/m^3}$；

P——标准大气压，1；

P_1——该地区的大气压，0.7。

根据公式（2-14）和式（2-15）可得：

$$Q_1 = Q = 4060 \ （m^3/h）$$

$$H_1 = H\frac{\rho_1}{\rho} = 375\times\frac{0.84}{1.2} = 263\times9.81 \ （N/m^2）$$

3. 离心式通风机的风量、压力、功率与叶轮直径的关系

当转速 n 和空气密度 ρ 不变，而叶轮直径 D 改变时，则有：

$$\frac{Q_1}{Q_2} = \frac{D_1^3}{D_2^3} \tag{2-17}$$

$$\frac{H_1}{H_2} = \frac{D_1^2}{D_2^2} \tag{2-18}$$

$$\frac{N_1}{N_2} = \frac{D_1^5}{D_2^5} \tag{2-19}$$

这一组关系式表明：同一类型、不同大小的离心式通风机，在转速和空气密度不变的情况下，风量与叶轮直径的三次方成正比，压力与叶轮直径的平方成正比，而功率与叶轮直径的五次方成正比。

[例2-3] 已知 6-23 型机号 No7 通风机，在转速 $n = 2500r/min$ 时的风量 $Q = 4150m^3/h$，压力 $H_1 = 600\times9.81N/m^2$，效率 $\eta = 0.82$。试计算 6-23 型机号 No6 通风机在同样效率和转速下的风量 Q_2 和压力 H_2。

解：机号为 No7 通风机的叶轮直径 $D_1 = 0.7m$，机号 No6 通风机的叶轮直径 $D_2 = 0.6m$，根据式（2-17）和式（2-18）可得：

$$Q_2 = Q_1\frac{D_2^3}{D_1^3} = 4150\times\frac{0.6^3}{0.7^3} = 2613 \ （m^3/h）$$

$$H_2 = H_1\frac{D_2^2}{D_1^2} = 600\times9.81\times\frac{0.6^2}{0.7^2} = 440\times9.81 \ （N/m^2）$$

以上我们用比例定律讨论了同一类型、不同离心式通风机在条件变化时出现的情况，对于我们在使用离心式通风机时有一定的指导作用。但是，对于不同类型的离心式通风机，因为它们不相似，所以就不能用比例定律来讨论了。

三、离心式通风机工况调节

1. 离心式通风机工作点的确定

前面我们已讨论了离心式通风机的性能曲线，这种曲线描绘了离心式通风机的流量和压力的变化规律。但是，离心式通风机在风网中，究竟位于曲线上哪一点工作，风机性能曲线本身并不能确定这个问题，只有和风网特性联系起来，才能加以确定。所谓风网的特性，是指风网的阻力和空气流量的关系。对于一般的风网，其阻力和风量可以表示为这样一个关系式：

$$H = KQ^2 \tag{2-20}$$

该式称为风网特性方程。式中 K 是由风网的组合形式、管道的长度、几何形状和

管道内表面的粗糙度等多方面因素所决定的一个系数。对某一风网，K 近似为一个常数。不同的风网，K 值是不同的。分析这个关系式，可以看出，风网的阻力 H 是风量 Q 的二次函数。

如已知某一风网的 K 值，我们就可以依据风网特性绘制出如图 2-9 所示的曲线。如果我们把所选用的离心式通风机在某一转速下的性能曲线也绘制在这个图上，这两条曲线的交点就是这台通风机在这个风网中的工作点。

但是在进行风网设计时，并不描绘出该风网的特性曲线，因为 K 值事实上无法事先知道，只是我们的一个理论分析而已，实际上影响 K 值的因素太多，只能通过实验求得。我们进行风网计算，只是计算出在某一风量要求下风网的阻力，但是，对应于该风量和阻力的坐标图上的一点肯定就是风网特性曲线上的

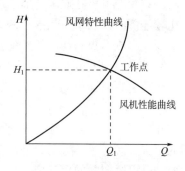

图 2-9　风机的工作点

一点，也应该是离心式通风机性能曲线上的一点，因此，这一点就是风网所要求的离心式通风机的工作点。

2. 离心式通风机的工况调节

离心式通风机实际运行中，其工作状况有时需要根据生产要求进行调节，即改变风机工作点的位置，使风机输出的风量与实际需要的风量相平衡。调节的基本方式有以下两种。

（1）节流调节　节流调节就是在通风机的吸气管或排气管中，装置节流阀门。根据实际生产需要，通过改变节流阀的开启程度，改变管网特性，以达到调节风机风量的目的。如图 2-10 所示，当节流阀全开时，风机性能曲线 H-Q 与管网特性曲线 R_1 相交工作点 A，其流量、压力分别为 Q_A、H_A。如果需要减小流量，可将节流阀关小，使管网阻力增大，管网特性曲线变为 R_2，风机的工作点也就从 A 点移至 B 点，相应的流量由 Q_A 减少到 Q_B，压力则由 H_A 增加到 H_B。显然，变化后压损的增量 $\Delta H = H_B - H_A$，是由于关小节流阀而引起的额外能量损失。所以，原则上说这种调节方法是不经济的。但由于此方法简便易行，因而在生产中广为应用。

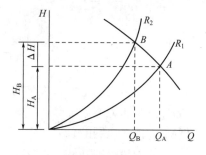

图 2-10　管道节流调节

（2）改变转速调节　如果改变通风机的转速，则其性能参数随之发生变化，其变化规律可根据相似定律求得。反映在性能曲线上，如图 2-11 所示，当转速为 n_1 时，其性能曲线为 I，当把转速降低到 n_2 时，其性能曲线为 H。在管网特性曲线

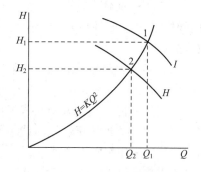

图 2-11　改变风机转速调节

为 $H = KQ^2$ 的管网中，当通风机以转速 n_1 工作时，其流量为 Q_1，压力为 H_1，当通风机转速降到 n_2 时，通风机的工作点由 1 点移至 2 点，其对应的流量为 Q_2，压力为 H_2，从而满足风量和压力改变的要求。

用改变通风机转速来调节工况的方法，就风机本身而言，通常没有附加能量损失，是比较经济的方法。但是由于调速措施较复杂，因此在生产实际中有时就不愿去采用。从降低生产成本提高经济效益的角度考虑，应当采用这种办法。

3. 离心式通风机的联合工作

所谓离心式通风机的联合工作就是多台离心式通风机同在一个网络里进行联合工作。

在实际生产中，往往会有这种情况：一台离心式通风机的风量或压力不能满足风网的要求，而换一台大的离心式通风机又不可能；或者风网的风量和压力要求做较大的变动，以适应新的生产要求。在这两种特殊情况下，需要用两台或两台以上的离心式通风机联合工作。

离心式通风机联合工作有两种形式，即串联和并联，如图 2-12 所示。

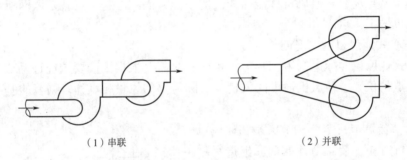

（1）串联　　　　　　　　　　　　　（2）并联

图 2-12　离心式通风机联合工作

离心式通风机的串联：在实际风网中，如果是单台离心式通风机工作，其风量是合适的，只是压力明显不够，则可采用离心式通风机串联工作。串联的目的是在一定的流量下，提高风网的总体压力。

离心式通风机的并联：在实际风网中，为了大幅度增加风量，可采用离心式通风机的并联，离心式通风机联合工作应注意以下问题。

（1）无论在什么情况下，离心式通风机联合工作总是会有额外的压力损失。例如，并联时有分流、合流以及局部阻力等损失；串联时有管道连接损失，不如单机工作时效率高。

（2）当两台离心式通风机不同时，有可能出现适得其反的结果，因此，采用离心式通风机联合工作时，应该优先选择性能相同的离心式通风机。

（3）管网阻力小，采用并联工作较为有利；管网阻力大，则采用串联工作较好。

（4）离心式通风机性能曲线越平坦，采用并联工作效果越好；离心式通风机性能曲线越陡，采用串联工作越有利。

离心式通风机的联合工作只是不得已而为之，一般情况下，应尽量避免采用。

四、离心式通风机选择

正确合理地选择离心式通风机，是保证通风与气力输送风网系统正常而又经济运行的一项十分重要的步骤。所谓正确合理地选择离心式通风机，主要是指所选用的离心式通风机在通风与气力输送网路系统中工作时，不但能满足所需风量和风压的要求，还能使工作时的效率最高或在它的经济使用范围之内，并且工作平稳，噪声小，符合环保要求。

（一）离心式通风机型号标准的编制

1. 型号标准编制说明

离心式通风机型号标准编制的内容一般包括名称、型号、机号、传动方式、旋转方向和出风口的位置六部分。

（1）名称 离心式通风机的名称根据其工作原理而定。

（2）型号 离心式通风机的型号由基本型号和补充型号组成，共分三组，中间用横线隔开。基本型号占两组，补充型号占一组，如4-72-11。

第一组数字表示全压系数乘以10以后再化整的一位数。如 $\bar{H}=0.588$，即 $0.588 \times 10 = 5.88$，取整数6。

第二组数字表示比转数，如 $n=30.7$，取 $n=30$。

第三组数字表示离心式通风机的吸口形式及设计顺序号。前一位表示进口形式：0表示双吸口通风机，1表示单吸口通风机，2表示两级串联通风机。与前一组数字用短横线隔开。后一位数字是离心式通风机的设计序号：1为第一次设计，2为第二次设计，以此类推。

（3）机号 机号用离心式通风机叶轮外径的分米数表示，前面冠以No符号，如叶轮直径为5dm，则机号为No.5。

（4）传动方式 离心式通风机的传动方式分为A式、B式、C式、D式、E式、F式六种，如图2-13所示。而常用的传动方式有A式、C式、D式三种。

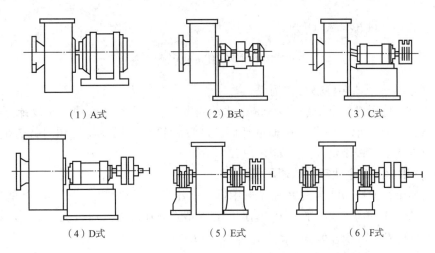

（1）A式　　　　　　　（2）B式　　　　　　　（3）C式

（4）D式　　　　　　　（5）E式　　　　　　　（6）F式

图2-13 离心式通风机的传动方式

①A 式叶轮直接装在电机轴上，适用于小型离心式通风机。

②B 式叶轮悬臂支承，皮带轮位于轴承之间。

③C 式叶轮悬臂支承，皮带轮位于轴承外侧。

④D 式叶轮悬臂支承，通过联轴器直接传动。

⑤E 式叶轮在两轴承之间，皮带轮在轴承外侧。

⑥F 式叶轮在两轴承之间，通过联轴器直接传动。

（5）旋转方向　叶轮的旋转方向必须和机壳的蜗卷方向一致。从离心式通风机传动的一侧看，若叶轮顺时针旋转，称为右旋通风机；如果叶轮逆时针旋转，称为左旋通风机。

（6）出风口的位置　离心式通风机的出风口通常规定有 8 个基本位置，图 2-14 中显示了这 8 个基本位置。又因为离心式通风机分为左旋和右旋两种，就出现了 16 种装置形式。其中，右旋通风机的出风口以水平向左定为 0°位置，而左旋通风机的出风口则以水平向右定为 0°位置。究竟选择哪种旋转方向和出风口的位置，主要根据风网对离心式通风机安装位置的要求来确定。

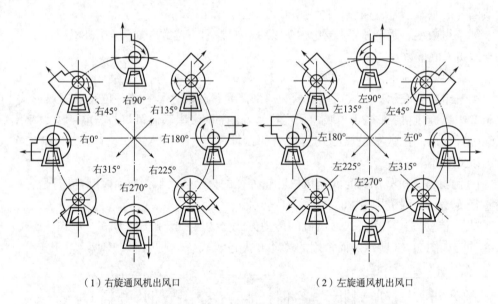

（1）右旋通风机出风口　　　　　　　　　　（2）左旋通风机出风口

图 2-14　离心式通风机出风口位置

2. 离心式通风机名称书写举例

某离心式通风机，全压系数为 0.6，比转数为 23，单侧吸入，第一次设计，叶轮外径 600mm，悬臂支承，皮带轮在轴承外侧，从皮带轮端正视叶轮为顺时针方向旋转，出风口位置向上，按规定其全称如图 2-15 所示。

（二）粮食加工企业常用的通风机

粮食加工企业通风除尘网路一般采用低、中压离心式通风机，比较适合的型号有 4-72、4-73、4-79、6-48 等；气力输送网路一般选高压离心式通风机，常用的型号有 6-23、6-30、9-19、9-26、6-23-12、6-28-11 等。

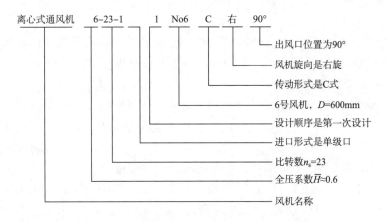

图 2-15 离心式通风机全称

1. 通风除尘常用的中、低压离心式通风机

（1）4-72 型离心式通风机 4-72 型离心式通风机是一种高效率、低噪声的中、低压离心式通风机。它采用了"中空机翼形叶片"，它的叶轮由十个后向的机翼形叶片、圆弧形前盘和平板后盘组成。集流器为圆弧形，空气动力性能良好，效率高（高于 91%），运转平稳。4-72 型离心式通风机可根据性能表进行选择。这种通风机的机壳有两种形式，No2.8~No12 的机壳为整体式，不能拆开；No16、No20 的机壳做成三开式，水平中心线下部为第一部分，水平中心线上部再沿纵向中心线分成第二部分，第三部分用螺栓连为一体。

（2）4-73 型离心式通风机 4-73 型离心式通风机是在 4-72 型离心式通风机的基础上通过技术改造而成的。4-73 型离心式通风机的结构特点是：叶轮由 12 个后向的机翼形叶片、曲线形前盘和平板后盘组成；为了适应排尘，叶片、前盘、后盘均采用 16 锰钢板制造，以提高强度；采用皮带传动，只有 No3.6C、No4.5C 和 No5.5C 三种机号，全压范围为 35~400mmH$_2$O，风量为 2380~19350m^3/h。

多尘场合使用 4-73 型离心式通风机比使用 4-72 型离心式通风机效果更好。

（3）4-79 型离心式通风机 4-79 型离心式通风机的结构特点是：叶轮由 12 个后向薄板圆弧形叶片、曲线形前盘和平板后盘组成，吸入口为喷管形；它的效率接近 90%，在相同的机号和转速下，其压力接近 4-72 型离心式通风机，风量比 4-72 型离心式通风机大 15% 左右。

（4）6-48 型离心式通风机 6-48 型离心式通风机是取代老产品 6-46 型离心式通风机且效率较高的排尘离心式通风机，它适合于排送含有木屑、纤维、尘土的空气混合物。

2. 气力输送常用的高压离心式通风机

（1）6-23 型和 6-30 型离心式通风机 这两种形式的离心式通风机是目前使用较为广泛的高压离心式通风机。它们的效率高（高达 82%），噪声小。6-30 型离心式通风机压力不是很大，但风量很大，比较适合于输送浓度不是很高的气力输送网路。在相同的机号和转速情况下，6-30 型离心式通风机比 6-23 型离心式通风机风量大 45%

左右，所以对采用较高输送浓度、较小风量的气力输送网路来说，选用 6-23 型离心式通风机更佳。

在结构上，6-30 型离心式通风机为 12 个后向平板直叶片、维形前盘和平板后盘，采用圆锥形进风口；6-23 型离心式通风机为 12 个后向薄板曲线形叶片、双曲线前盘和平板后盘，采用圆锥形进风口。

（2）9-19 型和 9-26 型离心式通风机 这两个系列的通风机具有效率高（效率为82%~84%）、噪声较低、性能曲线平坦、高效区宽广等优点。在叶轮结构上，9-19 型离心式通风机叶片为 12 片，9-26 型离心式通风机片为 16 片，它们均属前向弯叶形、进风口为收敛式流线型的整体结构，用螺栓固定在前盖板上。

除了用于高压强制通风外，这两种离心机还可以广泛用于输送量不大、输送距离较短的码头和仓库的物料输送，9-19 型离心式通风机还可用作反吹风袋式过滤器的气源。

（3）6-23-12 型和 6-28-11 型离心式通风机 这两个系列的通风机均有 12 个后向弯曲叶片和收敛式流线型进风口。它们在结构上的特点是增设了阻气圈，并对叶片形线和蜗壳等进行了优化设计。其效率分别为 83.6% 和 83.2%。

目前有些厂家还生产出了符合多管道、高楼层的面粉厂使用的，分别配备功率为55kW 和 75kW 电机的大型离心式通风机。

3. 轴流式通风机

轴流式通风机是工矿企业常用的一种风机。其结构主要由叶轮、机壳、电机等零部件组成，支架采用型钢与机壳风筒连接。它的电机和叶片都在一个圆筒里，外形就是一个筒形，用于局部通风，安装方便，通风换气效果明显、安全。

普通型轴流式通风机可用于一般工厂、仓库、办公室、住宅等场所的通风换气，也可在较长的排气管道内间隔串联安装，以提高管道中的压力，卸下机壳还可作自由风扇用。从目前粮食加工企业情况看，使用较多的轴流式通风机是 T30 型、T35 型和T40 型。

T30 型是结构简单、噪声较小的轴流式通风机，效率为 69%。具有 4 个叶片（多为 4片，也可以用 3 片、6 片、8 片）的 T30 型通风机压力为 35mmH$_2$O，风量为 47000m^3/h。

T35 型和 T40 型通风机是在 T30 型的基础上改进设计的新型通风机，与 T30 型通风机相比具有以下优点。

（1）结构更合理 比如轮毂是圆筒形，能减少流动损失，叶片根部的强度高。

（2）性能有较大提高 全压效率为 89.5%，噪声降低。T35 型和 T40 型系列通风机的叶轮直径由大到小，T35 型通风机共 13 个规格（T40 型通风机共 10 个规格），每一规格通风机的叶片数都为 4 片，叶片角度有 15°、20°、25°、30°、35°五种；参数范围广，风量为 826~67892m^3/h，风压为 39~474Pa，由于轴流式通风机一般产生的压力很低（低于 50mmH$_2$O），风量很大，故多在高温车间作风扇散热之用或用于阻力不大的仓库通风系统中。

（三）粮食加工企业常用离心式通风机的选择

离心式通风机的选择首先是选择类型，其次是确定全压、风量和具体规格，这是正确选择离心式通风机和使用离心式通风机的关键所在。一定要全面考虑，认真分析，才能正确选择，达到良好的效果。

1. 离心式通风机的选择原则

（1）离心式通风机的工作点要在高效区　选择离心式通风机，首先是要求离心式通风机的风量、风压能满足风网的风量和风压要求，同时其工作点应在最佳效率或经济使用范围内，即工作点效率不应低于最高效率的 90%。

离心式通风机的
选择微课

（2）离心式通风机的调节性能要好　对于通风除尘网路来说，要求通风机的性能曲线比较平坦；但是对于气力输送网路来说，则要求性能曲线较陡为好，因为气力输送系统在输送物料时的阻力远比纯空气流动时高，所以当输送量变化时，网路阻力往往会有较大的变动。如果在阻力变化时风量产生大幅度波动，则系统中某一支管中的气流速度就要降低，这样会引起掉料。因此，只有性能曲线陡的离心式通风机才能做到当阻力变动时，其风量变化不大。

（3）离心式通风机所配备的电机不易过载　在前面介绍的三种叶片装置形式的离心式通风机性能曲线图（图 2-7）已清楚地表明，具有后向叶片的离心式通风机不会过载，因为它的最大功率出现在额定风量处。对于前向、径向叶片的离心式通风机，其功率随风量增加面增加，而且呈直线上升，增加的速率越来越快，所以当气力输送网路选用前向叶片的离心式通风机时，要特别注意不能在风门打开时使料管走空，否则电机有过载的危险。

（4）离心式通风机要能适应输送气体的性质　输送不同性质的空气，要选用不同类型的离心式通风机，如空气含尘浓度特别高时，就要选用叶片耐磨又不易积灰的排尘通风机；若离心式通风机与烘干机配用时，就要选用耐高温的离心式通风机。

（5）离心式通风机要符合环保要求，噪声要低　在相同条件下，应首先选用低噪声的离心式通风机。一般而言，噪声的峰值频率与转速成正比，所以在满足网路压力、流量要求的前提下，应尽量使用低转速的离心式通风机。一般情况下，离心式通风机的转速不宜超过 3000r/min。

2. 离心式通风机的选用步骤

根据上述原则，可按下列步骤选用离心式通风机和配备电机。

（1）根据被输送气体的性质（如清洁空气、含尘空气、输送物料等），分别选择不同类型的离心式通风机。

（2）根据不同网路系统的压力损失（阻力），确定离心式通风机的类型，如高压、中压或低压离心式通风机。

（3）根据所需的风量、风压，从离心式通风机样本上选择合适的离心式通风机机号。

在确定离心式通风机的风量时，应考虑到由于管网和设备的不严密而造成的漏风现象，因此，应附加一定的安全系数，其值为 10% ~ 20%。

在确定离心式通风机的压力时，应考虑到管网阻力计算的误差，及其在施工中的一些不可预见的因素，因此，应附加一定的安全系数，其值为 10% ~ 15%。

离心式通风机产品样本中列出的离心式通风机性能参数，一般是指标准状态（大气压力为 760mmHg，温度为 20℃，相对湿度为 50%）下的性能参数，如果实际使用情

况与标准状态相差较大，则需按下列公式对样本所列参数进行换算，即

$$Q = Q_0 \qquad (2-21)$$

$$H = H_0 \frac{\rho}{1.2} = H_0 \times \frac{P}{760} \times \frac{273+20}{273+t} \qquad (2-22)$$

$$N = N_0 \frac{\rho}{1.2} = N_0 \times \frac{P}{760} \times \frac{273+20}{273+t} \qquad (2-23)$$

式中　Q_0、H_0、N_0——标准状态下离心式通风机的风量、风压、功率，即产品样本上所列的数据；

　　　Q、H、N——使用条件下的风量、风压、功率；

　　　P——使用地点的大气压力，mmHg；

　　　t——被输送气体的温度，℃；

　　　ρ——被输送气体的密度，kg/m³。

（4）在满足所需风量、风压的条件下，工作点尽量选择在效率最高点或经济使用范围内。

（5）考虑噪声控制，在满足所需风量、压力的条件下，尽量选用低转速的离心式通风机。

（6）考虑离心式通风机的外形尺寸及进口位置、出口方向等因素，以利于合理布置、施工安装、操作检修。

（7）选择价格便宜、运输方便的离心式通风机，以减少投资。

[例2-4] 有一通风网路，网路计算所需的风量 $Q = 5900\text{m}^3/\text{h}$，风网阻力 $H = 140 \times 9.8\text{N/m}^2$，如选用 4-72 型离心式通风机，其转速及电机功率各是多少？

解：考虑10%的附加量，离心式通风机的风量为：

$$Q' = 5900 \times (1+0.1) = 6490 \ (\text{m}^3/\text{h})$$

考虑15%的附加量，离心式通风机的压力为：

$$H' = 140 \times 9.8 \times (1+0.15) = 161 \times 9.8 \ (\text{N/m}^2)$$

根据 Q' 和 H'，查样本中 4-72 型离心式通风机的性能表，得到离心式通风机机号为 No4A，对应序号6，其流量（风量）为6450m³/h，压力为163×9.8N/m²，接近该风网的需要，此时，离心式通风机转选 $n = 2900\text{r/min}$，电机功率 $N = 5.5\text{kW}$，效率在经济使用范围内。

[例2-5] 某面粉厂有一气力输送网路，风网计算所需的风量 $Q = 5000\text{m}^3/\text{h}$，风网阻力 $H = 500 \times 9.8\text{N/m}^2$。若采用 6-30 型离心式通风机，试确定离心式通风机的机号、转速及电机功率。

解：考虑20%的漏风量，于是离心式通风机应提供的风量为：

$$Q' = 5000 \times (1+0.2) = 6000 \ (\text{m}^3/\text{h})$$

考虑10%的压力附加量，离心式通风机的压力为：

$$H' = 500 \times 9.8 \times (1+0.1) = 550 \times 9.8 \ (\text{N/m}^2)$$

根据 Q' 和 H'，查 6-30 型离心式通风机的性能选择曲线（参考附录或离心式通风机样本）。

首先在机号 No6 的横坐标上，找到风量 $Q = 6000\text{m}^3/\text{h}$ 的点，由此向上作垂线；再从纵坐标上找到压力 $H = 550 \times 9.8\text{N/m}^2$ 的点，由此向右作水平线。两条线相交于一点，

该点就是离心式通风机的工作点。该点位于公称转速 16100r/min 和 17500r/min 的两条曲线之间，按比例可推算出该点的公称转速 $A = 16750$r/min，根据公称转速与机号的关系式可得：

$$n = \frac{A}{N_0} = \frac{16750}{6} = 2800 \quad (\text{r/min})$$

此时离心式通风机的效率可根据工作点在效率曲线间的位置来确定。从性能选择曲线可以看到，该点位于 82.2% 和 81.6% 的两条效率曲线之间，利用此比例关系推算得 $\eta = 81.9\%$，则离心式通风机的轴功率为：

$$N = \frac{QH}{3600 \times 1000 \times \eta} = \frac{6000 \times 550 \times 9.8}{3600 \times 1000 \times 0.819} = 10.97 \quad (\text{kW})$$

由于离心式通风机的转速 $n = 2800$r/min，采用三角皮带传动，传动效率 $\eta = 95\%$，在选用电机时，还需要考虑电机的容量安全系数 $K = 1.1$，见表 2-1，则电机功率为：

$$N' = K \frac{N}{\eta'} = 1.1 \times \frac{10.97}{0.95} = 12.7 \quad (\text{kW})$$

查电机产品的规格，可选用功率 $N = 13$kW、转速 $n = 2940$r/min 的异步电机。

五、离心式通风机操作

在实际生产中，离心式通风机的工作过程有三个操作环节，分别是启动、运转、停机。

（一）离心式通风机启动前的检查

（1）离心式通风机轴承应在良好的润滑和冷却状态下方可启动。

（2）启动离心式通风机前，阀门应关闭。离心式通风机入口的阀门，应待离心式通风机启功达到额定转速后，再逐渐开启并调整到所需位置。

（二）离心式通风机的正常运转

1. 离心式通风机的试运转

对于大、中修以后的离心式通风机，在投入正常运行以前，必须进行试运转，离心式通风机的试运转一般分为两步进行。

（1）机械性能试运转 主要检查离心式通风机大、中修以后装配的质量。

（2）设计负荷试运转 主要检查离心式通风机是否符合设计要求。

离心式通风机试运转前，用电机带动的离心式通风机必须经过一次"启动立即停车"的试验，并注意检查转子的运转情况，有无摩擦声或不正常的声音，检查正常后，方可进行试运转。

2. 离心式通风机发生意外情况

离心式通风机在正常运行中如遇到下列情况，应立即停机检查或修理。

（1）润滑轴承温度超过 70℃（滚动轴承温度超过 80℃）或轴承冒烟。

（2）电机冒烟。

（3）发生强烈的振动或有较大的碰撞声。

（三）离心式通风机的停机

当离心式通风机工作的系统停止运行后，应将离心式通风机停机。停机后应注意关闭离心式通风机前后的阀门，而作为离心式通风机轴承备用的冷却水可不关闭。若停机检查，要切断电机电源，并挂上禁止操作的牌子，以免发生事故。

六、离心式通风机常见故障处理

离心式通风机运行中常见的故障可分为性能故障和机械故障。一般来说，离心式通风机的性能故障往往与离心式通风机工作的管路系统相联系，而离心式通风机的机械故障是由离心式通风机的装配和安装以及离心式通风机的制造质量引起的，下面分别进行介绍。

（一）离心式通风机的性能故障

离心式通风机是与风网联系在一起工作的，所出现的性能方面的故障均在管网中反映出来，直接影响生产。其性能故障主要有以下几方面。

离心式通风机
运行中常见的
故障与排除方法微课

1. 离心式通风机的风量不够或增大

离心式通风机的风量不够或增大的原因有以下几种。

（1）离心式通风机的进风口管道和出风口管道过长、过细、转弯过多，或是离心式通风机的阀门、吸风口的网罩被烟灰、尘埃、杂物堵塞，也可能是管网管道系统中的阀门开启度过小，这些都会增大通风系统阻力，从而影响离心式通风机的风量。

（2）设计计算有误。如果计算的管道阻力比实际的管道阻力低或高，也就是说，所选的离心式通风机的压力小于或大于实际管道中所需要的压力时，就会出现风量不够或增大的现象。

（3）离心式通风机的风量达不到使用要求的另一个原因是泄漏损失增大，即叶轮与进风口的间隔过大，增大了泄漏损失；或是进风口破裂，管道法兰不严实，造成严重漏风。

（4）离心式通风机的主轴转速的减小或增高，改变了离心式通风机的性能曲线，也造成了风量的减小或增大，由于风量与转速具有正比关系，离心式通风机的主轴转速如果达不到或超过原来的要求时，也会出现风量达不到或超过原来要求的现象。

2. 离心式通风机的压力不够或过高

如前文所述，离心式通风机的静压是克服管道阻力的必要因素，所以一台压力高的离心式通风机比一台压力低的离心式通风机，在同等条件下所输送气体的距离要远，风量要小，因此，风压、风量不能绝对分开考虑，风压不够，表现出来的也是风量不足。离心式通风机的压力不够与过高的原因有以下几种。

（1）离心式通风机主轴的影响　离心式通风机的主轴转速对离心式通风机的压力影响很大，由于离心式通风机产生的压力与离心式通风机转速的平方成正比，所以，离心式通风机的风压如果达不到要求或过高，有可能是由于离心式通风机的转速低于或高于原来规定的转速所致。

（2）离心式通风机所输送介质的重度和温度的影响　离心式通风机的压力与所输送介质的重度有密切的关系。而气体介质的重度 γ 又与气体温度有直接关系。离心式

通风机的压力 P 同气体介质的热力学温度（$t+273$）成反比，若离心式通风机的压力高于或低于要求的压力，有可能是由于离心式通风机所输送的气体介质的温度比离心式通风机特性中所规定的气体进口标准温度高或低所致。

（3）离心式通风机工作的海拔的影响 大气压力的高低，也影响空气重度 γ 的大小，从而影响离心式通风机的压力。离心式通风机所在位置的海拔，又决定了大气压力的高低。所以，海拔直接影响离心式通风机的压力。

（二）离心式通风机的机械故障

1. 转子不平衡引起的机械振动

转子不平衡容易引起离心式通风机的振动，其振动频率与转子的转速一致，转子的不平衡惯性力越大，所引起的振动就越剧烈。这种振动危害较大，轻则影响机器的寿命，重则可使机器不能运转，甚至主轴断裂。引起离心式通风机转子不平衡的原因有以下几点。

（1）离心式通风机的叶片被腐蚀或磨损严重。

（2）离心式通风机的叶轮总装后，长久不运转，由于叶轮和主轴本身的自重，使轴弯曲。

（3）叶片表面有不均匀的附着物（如铁铸）或积灰。

（4）机翼形叶片局部磨穿，粉尘由孔进入叶片内部越积越多，使叶轮失去平衡。

（5）叶轮上的平衡块脱落或检修后未调平衡。

2. 离心式通风机的固定件引起的机械振动

离心式通风机的基础、底座、蜗壳、管道或邻近设施，如果刚性度过低，转子运转时将引起振动，当固定件的自振频率小于离心式通风机的转速时，离心式通风机在启动过程中可能出现短时间的共振。当固定件的自振频率等于离心式通风机的转速时，离心式通风机将会长时间共振；同时，共振部件的振动又相互影响，进一步加剧振动。这种情况下应立即采取措施，否则就有破坏设备的危险。引起离心式通风机共振的原因很多，主要有以下几点。

（1）离心式通风机的混凝土基础太弱、灌浆不良或其平面尺寸过小，引起离心式通风机的基础与地基脱节，地脚螺母松动，机座连接不牢固，从而使基础刚度不够。

（2）离心式通风机底座或蜗壳的刚度过低。

（3）与离心式通风机连接的进、出口管道未加支撑或软段连接。

（4）邻近设备或设施与离心式通风机的基础过近，或其刚度过小。

3. 由其他原因引起的机械振动

（1）直联传动的离心式通风机主轴与电机轴的同心度偏差过大。

（2）带传动的离心式通风机和电机的两皮带轮轴不平行。

（3）转子上的固定件松弛，如转子的叶轮、联轴器或皮带轮与轴松动，联轴器的螺栓松动等。

（4）离心式通风机的合力（不平衡惯性力、皮带拉力、离心式通风机自重力）不在基底以内。

（5）润滑系统不良。

4. 离心式通风机的传动部分轴承过热与磨损

离心式通风机的传动部分多为滚动轴承结构。一般情况下，当离心式通风机开始运转时，滚动轴承的工作温度逐渐上升，上升到一定温度后，又开始下降，然后逐渐稳定。如果滚动轴承内部没有故障，则工作温度均在60℃以下。滚动轴承的工作温度较高的原因有以下几点。

（1）滚动轴承的滚珠破碎，或者是保护架与其他部分摩擦。

（2）轴承润滑脂（或油）质量低劣或混进杂物，并进入了滚动轴承的内部。

（3）轴承箱体的内孔不圆，或其他原因使滚动轴承外圈变形。

（4）轴承与轴承箱孔之间有空隙和松动，轴承箱的螺栓过紧或过松。

（5）离心式通风机发生剧烈振动。

（6）轴承箱体润滑脂过多（一般规定润滑脂的填量为轴承箱内空间的1/3~1/2）。

（7）电机轴与离心式通风机轴不同心，使轴内的滚动轴承憋劲。

（8）主轴或主轴上的转动部件与轴承箱摩擦。

5. 离心式通风机滚动轴承的更换或修理

对离心式通风机的滚动轴承进行检修时，发生下列情况之一，应该更换或修理。

（1）滚动轴承的直径在50~100mm，用塞尺检查滚珠与轴承圈之间的间隙，其超过0.2mm；若滚动轴承的直径在100mm以上，其间隙超过0.3mm。

（2）滚珠的表面出现麻点、斑点、锈痕及起皮现象。

（3）简式轴承箱内圆与滚动轴承外圈的间隙超过0.1mm。此时应更换轴承箱，或将轴承箱内圆加大，镶入内套。

知识点二

罗茨鼓风机

一、罗茨鼓风机认知

罗茨鼓风机是容积式空气机械，是一种提供高压气体的设备，用于粮食加工企业等需要高压气源的场合。它的特点是：风量与转速成正比，在转速一定时，如果风网阻力有变化，鼓风机的风量并不因此而明显改变，也就是说，它的气体流量大体为一常数，俗称"硬风"。风网中阻力增加，只能引起其电机负荷的增加。

罗茨鼓风机不但可以用来送气，也可以作为抽气机械使用。其最高压力可达±11000mmH$_2$O。

罗茨鼓风机的缺点是：检修工艺较复杂，零部件的加工精度要求较高，易磨损，对吸入的气体的清洁度要求也较高，且噪声较大。

（一）罗茨鼓风机的结构和工作原理

1. 罗茨鼓风机的结构

罗茨鼓风机是由两根平行的轴、鼓形机壳、两个铸铁制成的转

罗茨鼓风机的构造
和工作原理微课

子（叶轮）、一对啮合齿轮构成，转子和齿轮对应安装在两根轴的两端，在电机的驱动下，两齿轮作等速相对旋转，在两转子转动的同时实现输送和压缩空气，如图 2-16 所示。

罗茨鼓风机外壳的冷却形式有两种：当静压≤5000mmH$_2$O 时，用气冷式结构；当静压>5000mmH$_2$O 时，用水冷式结构。

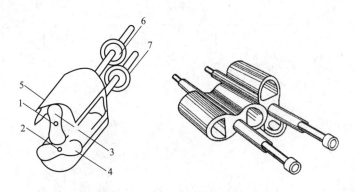

1、2—轴　3、4—叶轮　5—机壳　6、7—齿轮

图 2-16　罗茨鼓风机的结构示意图

罗茨鼓风机转子的结构有两瓣和三瓣两种，因此，有两瓣式罗茨鼓风机和三瓣式罗茨鼓风机之分，如图 2-17 和图 2-18 所示。

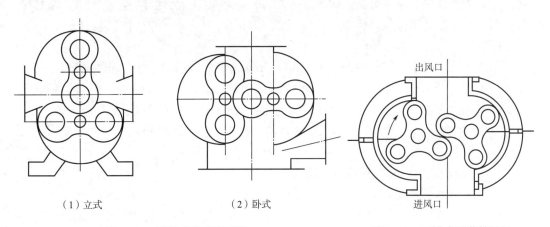

（1）立式　　　　　　　　（2）卧式

图 2-17　两瓣式罗茨鼓风机　　　　　图 2-18　三瓣式罗茨鼓风机

罗茨鼓风机按转子的安装位置不同，有立式和卧式两种，因此，又有立式罗茨鼓风机和卧式罗茨鼓风机之分。

2. 罗茨鼓风机的工作原理

如图 2-19 所示，罗茨鼓风机是由断面近平椭圆形的机壳与两侧墙板组合成一个气缸，两侧相对分布着进、出风口（此为立式，而卧式则在平面内旋转 90°），两转子借助一对同步齿轮传动实现同步反向旋转，保持着相互无接触的齿合。气体随着旋转叶轮（转子）叶面与机壳所形成的工作容积，由进风口被推送到出风口。同步齿轮除了

51

起传动作用外，还可以保护两转子之间的相互位置；转子之间和转子与机壳、墙板之间留有窄小间隙，在转子高速运转时相互之间不发生接触，故无须对转子加润滑油。

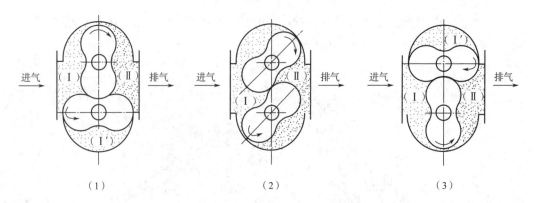

图 2-19　罗茨鼓风机的工作原理

图 2-19（1）中，机壳内的容积被叶轮分隔成 3 个区域，其中，（Ⅰ）与进气口相通，其气体处于进口压力，为吸气状态；（Ⅰ′）在尚未形成此位置以前与进气口相通，现暂时未与排气口相通，故其气体仍处于进口压力，该部分气体是将被压出的气体；（Ⅱ）与排气口相通，故其气体处于排气口压力。

图 2-19（2）中，机壳内的容积被叶轮分隔成两个区域，其中，（Ⅰ）与进气口相通，故气体处于进气口压力，但较图 2-19（1）时容积变大，继续吸气；（Ⅱ）与排气口相通，其气体处于排气口压力；这时图 2-19（1）中（Ⅰ′）的气体已与（Ⅱ）混合，开始排气。

图 2-19（3）中，机壳内的容积被叶轮分隔成 3 个区域，（Ⅰ）、（Ⅰ′）、（Ⅱ）与图 2-19（1）中的情况相同，只是由于叶轮旋转 90°以后，左右位置进行了互换。但这时图 2-19（1）中（Ⅰ′）的气体已全部排出，图 2-19（3）中又形成了新的（Ⅰ′）。在叶轮旋转 90°的过程中，便实现了罗茨鼓风机的一次排气。如此循环地工作，就是罗茨鼓风机的全部工作过程。

（二）罗茨鼓风机的性能特点及用途

1. 罗茨鼓风机的性能特点

（1）具有强制送气的硬排气特点　罗茨鼓风机在压力发生变化时，其流量变化甚微。换言之，其压力可以在允许范围内随排气阻力的大小而"自动"调节，系统有多大阻力，罗茨鼓风机就会产生多大压力，而流量变化较小，俗称"硬风"。

（2）压力随系统阻力的变化具有自适应性　罗茨鼓风机没有内压缩，排气口气体的压力与进气口气体的压力是相同的。系统需要多大压力，在配套电机功率、鼓风机强度允许的情况下，罗茨鼓风机就可以提供多大压力。因此，罗茨鼓风机的压力具有自适应性，而罗茨鼓风机所消耗的功率与升压成正比，所以，只要有一台罗茨鼓风机，就可以满足鼓风机样本最高压力下的所有压力点。

（3）输送介质不含油　罗茨鼓风机转子间及转子与机壳、墙板之间留有窄小空隙，在转子高速运动中相互不发生接触，故无须对转子加油润滑。

（4）单台罗茨鼓风机的性能范围广　可满足最高压力下的所有压力点及最低、最高转速之间所有转速的性能点，而所有性能点的效率基本相同，所以一台罗茨鼓风机的性能点就是一个面，而一台离心式通风机的性能点只能是某个压力、某个流量下的一个点。

（5）其他　罗茨鼓风机的密封形式多种多样，能满足不同介质的需要。

2. 罗茨鼓风机的用途

鉴于罗茨鼓风机的特点和性能，人们已将它广泛应用于水泥、化工、化肥、冶金、铸造、水产养殖、污水处理、食品加工、气力输送、城市煤气、电力等行业，用来输送清洁的空气、煤气、二氧化碳、瓦斯及其他气体。

（三）罗茨鼓风机的分类

罗茨鼓风机的类型很多，分类方法也很多。按工作方式分，有正压罗茨鼓风机与负压罗茨鼓风机、单级罗茨鼓风机与双级罗茨鼓风机、干式罗茨鼓风机与湿式罗茨鼓风机；按结构形式分，有立式罗茨鼓风机、卧式罗茨鼓风机以及密集成组型罗茨鼓风机；按叶轮头数分，有两叶罗茨鼓风机和三叶罗茨鼓风机；按密封形式分，有迷宫密封、涨圈密封、填料密封和机械密封等各种形式的罗茨鼓风机；按冷却方式分，有水冷罗茨鼓风机、空冷罗茨鼓风机和逆流冷却罗茨鼓风机；按传动方式分，有直联罗茨鼓风机和带联罗获鼓风机等。

罗茨鼓风机的分类
与操作维护微课

二、罗茨鼓风机选择

（一）罗茨鼓风机的型号

罗茨鼓风机产品型号编制由风机静压、风机流量、叶轮（转子）长度、叶轮直径以及风机结构等五个单元组成，如图 2-20 所示。

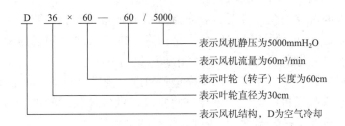

图 2-20　罗茨鼓风机产品型号

（二）罗茨鼓风机的选择

罗茨鼓风机的选择方法比较简单，只要根据所需的风量和压力，在罗茨鼓风机的性能规格表中选择合适的规格即可。当要求的风量和罗茨鼓风机所示的风量不完全符合时，可以适当提高或降低转速，罗茨鼓风机的输送风量就可提高或降低。但要注意，提高转速时，幅度不能太大，否则会缩短罗茨鼓风机的使用寿命，甚至造成损坏。

三、罗茨鼓风机操作

（一）罗茨鼓风机启动前的准备工作

1. 安装检查

（1）各紧固件和定位销的安装质量是否符合要求。

（2）罗茨鼓风机进、排气管道和阀门等处的安装质量是否符合要求。

（3）罗茨鼓风机的装配、间隙是否符合要求。

（4）罗茨鼓风机与电机的找中、找正的质量是否符合要求。

（5）罗茨鼓风机和电机的底座四周是否全部垫实，地脚螺栓是否紧固。

2. 润滑、冷却准备

向油箱注入规定牌号的机械油至两油位线的中间（润滑油的牌号随季节温度或工作环境温度的变化而定）；向冷却部通水，冷却水温度不高于25℃。

3. 打开阀门

罗茨鼓风机的进、排气口阀门全部打开，拨动转子，注意倾听各部分有无不正常声音。

4. 电机转向

注意电机转向是否符合指向要求，把负荷控制器调整到允许额定值。

（二）罗茨鼓风机空负荷试运转

凡是新安装或大修后的罗茨鼓风机都应该进行空负荷试运转。罗茨鼓风机空负荷试运转的概念是在进、排气口阀门全开的条件下投入运转。

罗茨鼓风机空负荷运转时，应观察润滑油的飞溅情况是否正常，如过多或过少都应调整油量。在没有不正常气味或冒烟现象、没有碰撞声或摩擦声、轴承部位的径向振动速度不大于6.3mm/s的情况下，空负荷运行30min左右，即可投入带负荷运转。

（三）罗茨鼓风机正常带负荷运转

罗茨鼓风机进入带负荷运转时，要求逐步缓慢地带上负荷，直至额定负荷，不允许一次调节至额定负荷。所谓额定负荷，是指进、排气口之间的静压差，在排气口压力正常的情况下，应注意进气口压力的变化，避免超负荷。

（1）罗茨鼓风机正常工作时，严禁完全关闭进、排气口阀门，也不准超负荷运行。

（2）由于罗茨鼓风机的特性，不允许将排气口的气体长时间地直接回流入罗茨鼓风机的进气口（改变了进气温度），否则必将影响机器的安全。

（3）罗茨鼓风机在额定工况下运行时，各滚动轴承的表面温度一般不超过95℃，油箱内润滑油温度不超过65℃，轴承部位的振动速度不大于6.3mm/s。

（4）要经常注意润滑油的飞溅情况及油量位置。

（四）罗茨鼓风机的停机操作

罗茨鼓风机不宜在满负荷情况下突然停机，必须逐步卸负荷后再停机，以免损坏机器。关于紧急停机原则，可另行拟定细则加以明确。

知识点三

空气压缩机

一、空气压缩机认知

空气压缩机是指压缩介质为空气的压缩机，简称空压机。空气压缩机广泛应用于机械矿山、化工、石油、交通运输、建筑、航海等行业，是用来产生并输送高压空气的通风机，可用来驱动风钻、风镐等风动工具。粮食加工企业中的脉冲布筒过滤器的气动控制元件，高压气力输送网路，都利用空气压缩机产生的高压空气作气源。它的外形如图 2-21 所示。

空气压缩机微课

图 2-21　空气压缩机外形图

（一）空气压缩机的类型

空气压缩机种类繁多，主要有以下几种分类方法。

1. 按输气量不同划分

输气量是指空气压缩机工作时每分钟排出的气体换算成吸入状态的体积，小型空气压缩机的排气量在 $10m^3/min$ 以下，中型空气压缩机的排气量为 $10\sim100m^3/min$，大型空气压缩机的排气量在 $100m^3/min$ 以上。

2. 按气缸中心线和相对位置不同划分

按气缸中心线和相对位置不同，空气压缩机可分为立式、卧式、角度式。角度式又分为 V 形、W 形、L 形。一般来说，活塞式空气压缩机为往复式机器，会造成一定的振动，而角度式空气压缩机能较好地平衡其惯性力，所以中小型活塞式空气压缩机大都做成角度式。

3. 按冷却方式不同划分

按冷却方式不同，空气压缩机可分为水冷式和风冷式。水冷式用自来水开式循环冷却；风冷式为风扇冷却。

4. 按原动机不同划分

按原动机不同，空气压缩机可分为电机驱动的空气压缩机和柴油机驱动的空气压缩机。大型电机驱动的空气压缩机配有配电柜，柴油机驱动的空气压缩机由电瓶启动。两种空气压缩机均有直联和侧联（皮带传动）两种方式。

5. 按润滑方式划分

按润滑方式不同，空气压缩机可分为无油式和机油润滑式两种。后一种又分为飞溅式和强制式（油泵和注油器供油润滑式）两种。

6. 按结构形式划分

按结构形式不同，空气压缩机可分为回转式、活塞式、膜式。其中，回转式和活塞式中的螺杆式、滑片式较为多见。这三种空气压缩机各有其优缺点。

7. 按作用形式划分

按作用形式不同，空气压缩机可分为离心式、回转式和往复式。常见的为往复式空气压缩机，又称为活塞式空气压缩机。离心式空气压缩机是依靠高速旋转的叶轮组，将机械能加给空气来完成吸气和压气的过程；回转式空气压缩机主要依靠偏心叶轮的旋转，造成腔体内容积大小的改变，来完成吸气和压气的过程；往复式空气压缩机是依靠活塞在气缸内作往复运动，使缸内体积随之增大或缩小，来完成吸气和压气的过程。

目前，粮食加工企业常用的空气压缩机多属于往复式空气压缩机。

（二）往复式空气压缩机

根据其气缸级数的多少，往复式空气压缩机可分为单级空气压缩机、双级空气压缩机和多级空气压缩机。单级空气压缩机的空气在气缸内只进行一次压缩就排出机外；双级空气压缩机的空气在两个串联的气缸内，经过两次压缩后才排出机外；两级以上的空气压缩机称为多级空气压缩机。

往复式空气压缩机根据其活塞压缩的动作又可分为单动式空气压缩机（气体只在活塞的一面受到压缩）和双动式空气压缩机（气体在活塞的两面均受到压缩）两种。

往复式空气压缩机根据其气缸的位置不同又可分为卧式和立式两种。卧式往复式空气压缩机的气缸是横卧布置的，如图 2-22 （1）所示；立式往复式空气压缩机的气缸是直立布置的，如图 2-22 （2）所示；还有气缸布置成 L 形的，如图 2-22 （3）所示；气缸布置成 V 形的，如图 2-22 （4）所示；气缸布置成 W 形的，如图 2-22 （5）所示。

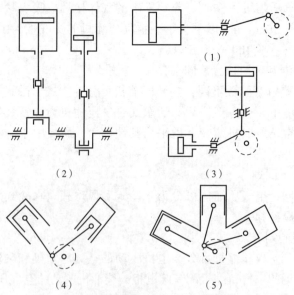

（1）

（2）　　　　（3）

（4）　　　　（5）

图 2-22　往复式空气压缩机的气缸布置形式

（三）往复式空气压缩机的工作原理

图2-23是单动式空气压缩机的工作示意图。当活塞自上向下移动时，气缸容积扩大，气缸内压力降低，形成了压力差，于是外部气体便压开吸气阀进入气缸，此时排气阀是关闭的；当活塞到达最下端时，气体充满气缸，缸内气体与进气口气压基本相等，吸气阀便自动关闭，停止进气，如图2-23（1）所示。

当活塞向上移动时，进入缸内的气体开始被压缩，当压缩的空气压力超过排气阀弹簧的压力和排气管内的压力时，便顶开排气阀；活塞继续上移，压缩空气就经排气管进入气包。活塞往复

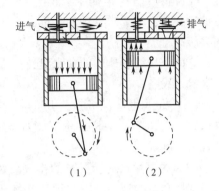

图2-23　单动式空气压缩机的工作示意图

运动一次，完成吸气、压缩、排气三个过程，如此往复循环，就不断排出压缩空气，如图2-23（2）所示。

图2-24是双动式空气压缩机的工作示意图，其动作原理与单动式空气压缩机相同。不同的是，双动式空气压缩机的活塞两面均压缩空气，即在活塞的往复行程中，活塞的一面进行吸气，另一面进行压缩。

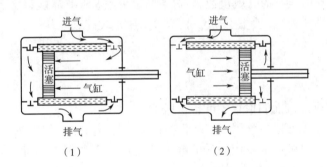

图2-24　双动式空气压缩机的工作示意图

二、空气压缩机选择

（一）空气压缩机的型号

空气压缩机的型号一般由四项构成。以往复式空气压缩机为例，它的型号由以下四项构成：第一项表示产品的序号或类型；第二项表示结构形式，其中包括 V 形排列（V 型）、W 形排列（W 型）、L 形排列（L 型）、直立式排列（Z 型）、卧式排列（P 型）和对称平衡排列（D 型、M 型、H 型）；第三项表示排气量（m^3/min）；第四项表示排气压力（kg/cm^2）。空气压缩机的型号含义举例如图2-25所示。

（二）常用空气压缩机的选择

在选用空气压缩机时，要注意以下三方面。

（1）根据用气设备对压缩气体的要求选用相应的空气压缩机及配套设备。

①降低压缩气体中的含油量，可采用除油净化器，如要求处理的指标高，可采用多级处理。

②降低压缩气体中的含水量，可采用配套除水设备。

（2）根据生产任务及厂房的具体条件选定空气压缩机结构的形式，如立式、卧式或角度式。

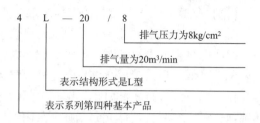

图 2-25　空气压缩机的型号

（3）根据生产时所要求的排气量和排气压强，在相应的空气压缩机样本或产品目录中选择合适的型号。应注意，空气压缩机样本或产品目录中所列的排气量，一般按20℃、101.33kPa 状态下的气体体积计算，单位为 m³/min，排气压强以 Pa（表压）表示。当需要确定生产所需的空气压缩机的性能参数时，应从以下几方面考虑。

①排气压力：空气压缩机的排气压力越大，耗能越多。将使用压力、管路阻力损失及配套设备的压力之和，定为选用的空气压缩机额定排气压力的下限值。一般情况下，应把输气管路的直径选大些，以减少阻力损失，达到长期运行减少能耗的目的。不要选用过高排气压力的空气压缩机。

②排气量：计算出实际用气总量再乘以系数 1.1~1.2，作为选用机型的排气量。选用过低，达不到用气设备的规定值；选用过高，会造成减荷能耗大、减荷运行不经济，而且选用大排气量的空气压缩机，其购置费用也较高。

三、空气压缩机操作

1. 空气压缩机开机前的检查、准备及启动

（1）检查空气压缩机各紧固部位是否有松动，是否处于正常状态。

（2）加空气压缩机规定使用牌号的润滑油至视油窗的规定高度（需用量约 3kg）。V 型空气压缩机加油至视油窗的 2/3。

（3）用手盘动大皮带轮，看转动是否灵活自如，仔细检查有无障碍或异常声响。

（4）驱动机为电机的，请电工接线，然后做点间歇启动，看接线是否正确，运转方向是否如机上箭头所示方向。

（5）清理、排除机器附近的一切障碍物。

上述各项工作完成后便可启动，先使空气压缩机空负荷运行 10~12min 后将排气阀拧到全开状态，如无异常现象，便可逐步关小排气阀，将压力调至额定压力值，使机器进入全负荷运行状态。在运行过程中，检查机器各部件是否正常，并校验减荷阀、安全阀动作是否灵敏、准确、可靠，然后正式投入使用。

2. 空气压缩机的运行和停机

（1）空气压缩机的运行　空气压缩机在运行过程中，必须由专人负责管理和操作。要经常查看压力表读数是否正常，注意空气压缩机运转的稳定性、振动和声响是否异常，检查运动部件的发热情况是否良好，一般气缸盖排气口的温度不得高于 200℃，曲轴箱油温不得超过 70℃，发现问题应及时采取措施。如发现漏油、漏气，或螺栓、管

接头等紧固件松动，要及时检查、排除。检查拆卸时，一定要先停机，待完全泄压冷却后方可进行操作，严禁带压、高温拆卸，以免发生意外。

（2）空气压缩机的停机　空气压缩机每次工作结束后，应将储气罐底部的放水阀打开（注意关机卸压打开螺塞后再开机），带压排放油污物，然后打开排气阀，让空气压缩机轻载运行 3~5min 后方可停机。对于长时间连续运行的空气压缩机，每月至少要带压排油、水污物 1~2 次。如遇雨季或在空气湿度大的地区，每月要带压排放 3~5次，以保证机器内部清洁，使压缩空气纯净。

工作任务　　离心式通风机空气动力性能测定

任务要求

1. 能正确测定离心式通风机性能参数。
2. 能绘制离心式通风机的性能曲线。
3. 培养实事求是的职业精神、严谨的科学态度，树立劳动意识，树立安全用电、安全生产意识。

任务描述

根据维护规定或工作需求，按照企业风网操作规程，独立或协同其他人员，在规定时间内对风机实施相应的测定项目，记录结果；将测定记过反馈给相关部门，工作过程中遵循现场工作管理规范。

任务实施

一、认知、熟悉离心式通风机空气动力性能测定装置

离心式通风机空气动力性能测定示意图如图 2-26 所示。

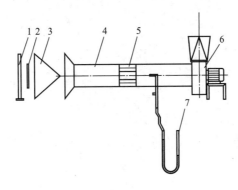

1—压力计　2—温度计　3—节流器　4—管路　5—整流栅　6—风机　7—测压计

图 2-26　离心式通风机空气动力性能测定示意图

二、实施步骤

1. 记录空气温度、大气压力及离心式通风机和电机的铭牌数据；测量试验管路的直径。

2. 关闭锥形阀，启动风机。

3. 调节锥形阀（10 次左右）以调节风量，记录每一风量下空气的静压、动压和电流、电压、转速及功率因数值。

4. 注意事项

（1）压力测量采取等环截面法，只在一个方向测量。

（2）功率测量用电测法，即用钳形表（测电压、电流）、功率因数表测量。

（3）风机转速可用电子或机械转速表测量。

三、数据处理

1. 原始记录

离心式通风机参数	型号		电动机	型号	
	全压/Pa			功率/kW	
	风量/(m^3/h)			转速/(r/min)	
	转速/(r/min)		实验风管	直径 D_1/m	
	进风口面积 S_1/m^2			截面积 S/m^2	
	出风口面积 S_2/m^2			测点至风机进风口距离/m	

2. 测定记录

项目	工况									
	1	2	3	4	5	6	7	8	9	10
动压 $H_动$/Pa										
静压 $H_静$/Pa										
全压 $H_全$/Pa										
电流/A										
电压/V										
转速/(r/min)										
功率因数										
空气温度/										
大气压 P/mmH$_2$O										

四、绘制风机的 H-Q、N-Q、η-Q 性能曲线

■ 任务评价

评价项目	评价内容	分值	得分
准备工作	管道、管道连接处的密封性检查	5	
	风机转向检查	5	
	测点的确定	5	
	钳形表、功率因数表、转速表	5	
	风机启动规范	10	
仪器使用	U 形管压力计、毕托管使用标准、规范	10	
	钳形表、功率因数表、转速表使用标准、规范	10	
	逐点测定	5	
数据处理	原始记录填写正确、规范	10	
	测定结果计算正确、规范	10	
性能曲线绘制	性能曲线绘制规范、整洁	10	
职业素养	严谨的科学态度	5	
	实事求是的职业精神	5	
	安全生产意识	5	
总得分			

习　题

一、名词解释

风机的全压；风机的工作点；比转数；风机的比例定率。

二、填空题

1. 离心式通风机的机壳由蜗壳、进风口、风舌等部分组成。其中蜗壳的作用是_____；进风口的作用是_____；风舌的作用是_____。

2. 离心式通风机的主要性能参数有_____、_____、_____、_____。

3. 罗茨鼓风机的特点是_____，俗称"硬风"。

三、简答题

1. 简述离心式通风机的构造和工作过程。

2. 简述离心式通风机有哪些性能参数。

3. 简述离心式通风机工况调节的原理和方法。

4. 简述离心式通风机的选用原则。

5. 简述罗茨鼓风机的构造、工作原理和性能特点。

四、计算题

1. 某除尘风网经过阻力计算，得出风网的总阻力 $\sum H = 2600\text{Pa}$，风网的总风量 $Q = 12000\text{m}^3/\text{h}$，选择风机和电动机。

2. 某气力输送风网经过阻力计算，得出风网的总阻力 $\sum H = 830\text{kg/m}^2$，风网的总风量 $Q = 9800\text{m}^3/\text{h}$，选择风机和电动机。

3. 某通风除尘风网所需 $Q = 7410\text{m}^3/\text{h}$，风网的总阻力 $\sum H = 132\text{mmH}_2\text{O}$，试采用 4-72 型离心风机，确定其机号、序号、电机功率、传动方式。

4. 某风网中使用的是 6-23 型 No6 离心式通风机，风机参数为：全压 $H = 340\text{kg/m}^2$，风量 $Q = 4600\text{m}^3/\text{h}$，转速 2100r/min，V 带传动，电动机功率 5.5kW。由于生产需要，需要将风机全压提高到 460kg/m^2，风机的转速应提高到多少？这时风机风量、电动机功率各为多少？

五、分析题

1. 试分析离心式通风机出现风量不够故障的原因和处理方法。

2. 试分析离心式通风机出现风量过大故障的原因和处理方法。

3. 试分析离心式通风机出现压力不够故障的原因和处理方法。

4. 试分析离心式通风机出现压力过大故障的原因和处理方法。

模块三

粉尘控制

学习目标

知识目标

1. 了解粉尘的概念、分类和性质，熟悉自然通风、机械通风、全面通风和局部通风的特点。

2. 掌握粮食工业通风除尘系统中吸尘罩、除尘器的作用。

3. 掌握吸尘罩在粉尘控制中所起的作用。

4. 熟悉除尘器的分类和性能特点，掌握除尘器的结构、工作原理。

技能目标

1. 能根据粉尘的物理性质，采取正确的方法进行粉尘控制。

2. 能根据设备中尘源设置吸尘罩位置。

3. 能根据粉尘特点合理选择除尘器。

素质目标

1. 通过粉尘及粉尘爆炸的学习，培养环保意识，树立安全生产意识。

2. 通过粉尘爆炸控制方法的学习，培养在有限空间中的工作能力。

3. 通过除尘器具体型号参数的选择，增强分析和解决工程实际问题的本领。

模块导学

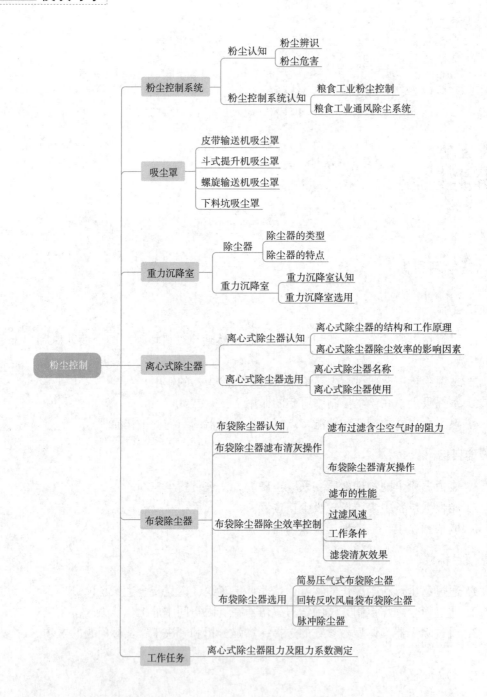

知识点一

粉尘控制系统

一、粉尘认知

（一）粉尘辨识

1. 粉尘概念

粉尘是空气的重要污染物质之一，是对能较长时间悬浮于空气中颗粒物的总称。粉尘还有许多名称，如灰尘、尘埃、烟尘、矿尘、砂尘等。

根据悬浮于空气中颗粒物的性质、来源等特点，粉尘可分为以下几类。

（1）粉尘　在散装固体物料的输送、入仓、加工等过程中，夹杂在物料中的部分微细颗粒或加工后的粉粒体会在各种力（如物料与工作面之间的撞击力、空气流动的空气动力等）的作用下离开物料主流扬散到空气中，从而形成粉尘。在 GB/T 16418—2008《颗粒系统术语》中，粉尘定义为空气中粒度小于 76μm 的颗粒物。

由于粉尘产生的过程不同，粉尘的粒径大小不一。粉尘粒径小的小于 0.1μm，大的超过 500μm，但能较长时间悬浮于空气中的粉尘粒径一般小于 76μm，并以粒径在 0.1~10μm 的数量最多。粒径大于 10μm 的粉尘，在一定的空气环境中可以在自身重力作用下发生沉降；而粒径小于 10μm 的粉尘则不易沉降，能长期在空气中悬浮，是对人体健康危害最大的一类粉尘。

（2）烟尘　在物料燃烧时产生的未充分燃烧微粒或残存不燃的灰分、金属熔炼中产生的氧化微粒或升华凝结物以及化学反应等过程中产生的微细颗粒物扬散到空气中形成烟尘。烟尘的粒径一般小于 1μm，其中较多的粒径为 0.01~0.10μm。

（3）雾　悬浮于空气中的液体微粒，称为雾。雾一般是由于蒸汽的凝结、液体的雾化以及化学反应等过程所形成，粒径一般在 0.1~10.0μm，包括水雾、漆雾、油雾、酸雾、碱雾等。

（4）烟雾　烟雾指空气在自然气象条件下形成的雾和人类活动排出的烟尘的混合体，如历史上著名的伦敦雾、洛杉矶烟雾等。

本书所指粉尘均为物料在机械加工过程中产生，即为仅发生物理变化而没有发生化学反应形成的粉尘。

2. 粉尘的分类

粉尘可根据多种特征进行分类，目的是从多方面了解粉尘的性质，评价粉尘的危害程度，以便选择合适的粉尘控制技术。

（1）按粉尘的成分分类

①无机粉尘：粉尘的主要成分为无机物，如石英加工、铁矿开采、水泥生产中产生的粉尘。这类粉尘包括矿物性粉尘、金属性粉尘和人工制造的无机粉尘。

②有机粉尘：粉尘的主要成分为有机物，如谷物粉尘、动物骨粉和人工合成的有机粉尘。在粮食加工车间，多数都是有机粉尘，如面粉、谷壳、米糠等。

③混合粉尘：为多种不同类型粉尘的混合物。

（2）按有无毒性分类

①有毒性粉尘：如铅尘，含铬、镉、锰的粉尘，进入人体会产生中毒病状。

②无毒性粉尘：如谷物类粉尘、水泥粉尘等。这类粉尘没有毒性，但通过呼吸进入人体肺部会导致尘肺病。无毒性粉尘没有毒性，但并不意味着对人体没有危害。

③放射性粉尘：具有放射性物质产生的粉尘。自然界中存在着高放射物质，如铀、镭、钍等称为核能源，使用这些能源的技术称为核能技术。放射性粉尘主要来源于核工业的泄漏事故以及全球的核武器试验等过程。

（3）按燃烧、爆炸特性分类

①燃烧、爆炸性粉尘：指悬浮在空气中达到一定浓度后，遇到火源会急剧燃烧并发生爆炸的粉尘，如有机粉尘。无机粉尘中的部分类型粉尘也容易发生燃烧和爆炸，如铝粉、铁粉、镁粉、煤尘等。燃烧、爆炸性粉尘也称为可燃性粉尘。

②非燃烧、爆炸性粉尘：如石英、石棉、滑石、水泥等生产中产生的粉尘。

（4）按卫生学角度分类

①呼吸性粉尘：指能随着人体的呼吸过程经气管、细支气管进入肺泡并沉积在肺泡内的粉尘。这类粉尘粒径一般小于 $5\mu m$。

②非呼吸性粉尘：指不会随着人体的呼吸过程到达肺泡的粉尘。这类粉尘粒径一般大于 $5\mu m$。

（5）按粉尘的存在状态分类

①浮尘：悬浮在空气中的粉尘，也称为飘尘。

②降尘：沉积在各种物体表面的粉尘，也称为积尘。

浮尘和降尘可以相互转化。出现浮尘现象意味着空气受到了污染；而出现降尘，意味着含尘空气中的粉尘有所减少，空气得到了一定程度的净化。降尘如果不及时清理，可转化为浮尘污染空气。

3. 粉尘性质

（1）粉尘的形状　由于粉尘的来源和形成条件不同，粉尘的形状也各种各样。粉尘的形状分为规则形状和不规则形状，自然界形成的气溶胶微粒和高温燃烧过程中的产物多为规则形状粉尘，如圆球形；而大多数工业生产过程中产生的尘粒多为不规则形状，如粉碎、研磨等加工工艺中形成最典型的不规则粉尘。规则形状颗粒表面光滑，比表面积小；不规则形状颗粒表面粗糙，比表面积大。

粉尘的基本特性微课

对于非球形颗粒，即不规则形状颗粒，往往用形状系数表示颗粒的形状。形状系数也称为球形度，它能够表征实际颗粒形状与球形颗粒不一致的程度。各种形状颗粒中，球形最为规整，且表面积最小，所以常取球形为标准来衡量颗粒的不同形状。球形度 ϕ 是表示颗粒形状的指标之一，可按下式计算。

$$球形度\ \phi = \frac{与颗粒体积相同的球的表面积}{颗粒的实际表面积}$$

$\phi = 1$ 时颗粒为球形，其他形状的粉尘颗粒 ϕ 值均小于1。ϕ 越小，表明颗粒的球形度越差。部分形状颗粒的球形度见表3-1。

表 3-1　　　　　　　　　　　　　　　颗粒的球形度 φ

颗粒形状	φ 值	颗粒形状	φ 值
球体	1.0	石英砂	0.0554~0.6280
碎块	0.63	煤粉	0.696
立方体	0.806	薄长片	0.515

（2）粒径和粒径分布

①粒径：粉尘大小的尺寸，称为粉尘的粒径。粉尘的粒径对于形状规则的颗粒，可用其特征几何尺寸表示，如球形颗粒可用其直径表示粒径，矩形颗粒可用其长宽高来表示。但是实际工程中粉尘的形状是多种多样不规则的，即多是非球形颗粒，对非球形颗粒也采用粒径表示其尺寸大小，但此时的粒径表示的是粉尘的某一个特征尺寸。

②粒径分布：粉尘是由各种不同形状、不同粒径的颗粒组成的颗粒群体，为了评价粉尘系统的粒径组成，在除尘技术中常采用粒径分布来表示不同粒径范围内所含的粉尘个数或质量。粉尘的粒径分布又称为粉尘分散度，对应于粉尘的个数或质量，有计数分散度和质量分散度两种表示方法。

a. 计数分散度：各种粒级的粉尘所占的数量百分比，即某一个粒径范围的颗粒的数量所占总数量的百分比，粒径小的数量越多，表示分散度高，反之则表示分散度低。

b. 质量分散度：各种粒级的粉尘所占的质量百分比，粒径小的尘粒所占的质量百分比大，表示分散度高，反之则表示分散度低。

通过粉尘的粒径分布，可以评价对人体的危害程度、选择合适除尘器的种类和评价对除尘器性能的影响。

工业上，常将由不同粒径大小颗粒组成的集合体，称为多分散性颗粒；而将由同一粒径大小颗粒组成的集合体，称为单分散性颗粒。粉尘一般属于多分散性颗粒。

在实际工程中，还常按粒径（d_s）大小对粉尘颗粒进行分类：

粗颗粒：$d_s = 50 \sim 1000 \mu m$

细颗粒：$d_s = 10 \sim 50 \mu m$

微粒：$d_s = 0.1 \sim 10 \mu m$

烟雾：$d_s = 0.001 \sim 0.1 \mu m$

粒径较大的粗颗粒，具有较高惯性，因此，粗颗粒具有在重力作用下迅速沉降的趋势；而细颗粒则倾向于在空气中保持悬浮。

（3）颗粒的比表面积　　比表面积指单位质量粉尘的表面积，用单位 m^2/kg 表示。微细粒径粉尘的重要特征之一就是比表面积大。

粉尘的许多物理、化学性质与其比表面积有很大关系。粒径微细颗粒常常表现出显著的物理和化学活性，如氧化、吸附、溶解、生理效应、催化、燃烧爆炸及毒性等都会因为颗粒粒径微细、比表面积大而被加速、增大和剧烈。

粉尘的比表面积一般在 $5 \sim 10 m^2/kg$。部分粉尘的比表面积见表 3-2。

表 3-2　　　　　　　　　　　　　　　部分粉尘的比表面积

粉尘	比表面积/（m^2/kg）
细粉尘	10000.0

续表

粉尘	比表面积/(m²/kg)
水泥粉尘	240.0
粗粉尘	170.0
细沙	5.0

（4）真实密度和堆积密度　由于粉尘是由许多微小颗粒组成的颗粒群体，因而，粉尘的密度有真实密度和堆积密度之分。

①真实密度：在密实堆积状态（粉尘颗粒之间没有任何空隙）下，单位体积粉尘的质量。

②堆积密度：自然堆积状态下，单位体积粉尘的质量。

在自然堆积状态下，粉尘颗粒之间的空隙体积与粉尘总体积之比称为空隙率。

对于一种粉尘，其真实密度是定值，而堆积密度则会随堆积状况、空隙率大小而变化。真实密度对于设计除尘器有重要意义。在设计料斗、存仓、输送设备时应按堆积密度进行设计计算。

（5）黏附性和凝聚性

①黏附性：粉尘黏附在物体表面或粉尘之间相互附着的现象，称为黏附性。

产生黏附的原因可以归结为黏附力的存在，粉尘的主要黏附力有范德华力、静电引力和毛细管力。一般认为，粉尘粒径越小、含水量越高、有显著带电性，黏附性越高，黏附性的存在有利于粉尘的捕集，但往往带来的危害更多，如难于输送、堵塞管道和筛孔、滤布难于清灰等。

②凝聚性：微细粉尘相互接触而结合成较大颗粒的性质，称为粉尘的凝聚性。粉尘因凝聚而粒径增大，更易于捕捉，因此，粉尘的凝聚性对粉尘的净化具有重要意义。

（6）流动性　是指粉尘全部或部分发生相对位置变化的特性。粉尘的流动现象是粉尘的动力学性质之一。使静止的粉尘产生流动性，必须对其施加一定的能克服粉尘黏附力的外力。影响粉尘流动性的因素有粉尘的形状、表面特征、粒径大小及相对湿度等。

评价粉尘流动性的指标有粉尘的静止角、滑动角等。

粉尘的静止角是指粉尘堆积层的自由表面在静止平衡状态下与水平面形成的最大角度。根据静止角大小可以将粉尘的流动性分为好、中、差三类。静止角<30°的粉尘流动性最好；静止角为30°～45°的粉尘流动性中等；静止角>45°的粉尘流动性差。粉尘的静止角一般为35°～50°。

在重力作用下，静止颗粒滑动形成的面与水平面的夹角称为滑动角。滑动角表示的是粉尘与壁面的摩擦特性。粉尘的滑动角一般为40°～55°。

（7）荷电性和比电阻

①荷电性：在粉尘形成和运动的过程中，由于相互的摩擦、碰撞、放射线照射、接触带电体等原因带有一定电荷的性质称为粉尘的荷电性。

粉尘的荷电性有利于粉尘的捕集、控制和除尘，如电除尘器就是利用粉尘的荷电性除尘的。但是由于荷电性的存在，微细粒径粉尘的带电增加了在人体呼吸道和肺部的沉积；给滤布除尘器的清灰带来困难；粉尘荷电性带来的黏附性还会降低粉尘流动性和引起堵塞事故；更重要的是粉尘的荷电性还是粉尘燃烧和爆炸最危险的潜在火源。

②比电阻：粉尘的导电性能常用比电阻表示。厚度为1cm，面积为$1cm^2$的粉尘层所具有的电阻值，称为粉尘的比电阻，单位为$\Omega \cdot cm$。

粉尘的比电阻与空气的温度、湿度、化学杂质含量等有关，一般在温度150~200℃时比电阻会出现最大值。粉尘的比电阻在$10^4 \sim 10^{10} \Omega \cdot cm$时，可以利用电除尘器进行净化。

（8）燃烧性和爆炸性　悬浮于空气中的可燃性粉尘达到一定浓度，遇到火源，急剧燃烧和爆炸的特性称为粉尘的燃烧性和爆炸性。粉尘的燃烧性和爆炸性实质是指可燃粉尘的剧烈氧化作用，在瞬间产生大量的热量和燃烧产物，在有限空间造成很高的温度和压力，属于化学爆炸。

根据粉尘的燃烧性和危险性可以将粉尘的燃烧性和爆炸性分为四类。

① I 类：爆炸危害性最大的粉尘，爆炸的下限浓度小于$15g/m^3$，如松香、胶木粉、砂糖等。

② II 类：有爆炸危险的粉尘，爆炸的下限浓度为$16 \sim 65g/m^3$，如面粉、淀粉、亚麻粉尘、铝粉等。

③ III 类：火灾危害性最大的粉尘，燃烧发火浓度高于$65g/m^3$，自燃温度低于250℃，如烟草粉尘等。

④ IV 类：有火灾危害性的粉尘，燃烧发火浓度高于$65g/m^3$，自燃温度高于250℃，如锯末粉尘等。

（9）吸湿性　粉尘吸收空气中水分，增加了粉尘的含湿量，称为粉尘的吸湿性或亲水性。能够吸收空气中水分或溶解于水的粉尘，称为吸湿性粉尘。

吸湿性粉尘湿度增加后，能增加粉尘的黏附性、凝聚性，有利于捕捉微细粒径粉尘，但同时也会造成滤布除尘器滤布清灰的困难和粉尘流动性变差。粉尘湿度增加能降低粉尘荷电性和流动性。

（10）磨损性　是指粉尘在流动过程中对固体边壁的磨损性能。

粉尘的磨损性与粉尘的形状、硬度、大小、密度等因素密切相关。表面粗糙的粉尘比表面光滑的粉尘磨损性大；粒径大的粉尘比粒径小的粉尘磨损性大。

粉尘对通风管道的磨损性与气流速度的2~3次方成正比，在高速气流下，粉尘对管壁的磨损尤为严重。气流中粉尘含量高，磨损性也大，为了减轻粉尘的磨损，延长设备或管道寿命，应选取合适的气流速度、合适材料的管道与壁厚。对于易磨损部位，应安装耐磨内衬或特殊结构等。

（二）粉尘危害

1. 危害人体健康

人体每时每刻都在呼吸着空气，空气中悬浮的粉尘每时每刻都随着空气的吸入和呼出进入和排出人体，部分粉尘可能在呼吸道和肺泡中被截留、沉降和吸附。肺尘埃沉着病是一种由于人体长期吸入某一种粉尘而引起的肺弥漫性间质纤维性改变为主的疾病，是职业性疾病中影响面最广、危害最严重的一类疾病。虽然有些粉尘是无毒性的，但经过呼吸系统进入人体之后，对人体都是有危害的。

2. 危害生产

粉尘的形成首先造成操作环境能见度的下降，使操作工人视力范围缩小，容易造成误操作出现各种事故，如伤人、损坏设备、出废品等。操作环境空气质量的恶化既不利于工人身心健康，也不利于生产的正常进行。

其次，粉尘的形成造成生产环境的恶化，既影响产品的质量、外观，使产品品质下降以致出现不合格品，也影响生产设备的正常运行。

3. 引起爆炸

对于有机性粉尘，其最大的特性就是能够或容易燃烧并发生爆炸。

悬浮于空气中的可燃性粉尘达到一定粉尘浓度时，遇到火源发生急剧氧化燃烧反应，同时放出大量的热量以及使气体体积急速膨胀、压力瞬间升高的现象，称为粉尘爆炸。

一般认为，粉尘发生燃烧爆炸的条件如下：

（1）足够的可燃性粉尘悬浮到空气中形成一定的粉尘浓度；

（2）密闭空间；

（3）有氧气；

（4）火源。

在粉尘发生燃烧爆炸的四个条件中，如果有一个条件不具备，则不可能发生粉尘爆炸。因粉尘燃烧爆炸条件中的密闭空间和有氧气这两个条件普遍存在，粉尘的防爆一般从降低粉尘浓度和防火两方面进行。

二、粉尘控制系统认知

（一）粮食工业粉尘控制

通过有效组织空气流动的方法来控制工业生产中产生的粉尘、有害气体等污染物是粮食工业粉尘控制的基本方法，也是工业卫生与安全的主要技术措施之一。

空气的流动形成风，有目的地组织空气流动以完成某种功能的技术即为通风技术，具体地讲就是为达到合乎卫生要求的空气质量标准，对车间或居室进行换气的技术。将室内不符合卫生标准要求的污染空气排到室外的通风方法称为排风；将新鲜空气或达到卫生标准要求的空气送到空内的通风方法称为进风。

通风技术常根据不同的生产条件和环境要求分为多种方法。

1. 自然通风和机械通风

根据组织空气的流动是否需要动力，分为自然通风和机械通风。

（1）自然通风　依靠室外风力造成的风压或室内外空气温度差造成的热压使空气流动的方法称为自然通风。自然通风是在自然气象条件下形成的，无须人为提供动力，是一种既经济又节能的方法。有些条件下，可充分利用建筑物的某些构件或室内余热进行自然通风。但由于自然通风是利用某些气象条件形成的，因而这种通风的稳定性和可靠性较差，在工业生产中一般不予考虑。

（2）机械通风　依靠通风机等空气机械设备的作用驱使空气流动，造成有限空间通风换气的方法称为机械通风。由于通风机等空气机械设备产生的风量和风压可根据需要来选定，因而这种通风方法能够满足不同场所人们所需要的通风量，并能有效地控制通风所需要的气流方向和流速大小。由于机械通风不受自然条件限制，可根据需要随时进行通风，因而机械通风适用性强，应用广泛。

2. 全面通风和局部通风

从通风作用的范围方面，分为全面通风和局部通风。

（1）全面通风 全面通风是对整个车间进行通风换气，也称稀释通风。这种方法一方面用清洁空气稀释室内空气中有害物质浓度，同时还不断地把污染空气排出室外，使室内空气中的有害物浓度不超过卫生标准规定的最高允许浓度。全面通风的效果与通风量的大小和流动空气的组织密切相关。全面通风可以是自然通风，也可是机械通风。

（2）局部通风 局部通风是针对局部污染源或局部区域进行通风换气的方法。局部通风分为排风和送风两种方式，不等有害物质飞散到工作区域之前就将其从尘源处排走的通风方式为局部排风；将新鲜空气或者符合卫生要求的空气送到操作区域的通风方式为局部送风。

在粮食加工行业，粉尘控制多采用机械式的局部排风通风方式，即将废气或含有有害物质的空气抽走并经过净化处理后排到室外。

利用通风的方法排除环境中因粉尘飞扬而产生的污染空气，并同时对污染空气进行净化而且达到污染空气排放标准的技术称为通风除尘技术，简称为通风除尘。具体地讲就是为达到合乎卫生要求的空气质量标准，对车间或居室进行空气洁净的技术。

通风除尘是保证粮食加工企业有一个良好的操作环境和生产环境而广泛采用的方法，更是可燃性粉尘防爆技术措施中最有效、最经济的方法，也是环境保护技术中空气污染控制所普遍采用的方法。此外，通风除尘在粮食加工中，还可起到对加设备或物料的除湿降温、促使物料风选和分级、回收含尘气流中有用物料等多种工艺效果。

（二）粮食工业通风除尘系统

粮食加工行业的通风除尘系统一般由吸尘罩、通风管道、除尘器和风机四部分构成，如图 3-1 所示。

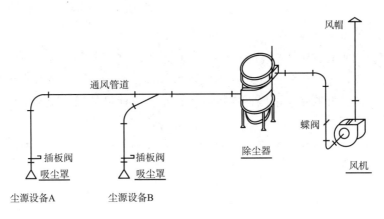

图 3-1 粮食工业通风除尘系统的组成

1. 吸尘罩

吸尘罩是通风除尘系统含尘空气的捕集装置，靠近尘源安装。

吸尘罩的作用是尽可能地将粉尘或有害气体扩散区域密闭起来，使空气经吸尘罩罩口或污染源设备的缝隙进入吸风罩时，把粉尘或有害气体带入输送管道中。吸尘罩阻止了粉尘飞扬到污染源周围的空气中，从而使粉尘得到有效控制。性能良好的吸尘罩应该在排风量最小、能耗最低的情况下使污染源处粉尘的飞扬得到最有效的控制。

2. 通风管道

通风管道是通风除尘系统中空气流动的通道，其作用是将吸尘罩收集的污染空气安全地输送到净化设备（如除尘器），并把净化后的符合排放标准的尾气排放到大气中。

通风管道由直长管道和局部构件构成，局部构件包括弯头、三通、阀门、变形管等。通风管道的形状有圆形管道和矩形管道两种类型。空气的流动速度是通风管道的重要技术参数。

3. 除尘器

除尘器是将通风管道送来的污染空气进行净化的设备，可将含尘空气中的粉尘进行分离和回收，使排放的空气含尘浓度符合环保要求。有时为了满足粉尘回收工艺或者尾气排放标准的环保要求，在一个除尘系统中可以采用两台或多台除尘器串联的形式连续地对含尘气流进行粉尘分离。

4. 风机

风机是组织空气流动的动力源，是除尘系统的重要组成部分。风机属于空气机械，是对气体输送和气体压缩机械的简称。从能量角度看，它把旋转的机械能转变为气体的压力能和动能，从而驱使空气流动。

当风机运行时，污染源处的污染空气经吸尘罩进入通风管道，进入通风管道的含尘空气被输送到净化装置除尘器中进行净化，在净化装置中污染物被分离和收集，而通过净化装置的尾气则被排气管道排放到大气中。

知识点二

吸尘罩

吸尘罩是用来密闭粉尘的装置，安装时应紧靠尘源。

吸尘罩的作用是尽可能地将粉尘密闭在较小的范围内，以阻止粉尘扩散，污染周围的环境。性能良好的吸尘罩应该在排风量最小、能耗最低的情况下使污染源处的粉尘的飞扬得到最有效的控制。

粮食加工企业中常用的机器设备，如皮带输送机、斗式提升机、螺旋输送机、下料坑等需要安装吸尘罩。

一、皮带输送机吸尘罩

皮带输送机输送物料时，在进料端和出料端会扬起粉尘，它的中间部分由于物料和皮带处于相对静止状态，如果托辊状态良好，皮带没有振动，一般不会有粉尘扬起。

进料端物料同皮带间有撞击，同时溜管中带来的诱导空气向四周扩散，造成粉尘飞扬。防止粉尘飞扬的有效办法可采用图3-2所示的吸尘罩。这种装置是由盖在皮带上的木制进料槽和槽上的吸风口所组成，为了缓和粮粒对皮带的撞击，以减轻粉尘的散发，可在溜管伸入进料槽的末端加装一块弧形淌板。

皮带输送机的气体流量与其运行速度有关，皮带运行速度小于1m/s时，每个吸风口（1m带宽）吸风量 $Q=1000\text{m}^3/\text{h}$；皮带运行速度大于1m/s时，每个吸风口（1m带宽）$Q=1500\text{m}^3/\text{h}$。

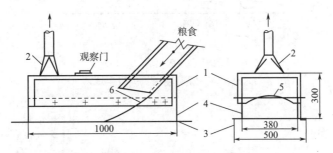

1—进料槽　2—吸风口　3—胶带　4—旧胶带　5—槽开口　6—弧形淌板

图3-2　皮带输送机进料端的吸尘罩

二、斗式提升机吸尘罩

斗式提升机在工作时所逸散出来的粉尘主要产生于底座，这是因为畚斗在挖取物料时，在底座中冲击和翻动物料，同时由于溜管和提升机下行管流入了大量的诱导空气，使底座内的空气压力升高，迫使粉尘从缝隙中逸出。

图3-3是斗式提升机底座的吸尘罩。它的结构较简单，吸风口安装有两种形式：一种是在机座的下行管上装一个三角形吸风箱，然后在其上装吸风口，与风管连接；另一种是直接在两管之间的机座盖上装吸口和吸风管，为了减少从溜管中随物料流入机座的空气量，可在溜管中装设活门，它能根据来料的多少控制开启程度，这样，活门就能在不影响物料通过的情况下使溜管尽可能关闭，空气也就不易进入机座了。斗式提升机的吸风量，一般为300~400m³/h，风管中风速为10~14m/s。

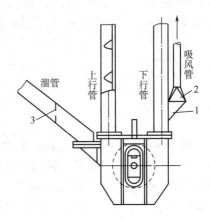

1—吸风箱　2—吸风口　3—活门

图3-3　斗式提升机底座的吸尘罩

三、螺旋输送机吸尘罩

螺旋输送机输送物料时，由于设备本身带有盖板，比较严密，一般不设吸尘罩；

但当物料落差比较大（如大于 1.5m）时，应该在受料点处设置吸尘罩，如图 3-4 所示，以控制入仓物料的粉尘。为了避免吸出物料，吸尘罩下部设有扩大箱。

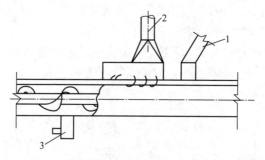

1—进料管　2—吸尘罩　3—出料管

图 3-4　螺旋输送机的吸尘罩

四、下料坑吸尘罩

如图 3-5 所示，这种装置包括一个盖在坑上的铁制防尘罩和罩上的两个扁形吸口。吸尘罩在原料倒入下料坑的工作面敞开，开口的高度和宽度以不妨碍工人操作又使下料坑达到尽量遮蔽为原则。一般下料坑吸尘罩的高度为 800mm，宽度为 1000~1500mm。扁形吸风口的厚度在 50mm 左右，宽度大致为罩宽的一半。吸风口面上的风速需 8~9m/s，吸口阻力为 3×9.81Pa。

图 3-5　下料坑的吸尘罩

知识点三

重力沉降室

将粉尘从含尘气流中分离出来的设备称为除尘器，除尘器是通风除尘系统中保证空气排放达到环保要求的关键设备。除尘器工作的好坏将直接影响到车间、厂区，甚至居民区的环境卫生。此外，如果除尘器的效率不高，会导致风机叶轮的严重磨损，影响生产的正常进行。因此，必须正确地制造、选择、使用除尘器。

一、除尘器

（一）除尘器的类型

由于含尘气流中粉尘的种类、性质等的不同，在粉尘分离技术中采用了多种不同类型的除尘器。

1. 按照分离机理分类

（1）机械式除尘器　是利用机械力的作用进行粉尘分离的一类除尘设备。机械力主要是指重力、惯性力和离心力，这类除尘器如重力沉降室、惯性除尘器、离心式除尘器等。

（2）过滤式除尘器 除去气体的粒径微细颗粒物常用的方法是过滤，即让气体通过编织的或者压制的纤维状过滤材料或者颗粒物料床层来实现气体净化。过滤式除尘器是利用纤维织物或者多孔填料层的筛滤作用将粉尘从气流中分离出来的一类除尘设备，如布袋式除尘器、颗粒层除尘器等。

（3）湿式除尘器 向含尘气体中喷入雾状液滴，由于惯性作用，粉尘颗粒撞击到液滴后会凝结在液滴表面，由于含尘液滴粒径增大，容易利用重力、惯性力或者离心力等分离设备进行分离。利用粉尘容易溶解于水或者液体的性质将粉尘从气流中分离出来的除尘设备称为湿式除尘器，如水浴式除尘器、冲击式除尘器等。

（4）电除尘器 电除尘器是利用电力作用将粉尘从气流中分离出来的一种除尘设备，有干式和湿式两种。

（5）空气过滤器 室内通风换气、空调以及部分空气压缩机等设备中，对大气中的粉尘进行过滤的设备称为空气过滤器。

2. 按照净化能力分类

（1）粗净化除尘器 只能分离含尘气流中的粗大颗粒粉尘，能分离的粉尘粒径在$50\mu m$以上，如重力沉降室。

（2）中净化除尘器 能将粒径在$10\sim50\mu m$的粉尘从含尘气流中分离出来的除尘器，如惯性除尘器、离心式除尘器。

（3）细净化除尘器 能将粒径在$10\mu m$以下的粉尘从含尘气流中分离出来的除尘器，如布袋除尘器、湿式除尘器等。

（二）除尘器的特点

不同类型除尘器的性能特点见表3-3，在实际运行中，除尘器的各项性能会随现场运行条件而变化。

表3-3 除尘器的类型和性能特点

形式	除尘器类型		最小捕集粉尘粒径/μm	粉尘浓度/（g/m³）	阻力/Pa	净化程度	效率/%	
							>50μm	<5μm
干式	重力沉降室		50~100	>2	50~200	粗净化	>95	<20
	惯性除尘器		20~50	>2	300~800	粗净化	>95	<20
	离心式	中效	20~40	>0.5	400~800	粗、中净化	60~85	<30
	离心式	高效	5~10	>0.5	500~1500	中净化	80~90	<30
	电除尘器		<0.1	<30	120~200	细净化	90~99	>90
	袋式除尘器		<0.1	<15	800~2000	细净化	>99	>98
湿式	水浴式除尘器		2	<100	200~800	细净化	95~100	>90
	文氏管除尘器		<0.1	<15	>5000	细净化	98~100	>95
	湿式除尘器		<0.1	<30	120~200	细净化	90~98	>98

在粮食加工行业的通风除尘系统中，最常用的除尘器为机械式除尘器和过滤式除尘器。在机械式除尘器中，重力沉降室、惯性除尘器只适应于分离含尘气流中的粗大颗粒粉尘，由于除尘效率不高等原因使用较少，而体积小、结构简单、除尘效率高的离心式除尘器得到广泛应用。在过滤式除尘器中，布袋除尘器使用方便、除尘效率高，而且一般情况下，含尘气流一次过滤即可达到环境排放标准，因而布袋除尘器最为常用。

二、重力沉降室

（一）重力沉降室认知

1. 重力沉降室的特点

重力沉降室是一种原理、结构都简单的除尘器，它是依靠在特定环境中粉尘自身的重力作用从气流中分离粉尘的。重力沉降室有以下性能特点：

（1）适合于分离气流中粒径在 50~100μm 的粉尘；

（2）能耗低，阻力一般在 50~200Pa；

（3）结构简单，无运转部件，维修工作量小，造价低；

（4）占地面积大，除尘效率低。

2. 重力沉降室的分离原理

当含尘气流由通风管道进入重力沉降室后，由于沉降室截面的突然增大，含尘气流在沉降室内的水平流动速度显著减小，从而使得气流携带粉尘的能力下降，此时，粉尘就会在重力作用下自由沉降。

重力沉降室的结构
及工作原理微课

（二）重力沉降室选用

1. 重力沉降室结构

重力沉降室的结构主要由进气口、室体、出风口、灰斗和出灰装置等部分组成。室体是沉降室分离粉尘的场所，一般为箱体结构，具有一定的长、宽和高尺寸。当含尘气体在箱体内缓慢地向排风口流动时，粉尘就在重力作用下发生沉降从而与空气分离。灰斗是收集粉尘的容器，可以是室体的底部或专门设计的锥形灰斗，目的是方便沉降粉尘的收集和排灰。排灰口的漏风率会严重影响沉降室的粉尘沉降效率，应严格密封，不漏气。

为了提高重力沉降室的除尘效率，有时会在沉降室内安装一些挡板，如图 3-6 所示。当含尘气流沿一定方向运动时，挡板可以改变气流的运动方向，而粉尘颗粒由于其惯性作用，不能随气流一起改变运动方向，撞击到挡板上，失去继续运动的动能而发生沉降；另一方面，挡板也延长了粉尘在沉降室内的运行时间，增加了粉尘在重力作用下沉降的机会。挡板的形状较为灵活，可以是平板形、"人"字形或其他形状。

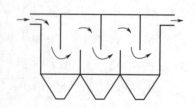

图 3-6　安装挡板的重力沉降室结构

2. 重力沉降室选用依据

重力沉降室只能分离含尘空气中的粗大颗粒，因而重力沉降室通常用来作为某些有较高含量粗大颗粒粉尘空气的净化设备或风网中其他除尘器的预净化设备。如在稻谷加工厂，重力沉降室常用作砻谷机大糠（稻壳）风网中分离大糠的除尘器。

知识点四

离心式除尘器

一、离心式除尘器认知

离心式除尘器始于 1886 年杰克逊的一项专利，发展至今已有 100 多年的历史。从最初应用于面粉加工行业，到今天已广泛应用于各工业领域。离心式除尘器是利用含尘气流在做旋转运动时产生的离心力作用，将粉尘从气流中分离出来的一种除尘设备，又常称为旋风除尘器、刹克龙等。

离心式除尘器可以分离粒径 1μm 甚至更为微细的粉尘，是通风除尘、气力输送风网中最重要的，也是最广泛使用和具有高效的气固分离设备。

离心式除尘器的结构及工作原理微课

离心式除尘器具有以下特点：无运转部件，结构简单，容易制造，容易维修；能够以较高的分离效率分离粒径为 5～10μm 的粉尘，性能稳定，连续可靠；能耗低，压损在 500～2000Pa，进口含尘浓度可以很高或很低，无限制；排灰口的漏风率严重影响其除尘效率。

1. 离心式除尘器的结构和工作原理

离心式除尘器的结构如图 3-7 所示，它是由内外两个圆筒、圆锥筒以及进气口所组成，内、外圆筒和排灰口位于同条轴线上。

含尘空气以较高的速度沿外圆筒的上部进气口切向进入后，在内、外筒之间和锥体部位作自上面下的螺旋形高速旋转运动。旋转中，尘粒在较大离心力的作用下被甩到外圆筒内壁，并与壁面碰撞、摩擦而逐渐失去速度，然后在重力作用下，沿着筒壁降落到锥体部分，后由底部排灰口排出。气流在接近锥体下端时，又开始旋转上升，然后经内圆筒排出。

2. 离心式除尘器除尘效率的影响因素

根据上述对离心式除尘器除尘原理的分析可知，尘粒之所以能与空气分离，主要是因为离心力的作用，一般来说，尘粒所受的

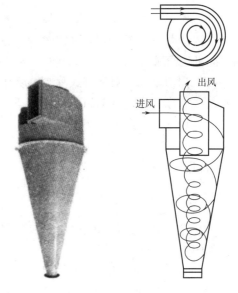

图 3-7 离心式除尘器的结构

离心力越大，除尘效率就越高。和气流一起做旋转运动的尘粒受到的离心力为

$$F = m\omega^2 L = \frac{mv^2}{L} \tag{3-1}$$

式中　F——作旋转运动的尘粒受到的离心力，N；

　　　ω——尘粒绕轴线旋转的角速度，rad/s；

　　　L——尘粒与轴线的距离，m；

　　　m——尘粒的质量，kg；

　　　v——尘粒的切线速度，m/s。

从式（3-1）可以看出，离心力的大小与进气口气流的速度、除尘器的直径及尘粒本身的性质有关。

（1）离心式除尘器进气口气流的速度　若其他条件相同，则进气口气流的速度越快，尘粒受到的离心力也越大，因面除尘效率越高。同时，由于进气口气流的速度增加，也增大了处理的风量。但是，当进气口气流速度过大，除尘器内空气扰动强烈，会把已经分离的尘粒重新带走；此外，进气口气流速度的增加还会造成阻力的急剧增加，从而使电耗增加，这是不经济的。一般进气口气流速度控制在 12~18m/s。

（2）筒体直径　在相同的气流速度下，减小除尘器圆筒直径（减少旋转半径）也同样能增大尘粒所承受的离心力，从而提高除尘效率。目前常用的离心式除尘器的直径一般不超过 800mm，风量较大时，可以用几台离心式除尘器并联使用。

（3）尘粒的粒径　尘粒的粒径越大、重度越大，则其质量越大，那么它所受到的离心力也就越大；此外，在它与除尘器筒壁碰撞失速后，其沉降速度也较快，除尘效率也就越高。

（4）进口含尘浓度　指进口气流中所含的粉尘或物料量，浓度高时，会由于颗粒之间相互的碰撞、黏附和"夹持"作用，在理论上不能分离出的小粒径粉尘也能被分离出来。

（5）锥体高度　离心式除尘器除尘效率与它的结构密切相关，如离心式除尘器的整体结构越高，气流回转次数越多，离心力作用的时间就越长，就能保证尘粒有足够的时间抵达筒壁。

（6）出口漏风　对离心式除尘器除尘效率影响最大的因素是离心式除尘器下部的气密性。离心式除尘器漏风，特别是下部排灰口漏风，对除尘效率的影响十分显著。为了避免漏风，离心式除尘器在制作时要特别注意严密性，出口要安装闭风器。

二、离心式除尘器选用

1. 离心式除尘器名称

离心式除尘器的名称由进口形式和型号两部分构成。离心式除尘器有三种进口形式，如图 3-8 所示。

（1）内旋进口形式　方形进风口的外侧沿离心式除尘器外筒体的内切线进入，而方形进风口的内侧沿离心式除尘器内筒体的外切线进入，筒体的顶部是平面，如图 3-8（1）所示。

（2）外旋进口形式　方形进风口的内侧沿离心式除尘器外筒体的内切线进入，属于半圆周蜗卷进风口，见图3-8（2）。

（3）下旋进口形式　属于内旋进口形式，但矩形进风口的上端面为向下的螺旋面，向下螺旋一周。作用是促使进入离心式除尘器的含尘气流迅速向下旋转，不至于使含尘气流在筒体上部形成气流的"死循环"，见图3-8（3）。

离心式除尘器的型号：$\dfrac{排气管直径}{外筒体直径}\times100$后取整的数，如38型、45型、50型、55型、60型等。

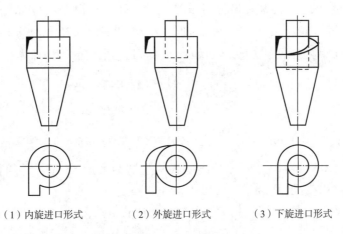

（1）内旋进口形式　　　（2）外旋进口形式　　　（3）下旋进口形式

图3-8　离心式除尘器的进口形式

因此，离心式除尘器的名称为外旋38型、外旋45型、内旋50型、下旋55型、下旋60型等，这些型号也是谷物加工厂最常用的离心式除尘器，如图3-9所示。

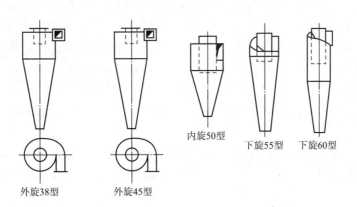

内旋50型　　下旋55型　　下旋60型

外旋38型　　　　外旋45型

图3-9　常用离心式除尘器的外形

每一种型号的离心式除尘器，又以不同的外筒体直径大小表示规格，而离心式除尘器的其他各部分尺寸多表示成外筒体直径的倍数。

2. 离心式除尘器使用

离心式除尘器的性能参数主要有除尘效率、阻力和处理风量等。常见离心式除尘器的型号、规格及性能参数见本书附录八。

离心式除尘器可以单台使用也可多台联合使用。

（1）单台使用　当处理风量较小时，可以使用一台离心式除尘器，如下旋 55 型、内旋 50 型。

一般根据处理风量（$Q_{处}$）和选择一合适的进口风速（u_1），通过查阅离心式除尘器性能参数表格（见本书附录八）来确定其型号规格。

[**例 3-1**]　某除尘风管风量为 900m³/h，选择一合适的离心式除尘器。

解：本题选用下旋 55 型离心式除尘器。

由附录八的下旋 55 型离心式除尘器性能表可知，选择 $D = 400$mm，$u_1 = 15$m/s 时，$Q_1 = 875$m³/h，$H_1 = 80$kg/m²，$u_2 = 16$m/s 时，$Q_2 = 933$m³/h，$H_2 = 90$kg/m²。

本例中除尘器处理风量为 $Q_{处} = 900$m³/h，因此，采用插入法计算进口风速 u_j，

$$u_j = 15 + \frac{16-15}{933-875} \times (900-875) = 15.43 \ （m/s）$$

计算除尘器阻力：

$$\Delta H = 80 + \frac{90-80}{933-875} \times (900-875) = 84.3 \ （kg/m²）$$

即 $\Delta H = 84.31 \times 9.81$Pa，所选的离心式除尘器为下旋 55 型，外筒体直径 400mm，进口风速 15.43m/s，阻力 84.31×9.81Pa。

离心式除尘器的各部分尺寸为外筒体直径 D 的倍数，一般选出离心式除尘器的型号和外筒体直径即可。

（2）并联使用　离心式除尘器可以多台并联或串联使用，但以并联使用更为广泛和具有合理性。两台离心式除尘器串联使用，因为前后两台除尘器的除尘机理及处理的风量相同，一般认为第一台离心式除尘器分离不出的粉尘颗粒，第二台也难于从气流中分离出。所以，在除尘风网中，多为除尘机理不同的除尘器串联使用，目的是从多个方面作用于含尘空气，使空气中的粉尘最大限度地分离。

当处理风量较大，选择一台离心式除尘器筒体直径较大时，可以使用多个小直径离心式除尘器并联，一则能够处理较大的风量，再则小直径离心式除尘器除尘效率更高。一般两个离心式除尘器并联简称为二联；四个离心式除尘器并联称为四联；多个离心式除尘器并联称为多管旋风除尘器（或旋风子）。图 3-10 为四联离心式除尘器的形式和结构。

离心式除尘器并联使用时，常将它们的进风口并在一起安装，如二联离心式除尘器的进风口为横放的"日"字形，四联离心式除尘器的进风口为"田"字形。离心式除尘器并联使用，在制作时应该是一半数量的左旋进口离心式除尘器，一半数量的右旋进口离心式除尘器。

用作并联的离心式除尘器多为下旋型，如下旋 55 型、下旋 60 型。

并联时，

$$Q = Q_1 + Q_2 + \cdots + Q_n \tag{3-2}$$

$$H = H_1 + H_2 + \cdots + H_n \tag{3-3}$$

式中　Q、H——除尘器的总处理风量、总阻力；

Q_1、H_1——单台离心式除尘器的处理风量、阻力；

Q_n、H_n——第 n 台离心式除尘器的处理风量、阻力。

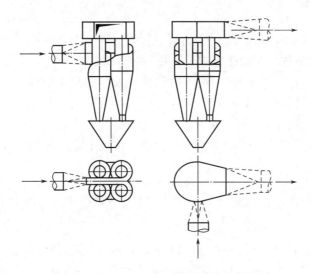

图 3-10　四联离心式除尘器的形式和结构

因此，除尘器并联使用时，选择方法同单台，只是处理风量按总处理风量的 $1/n$ 确定。

[**例 3-2**] 某除尘风网风量为 7600m³/h，选择离心式除尘器。

解：因为处理风量较大，所以采用四联形式使用。

单台除尘器处理风量为：$Q_处 = 7600 \div 4 = 1900$m³/h。

选择下旋 55 型离心式除尘器。

根据附录八下旋 55 型离心式除尘器性能表，因为处理风量 $Q_处 = 1900$m³/h，表格中的筒体直径满足不了，可以根据下旋 55 型离心式除尘器的进口尺寸进行计算。

进口面积：$\qquad A_j = cb = 0.45D \times 0.225D$

其中，A_j 为进风口面积，c、b 为进风口的长度和宽度，D 为外筒直径。

处理风量：$Q_处 = A_j u_j$

选择进口风速 $u_j = 15$m/s，则

$$A_j = \frac{Q_处}{u_j} = \frac{1900}{3600 \times 15} = 0.035185 \ (\text{m}^2) = 35185 \ (\text{mm}^2)$$

$$D = \sqrt{\frac{A_j}{0.45 \times 0.225}} = \sqrt{\frac{35185}{0.45 \times 0.225}} = 590 \ (\text{mm})$$

根据附录八下旋 55 型离心式除尘器性能表，得到除尘器阻力：$\Delta H_除 = 80 \times 9.81$Pa

所以，所选择的离心式除尘器为：下旋 55 型，$D = 590$mm，$\Delta H_除 = 80 \times 9.81$Pa，四联。

四联离心式除尘器在制作时，两台做成左旋进风口，两台做成右旋进风口。灰斗、上部的收集风箱等构件可根据车间情况和相关内容要求制作。

知识点五

布袋除尘器

布袋除尘器利用滤布来分离含尘气流中粉尘，是除尘器各类型中应用最广泛的一种，是含尘空气排放浓度达到环保要求的必备除尘设备。

布袋除尘器的特点是对含尘空气中微细粒径粉尘的除尘效率特别高，除尘效率一般都在99%以上，属于高效除尘器，而且从含尘空气中分离的最小粉尘粒径达到0.01μm。布袋除尘器的滤布必须及时清灰，否则黏附了大量粉尘的滤布阻力将逐渐升高，使得布袋除尘器的处理风量逐渐下降，进而使整个除尘风网系统无法继续正常工作，所以布袋除尘器的滤布清灰非常重要。

一、布袋除尘器认知

布袋除尘器是利用棉、毛、人造纤维等加工的滤布进行过滤的。滤布本身的网孔较大，网孔直径一般为20~50μm，表面起绒的滤布为5~10μm，新滤袋的除尘效率是不高的，滤袋使用一段时间后，由于筛滤、碰撞、滞留、扩散、静电等原理，滤袋表面积聚了一层粉尘，在以后的运行过程中，随着粉尘在滤袋上的积聚，过滤器效率和阻力都相应增加。当滤袋两侧的压力差很大时，会把有些附在滤布上的细小尘粒挤压过去，使除尘效率下降；另外过滤器阻力过高，会使除尘系统的风量显著下降，影响局部吸尘的工作效果。因此，过滤器的阻力达到一定数值后，要及时清灰。

二、布袋除尘器滤布清灰操作

布袋除尘器滤布的及时清灰，对除尘器能否正常运行非常重要，实质上滤布的清灰就是滤布的再生过程。及时地清灰使滤布的阻力始终维持在一个稳定的水平上，只有这样，布袋除尘器才能在过滤—清灰—过滤的良性循环中完成除尘工作。

布袋除尘器微课

1. 滤布过滤含尘空气时的阻力

对于布袋除尘器箱体中的单个滤袋，在工作时，其阻力的变化特性如图3-11所示。图3-12为滤袋清灰效果较差时的阻力变化特性曲线。

由图3-11可知，当滤袋过滤过程中不清灰时，其阻力会逐渐上升（图中的曲线②）；当清灰效果良好时，滤袋阻力维持在一个稳定的数值范围内（图中的曲线①），即在阻力上限和下限之间波动。

图3-11中，横坐标上 t 为布袋的清灰时间，一般布袋的清灰时间都很短，在0.1~10s之间，瞬间的清灰动作使布袋变形，粉尘被振落。布袋瞬间清灰具有脉冲的特性，因而布袋除尘器也称脉冲除尘器。

图3-12表明，滤袋虽然有清灰装置，但如果清灰效果较差时，滤袋的阻力会逐渐增加。

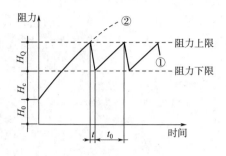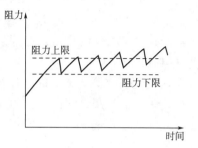

H_0—滤布阻力　H_c—粉尘初层阻力　H_Q—清除的粉尘层阻力

t—清灰时间　t_0—清灰间隔

①—正常清灰时的滤袋阻力曲线　②—不清灰时的滤袋阻力曲线

图 3-11　单个滤袋工作时的阻力变化特性曲线

图 3-12　滤袋清灰效果较差时的阻力变化特性曲线

可以将布袋除尘器简化成除尘风网中管道上的一个阀门，当布袋除尘器阻力逐渐升高时，意味着这个"阀门"在逐渐关闭，通过阀门的风量逐渐下降，这也是布袋除尘器清灰效果差、阻力升高时对整个除尘风网影响的后果。

2. 布袋除尘器清灰操作

布袋除尘器的清灰操作方式主要有三种：人工清灰、机械清灰和气流喷吹清灰。

（1）人工清灰　即操作工人利用棍棒等工具对滤袋进行敲打的过程中，黏附在滤袋表面的粉尘被振落，滤袋因而得到清理。滤袋的人工清灰方式是滤袋清灰方法中最原始的一种，工人劳动强度大，清灰效果不均匀而且滤袋磨损严重，但这种方法简便易行，不消耗电能而且除尘器造价低。采用人工清灰方式时，含尘气流穿过滤布的方向，一般采用由内向外，即含尘气流由袋内穿过滤袋，粉尘被截留在滤袋的内表面上，而穿过滤袋的空气为净化空气。

（2）机械清灰　是利用电动机带动某种机构运动（或电磁振动）时，布袋受到力的作用发生变形而使黏附粉尘脱落的清灰方法。机械清灰的原理，是靠滤袋抖动时惯性力的作用以及滤袋的变形使黏附在滤袋表面的粉尘脱落。机械清灰方式的特点是清灰强度高但是不均匀，布袋某些部位磨损快，但结构简单。机械清灰的原理图如图 3-13 所示。

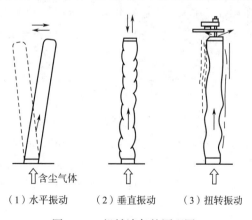

（1）水平振动　　（2）垂直振动　　（3）扭转振动

图 3-13　机械清灰的原理图

（3）气流喷吹清灰　空气压缩机为喷吹气源设备的反吹风清灰方式，空气压缩机喷吹压力一般为6~8个大气压。气流喷吹清灰是利用与过滤气流相反的、具有一定压力和流动速度的气流的作用，使滤袋发生瞬间变形，从而造成滤袋表面粉尘脱落的一种清灰方式。

采用气流喷吹清灰方式时，滤袋过滤含尘气流的方向由外向里，而清灰气流的方向则由内向外，在这种方式下，喷吹的清灰气流将滤袋瞬间膨胀，膨胀的滤袋抖落滤袋外表面黏附的粉尘。为了防止由外向里穿过滤袋的含尘气流穿过滤袋时压瘪滤袋，这种过滤方式和清灰方式的滤袋内部都套有支撑骨架。

气流喷吹清灰的原理图如图3-14所示。根据喷吹气流的压力高低，气流喷吹清灰方式分为三种类型：以高压离心式通风机为喷吹气源设备的反吹风清灰方式、以罗茨鼓风机为喷吹气源设备的反吹风清灰方式和以空气压缩机为喷吹气源设备的反吹风清灰方式。

高压离心式通风机采用喷吹气源设备的反吹风清灰方式，高压离心式通风机的类型多选用9-19型，喷吹压力一般为3000~8000Pa。

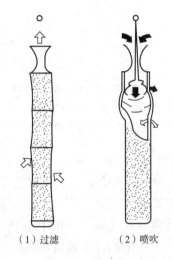

（1）过滤　　（2）喷吹

图3-14　气流喷吹清灰的原理图

罗茨鼓风机采用喷吹气源设备的反吹风清灰方式，罗茨鼓风机的类型多选用三叶型罗茨鼓风机，喷吹压力一般为0.05~0.08MPa。有时也选用YBW型无油滑片气泵或者DLB型层叠式泵供气。

三、布袋除尘器除尘效率控制

1. 滤布的性能

滤布是布袋除尘器的主要部件，除尘效率、设备阻力和维修管理都与滤布的材质及使用寿命有关，正确选择滤料对使用布袋除尘器具有重要意义。良好的滤料必须具备：具有一定的容尘量，过滤效率高；透气性好，阻力低；容易清灰；机械性能好，抗拉、抗磨和耐折；耐腐蚀，防静电，吸湿性小等。

常用的滤布有208工业涤纶绒布、729滤布、针刺滤布和复合滤布等。

2. 过滤风速

含尘气流穿过滤布的速度即为过滤风速，单位时间单位面积滤布所处理的空气量为单位负荷。

提高过滤风速，可增大布袋除尘器的处理风量，即节省滤布，减小设备体积，但阻力也增加，同时较高的过滤风速也会把滤布上的粉尘重新吹起，而且滤布两侧的压差增大，会使一些微细粉尘渗入到滤布内部，即穿过滤布致使排放浓度增加，除尘效率下降。较高的过滤风速还会使滤布表面粉尘层的形成加快，使得清灰次数增加，清灰设施规模增大，耗电增加和滤袋磨损加快。

对于采用人工清灰方式的布袋除尘器，过滤风速一般低于0.5m/min；对于机械振打式清灰方式的布袋除尘器，过滤风速一般低于1.1m/min；对于气流喷吹式清灰方式的布袋除尘器，过滤风速一般低于4.0m/min。

3. 工作条件

布袋除尘器的除尘效率与工作条件如含尘空气的温度、湿度，粉尘浓度、粉尘粒径大小、粉尘表面特性等因素关系密切。如当含尘空气的温度低于露点温度时，水分会在滤布上凝结，造成粉尘层结块不易清掉。

4. 滤袋清灰效果

滤袋的及时清灰对布袋除尘器能否正常运行起着关键作用。清灰的基本要求是从滤布上迅速地、均匀地清落沉积的粉尘，同时又能保持一定的粉尘初层，并且不损伤滤袋和消耗动力较少。

四、布袋除尘器选用

布袋除尘器在实际使用中常用的清灰方式为气流反吹风清灰。因为气流反吹风清灰的喷吹时间极短，具有脉冲的特性，又称为脉冲除尘器。

脉冲除尘器根据反吹风气源设备及反吹风压力的高低，分为高压风机反吹风布袋除尘器、低压脉冲除尘器和高压脉冲除尘器。粮食工业常用的布袋除尘器有简易压气式布袋除尘器、回转反吹风布袋除尘器和各种型式的脉冲布袋除尘器。

（一）简易压气式布袋除尘器

1. 简易压气式布袋除尘器结构

简易压气式布袋除尘器由上箱体、布袋和下箱体三部分构成，结构示意图如图3-15所示。

简易压气式布袋
除尘器微课

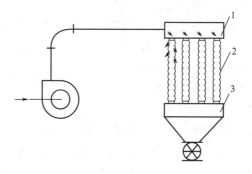

1—上箱体 2—布袋 3—下箱体

图3-15 简易压气式布袋除尘器结构示意图

上箱体即含尘空气分配箱，上箱体的一侧为含尘空气进风口，其底板为多孔板，多孔板上安装有小短管，以套装和捆扎布袋。下箱体即收集灰斗，下箱体的顶盖为多孔板，多孔板上安装有与上箱体相对应的小短管用以套装和捆扎下垂的布袋。下箱体的底部为收集灰斗和排灰口，排灰口上安装闭风器以排灰和闭风。上下箱体之间为布袋。

简易压气式布袋除尘器安装在风机的压气段上,过滤方式为内滤式,即含尘气流由内向外穿过滤袋,粉尘被截留在滤袋的内表面上,穿过滤袋的空气为干净空气。

简易压气式布袋除尘器的工作过程:含尘气流由风机的排气管压送到上箱体中,经过上箱体底板多孔板的分配作用,进入到每一个布袋中,含尘空气由内向外穿过滤袋,粉尘被截留在滤袋的内表面上,而净化之后的空气直接排入室内,最后经门窗排入大气中。清灰方式为人工清灰,通过人工敲打,使黏结在滤袋内表面上的粉尘被振打脱落进入收集灰斗中,并经闭风器排出。

简易压气式布袋除尘器结构简单、制造容易、操作方便、造价低。从滤袋排出的空气具有一定的温度,在冬季具有一定的供热作用。

2. 简易压气式布袋除尘器参数选用

布袋直径:$d=100\sim300$mm;布袋长度:$L=2\sim4$m;布袋净间距:$\delta=60$mm;单位负荷:$q\leqslant30$m³/(m²·h);阻力 $\Delta H=100\sim300$Pa。

简易压气式布袋除尘器滤布过滤面积计算:

$$F=\frac{Q}{q} \tag{3-4}$$

式中　F——布袋除尘器滤布过滤面积,m²;

　　　Q——布袋除尘器的处理风量,m³/h;

　　　q——布袋除尘器的单位负荷,m³/(m²·h)。

布袋根数 n 的计算:

$$n=\frac{F}{\pi dL} \tag{3-5}$$

式中　n——布袋根数,根;

　　　d——布袋的直径,m;

　　　L——布袋除尘器的长度,m。

简易压气式布袋除尘器的外形一般为方形,因而布袋的排列通常是,长度方向上布置 n_1 个布袋,宽度方向上布置 n_2 个布袋,使得 $n=n_1n_2$。根据现场位置和条件,简易压气式布袋除尘器的外形也可为其他形状。

(二)　回转反吹风扁袋布袋除尘器

1. 回转反吹风布袋除尘器的结构

回转反吹风布袋除尘器主要由四部分构成,如图 3-16 所示。

(1)上部筒体　包括净化空气排气口、反吹风风机、旋臂式喷吹管及其旋转机构。

回转反吹风扁袋布
袋除尘器微课

(2)中部筒体　包括布袋及其骨架、进风口等。

(3)下部筒体　包括灰斗、排灰装置等。

(4)反吹风控制系统　包括脉冲控制仪等。

回转反吹风布袋除尘器属于外滤式过滤方式,即含尘气流由外向内穿过滤袋,粉尘被截留在滤袋的外表面上,穿过滤袋的空气为干净空气。布袋为梯形扁袋形状,为防止过滤时滤袋被吸瘪,每条滤袋内设有金属支撑骨架。

2. 回转反吹风扁袋布袋除尘器特点认知

回转反吹风扁袋布袋除尘器的特点如下所示。

（1）壳体按旋风除尘器设计，起局部旋风作用。大颗粒粉尘经旋风离心作用，首先分离；小颗粒粉尘则通过滤袋过滤而清除。由于该过滤器进行二级除尘，减轻了滤袋的负荷，从而增加了滤袋的使用寿命。圆筒拱顶的体形受力均匀，抗爆性能好。

（2）设备自带高压风机反吹风清灰，不受场合气源条件的限制，克服了压缩空气脉冲清灰的弊病。反吹风作用距离大，可采用长滤袋充分利用空间，占地面积小，处理风量大。

（3）采用梯形扁布袋布置于圆筒内，结构简单、紧凑，过滤面积指标高。在反吹风作用下，梯形扁袋振幅大，只需一次振击，即可抖落积尘，有利于提高滤袋寿命。

（4）以过滤器的阻力作为信号，自动控制回转反吹风清灰，视入口浓度高低，自动调整清灰周期，较定时脉冲控制方式更为合理可靠。

3. 回转反吹风扁袋布筒过滤器工作原理

含尘气体切向进入过滤室上空间，大颗粒及凝聚尘粒在离心力作用下沿筒壁旋落至灰斗，小颗粒粉尘被滤袋阻留，进入滤袋的空气由滤袋上

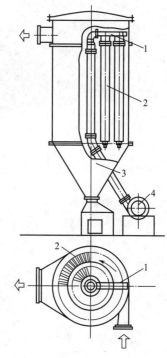

1—旋臂 2—滤袋 3—灰斗 4—反吹风风机

图 3-16 回转反吹风布袋除尘器结构图

部就流出进入上部筒体，经排气口排出。随着过滤工况的进行，黏附在滤袋外表面的粉尘，通过反吹风气流垂直向下的喷吹作用，被吹落入灰斗中。旋臂式喷吹管的反吹风气流来自反吹风高压通风机。旋臂每旋转一圈，滤袋被吹一次。旋臂转圈的时间为一个喷吹周期，喷吹滤袋的时间为喷吹时间，喷吹周期和喷吹时间由控制仪控制。

（三）脉冲除尘器

脉冲除尘器有高压脉冲除尘器和低压脉冲除尘器两种类型。从外形上，高压脉冲除尘器多为方形，低压脉冲除尘器多为圆筒形。它们的区别主要表现在清灰方式上。

1. 高压脉冲除尘器

高压脉冲除尘器以空气压缩机为反吹风气源设备，空气压缩机产生的压缩空气会产生水蒸气、油气的凝结，须配置油水分离器；其次，因为空气压缩机的排气不连续，须配备储气罐；第三，$0.6 \sim 0.8MPa$ 的喷吹压力使得所配储气罐、管道等反吹风设施属于压力容器范围，制造复杂，造价高；第四，空气压缩机产生的高压空气一部分能量消耗在了反吹风管网系统上，压力损失较大，而实质上除尘器清灰时不需要压力特别高的空气；第五，空气压缩机的运行、维修工作量大，种种原因使得低压脉冲除尘器的应用成为主流。

高压脉冲除尘器的结构见图 3-17，高压脉冲除尘器的气流喷吹清灰系统见图 3-18，文氏管喷吹示意图见图 3-19。

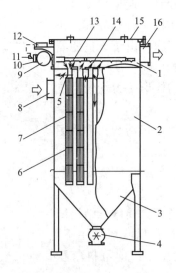

脉冲布袋除尘器微课

1—上箱体 2—中箱体 3—下箱体 4—闭风器 5—下进气口 6—滤袋框架 7—过滤器
8—上进气口 9—贮气包 10—嵌入式脉冲阀 11—电磁阀 12—脉冲控制仪 13—喷吹管
14—文氏管 15—顶盖 16—排气口

图 3-17 高压脉冲除尘器的结构图

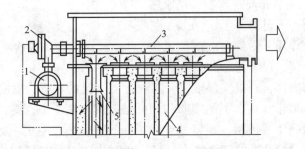

1—贮气包 2—脉冲阀 3—喷吹管 4—滤袋 5—文氏管

图 3-18 高压脉冲除尘器的气流喷吹清灰系统

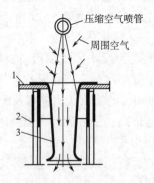

1—多孔板 2—滤袋 3—文氏管

图 3-19 文氏管喷吹示意图

　　高压脉冲除尘器的气流喷吹清灰系统由脉冲阀、贮气包、喷吹管、文氏管诱导器和脉冲控制仪等部分构成。脉冲阀一端连接压缩空气贮气包，另一端连接喷吹管。脉冲阀的背压室接控制阀，脉冲控制仪控制着控制阀和脉冲阀的开启和关闭。当脉冲控制仪没有信号输出时，控制阀的排气口被关闭，脉冲阀处于关闭状态；当脉冲控制仪有信号输出时，控制阀的排气口被打开与大气相通，使得脉冲阀的背压室压力迅速降低，膜片两侧产生压力差，膜片在压力差作用下产生位移，脉冲阀喷吹喷口被打开，此时压缩空气从贮气包通过脉冲阀进入喷吹管，进入喷吹管中的高压空气经管底部的小孔喷出。当这股喷吹气流通过文氏管时，文氏管诱导数倍于压缩空气的周围空气进入布袋，造成布袋内部瞬间正压，使布袋膨胀从而实现清灰。高压脉冲除尘器的气流喷吹清灰系统工作原理如图 3-20 所示。

　　高压脉冲除尘器的气流喷吹清灰系统中压缩空气的供气设备主要由空气压缩机、贮气管、油水分离器等构成。

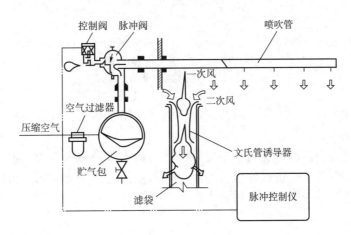

图 3-20　高压脉冲除尘器的气流喷吹清灰系统工作原理图

2. 低压脉冲除尘器

低压脉冲除尘器的结构如图 3-21 所示，它由四部分构成。

（1）上部筒体　含有净化空气排气口、反吹风系统等。

（2）中部筒体　含有切向进气口、滤袋及其支撑骨架。

（3）下部筒体　平底或锥形收集灰斗（平底灰斗有排灰机构）、闭风器等。

（4）反吹风控制系统　含脉冲控制仪、反吹风气源设备等低压脉冲除尘器的反吹风系统主要由位于上部筒体内部的高压气室、低压脉冲阀、喷吹管、文氏管以及气源设备——罗茨鼓风机或气泵等组成。

　　低压脉冲除尘器的工作过程：含尘空气从中部筒体切向进入，含尘气流中部分粗大颗粒粉尘会由于离心力作用直接落入灰斗，其余粉尘则随气流穿过滤袋时被截留在滤袋表面，而进入滤袋内部的净化空气则在滤袋内向上流动进入上部筒体，最后经上部筒体的排气口排出。为使除尘器的阻力不因滤尘时间增长而增加，即维持在一定范围内，如 800~1500Pa，反吹风装置在除尘器工作时也同时运行，即在脉冲控制仪的控制下，按照一定的喷吹时间、喷吹周期对滤袋吹风清灰。

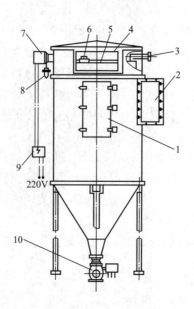

1—检查门　2—进风口　3—高压空气进口　4—出风口　5—气包　6—脉冲阀
7—脉冲控制分配器　8—空气过滤器　9—脉冲控制仪　10—闭风器
图 3-21　低压脉冲除尘器的结构图

低压脉冲除尘器一般采用一阀两袋或一阀一袋喷吹结构，气源设备为三叶罗茨鼓风机或层叠气泵等。

在确定布袋除尘器的种类后，布袋除尘器的选用以处理风量为依据，只要实际需要处理的含尘空气量落在所选除尘器的处理风量范围之内即可。部分布袋除尘器的型号、规格、性能见附录九。

工作任务　　离心式除尘器阻力及阻力系数测定

任务要求

1. 熟悉的离心式除尘器的构造和工作原理。

2. 掌握离心式除尘器的阻力测定方法和阻力系数计算方法。

3. 培养实事求是的职业精神、严谨的科学态度，树立劳动意识，树立安全用电、安全生产意识。

任务描述

根据除尘器维护规定或工作需求，按照企业风网操作规程，独立或协同其他人员，在规定时间内对除尘器施相应的测定项目，记录结果；将测定记过反馈给相关部门，工作过程中遵循现场工作管理规范。

任务实施

一、认知、熟悉离心式除尘器的阻力测定装置

离心式除尘器阻力测定装置示意图如图 3-22 所示。

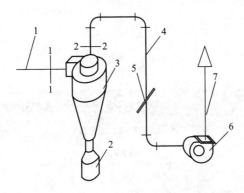

1—进风管 2—灰斗 3—离心式除尘器 4—离心式除尘器排风管 5—调节阀 6—风机 7—风机排风管

图 3-22 离心式除尘器阻力测定装置示意图

二、实施步骤

1. 关闭风机进口阀门,启动风机。
2. 适度开启风阀,待管网运转平稳后开始测定。
3. 按等环截面法测除尘器出口截面全压、进口截面全压和动压。
4. 用进口截面动压计算出进口截面管道风速,然后换算成除尘器进口处的风速 V。
5. 计算阻力及阻力系数。
6. 调节阀每次开启度约为总量的 1/3,按步骤测定,共测三组数据。
7. 注意事项:测定时请检测人员不要在风管进口处来回走动,尽量保持进风口处气流稳定,以提高测试的准确度。

三、数据处理

基本参数

风机型号		除尘器型号	
空气密度/(kg/m³)		除尘器进口尺寸/mm	

测定记录

阀门调节次数	进口截面全压/Pa	出口截面全压/Pa	除尘器阻力/Pa	进风管直径/mm	进风管动压/Pa	进风量/(m³/h)	除尘器进口风速/(m/s)	除尘器阻力系数
1								
2								
3								

■ 任务评价

评价项目	评价内容	分值	得分
准备工作	管道、管道连接处的密封性检查	5	
	测点的确定	5	
	风机启动规范	5	
仪器使用	U形管压力计使用标准、规范	15	
	毕托管使用标准、规范	15	
数据处理	原始记录填写正确、规范	20	
	测定结果计算正确、规范	20	
职业素养	严谨的科学态度	5	
	实事求是的职业精神	5	
	安全生产意识	5	
	总得分		

习 题

一、名词解释

粉尘；烟尘；烟雾；积尘；尘源；粉尘爆炸；含尘浓度。

二、填空题

1. 粉尘爆炸的条件是_____、_____、_____；预防粉尘爆炸的措施有_____、_____、_____、_____。

2. 提高离心式除尘器的进口风速，除尘效率_____。

3. 影响布袋除尘器除尘效率的因素有_____、_____、_____。

三、简答题

1. 简述粉尘的来源和分类。

2. 粉尘有哪些危害？

3. 粉尘爆炸的条件是什么？如何防止粉尘爆炸？

4. 简述粉尘爆炸的机理。哪些粉尘容易发生粉尘爆炸? 粉尘爆炸的危害有哪些特点?

5. 粮食工业的粉尘有哪些特点?

6. 简述粮食工业粉尘的产生。

7. 简述粮食工业粉尘的控制方法和标准。

8. 简述粮食工业通风除尘系统的组成及每一部分的作用。

9. 简述除尘器的类型及其性能特点。

10. 除尘器的主要性能参数有哪些?

11. 简述布袋除尘器清灰的重要性以及清灰方法。

12. 简述布袋除尘器的工作过程。

13. 简述离心式除尘器的工作原理及影响除尘效果的因素。

14. 粮食加工企业常用哪些型号的离心式除尘器? 试比较它们结构和特性的特点。

四、计算题

1. 欲处理 $2500m^3/h$ 的含尘空气, 采用下旋 55 型离心式除尘器, 要选用多大直径的离心式除尘器? 阻力是多少? 进口风速是多少?

2. 某除尘风管风量为 $760m^3/h$, 选择一合适的离心式除尘器。

3. 某除尘风网总风量为 $12800m^3/h$, 选择一合适的离心式除尘器, 分别按照单台、四联选取。

4. 一个两级除尘的风网, 第一级为离心式除尘器, 第二级为简易式布袋除尘器, 处理风量为 $5000m^3/h$, 试选择除尘器的型号与规格。

模块四

通风除尘系统设计

学习目标

知识目标

1. 了解通风除尘系统的类型。
2. 熟悉通风除尘系统设计步骤、设计依据和风网的组合原则。
3. 掌握通风除尘系统设计计算方法和阻力平衡方法。

技能目标

1. 能根据生产工艺、车间结构和设备布置情况合理选择除尘风网的类型。
2. 能判断通风除尘系统的支路阻力和主路阻力是否平衡并能选择合适的阻力平衡方法。
3. 能对生产工艺、车间结构和设备布置情况进行除尘风网设计及计算。

素质目标

1. 通过学习除尘风网类型选择，培养节能、低碳意识。
2. 通过除尘风网工艺设计计算和阻力平衡过程，培养实事求是的科学态度和严谨细致的工作作风。

模块导学

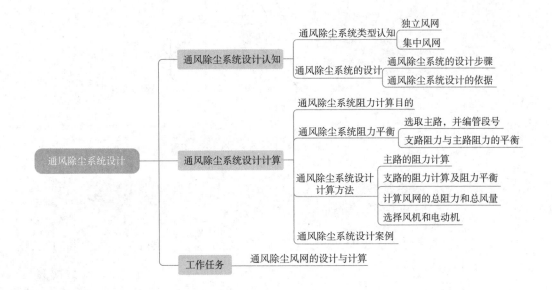

知识点一

通风除尘系统设计认知

一、通风除尘系统类型认知

粮食工业生产中，尘源的数量较多，粉尘或污染空气的控制常常从整个生产工艺或粉尘控制系统上来进行考虑和设计。粮食加工企业中的通风除尘系统，通常叫作通风除尘网路，简称风网。

通风除尘系统一般安排在生产工艺确定之后，即当生产工艺、生产车间的建筑结构、设备布置确定之后，开始进行通风除尘系统的设计，通风除尘系统由吸尘罩、通风管道、风机和除尘器四部分连接组成。除尘风网包括独立风网和集中风网两种类型。

1. 独立风网

独立除尘风网系统中只有一个粉尘控制点，一台生产设备单独用一台通风机进行通风除尘，图4-1为独立风网示意图。

独立风网适用情况：

①尘源设备所需的吸风量大而且准确；

②尘源设备所需的吸风量需要经常进行调节；

③尘源设备自带风机；

④尘源的吸出物需要单独处理；

⑤尘源设备与其他尘源相距较远。

独立风网功能齐全，性能完善，但从经济上考虑，制造、运行费用高，因而组合

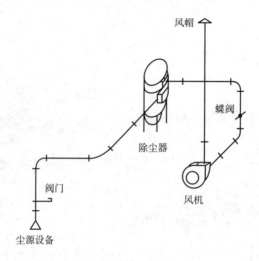

图 4-1　独立风网示意图

成独立风网的通风除尘系统较少，除非生产工艺有特殊需要。实际生产中尘源的控制多组合成集中风网类型。

2. 集中风网

除尘风网中有多个尘源控制点，这就组合成了集中风网，图 4-2 为集中风网示意图。

集中风网组合原则：

①尘源设备的吸出物品质相似；

②尘源设备的工作间歇相同；

③尘源设备相距较为集中；

④易于管网布置，水平管道最短；

⑤集中风网组合的规模以能选到合适的除尘器、风机为准。

集中风网中控制的尘源点较多，与独立风网相比，除尘器、风机的数量并没有增加，因而比较经济。但如果尘源控制点太多，会给使用和现场操作带来许多不便。

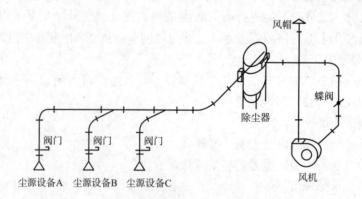

图 4-2　集中风网示意图

二、通风除尘系统的设计

1. 通风除尘系统的设计步骤

（1）机器吸风装置的安装。粮食加工企业机器吸风装置的用途是除尘、降温、去湿及一定的工艺任务，其吸风量的大小取决于设备及工艺要求。

（2）对各管段进行编号。为计算方便，在绘制完示意图后，需对管段进行编号。通常把每一段管径不变而又连续的管道作为一段，编一个号。编号时，先选一条阻力最大或离通风机最远或风网管件最多的路线作为主阻管路，从进风口至出风口依次编号，其他作为支管路。

（3）确定各吸点的风量和阻力。

（4）确定风管中的风速。要合理确定风管中的风速，必须考虑经济效益和安全输送风速等因素。所谓经济效益是指风网的使用费用应尽最低。在吸点的吸风量不变时，管道截面尺寸减小，风速提高，使风网的材料费、安装费和折旧费用降低；但由于风速的提高，将导致风网阻力增加，从而导致电耗增加。因此，风网运行应平衡考虑经济效益。所谓安全输送风速是指管道内不产生粉尘沉积现象时的风速。

实践表明，粮食加工企业的风网风速应为 $10 \sim 15 \text{m/s}$。具体确定时还应考虑以下几点。

①管径大小：直径大的风管可取较高的风速，反之亦然。在主干风管上，风速按气流方向递增，递增率为 5%～10%。

②风管中含尘浓度的高低：含尘浓度高，风速应取大值；含尘浓度低，风速取小值。

③水平管道的长短：水平管道长，粉尘易于沉积，风速应取大值。

以上为确定风速的一般原则。对于个别支管，为了平衡阻力而提高风速，可以不受上述范围的限制。

（5）确定风管断面的尺寸。

（6）确定除尘形式、规格。

（7）计算风网总阻力和总风量。

鉴于风网中粉尘浓度较小，在实际计算阻力时可以忽略粉尘浓度对风网压损的影响。风网总阻力为主管路上沿程阻力与局部阻力之和，总风量为各吸点的风量之和。

在除尘风网设计中，对于含尘空气的粉尘分离和净化，要选择和确定除尘器的类型和级数。在除尘风网中采用一台除尘器对含尘空气进行净化，即为一级除尘；如果采用两台不同类型的除尘器串联起来依次对含尘空气进行净化，这就是二级除尘；同样，多台除尘器串联使用，即多级除尘。除尘风网中除尘器级数的确定完全取决于含尘空气中粉尘的粒径分布、含量多少和除尘器的性能特点。

风机在除尘风网中的位置，主要是指将风机安装在除尘器前还是安装在除尘器之后应该认真分析。从理论上讲，风机应安装在除尘器之后。风机安装在除尘器之后，通过风机的空气为净化空气，可以减轻空气中粉尘等颗粒物对风机叶轮、机壳等部位的磨损，有利于延长风机的使用寿命、降低噪声等。但在实际生产中，风机安装在除尘器前也相当普遍。

在确定管道走向时，一般遵循合理、经济、美观的原则。内容包括选择合适的管道气流速度和管径，选择合适的局部构件。

通过设计过程，最终要画出通风除尘系统的轴测图。通风除尘风网的轴测图如图 4-3 和图 4-4 所示。

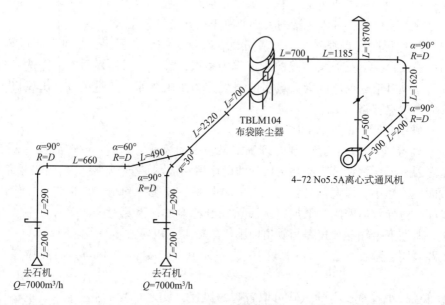

图 4-3　除尘风网轴测图例一

绘制通风除尘系统的轴测图，即将实际的通风管道、风机、除尘器等风网设备、构件按照三维坐标走向的方向画出并连接成一完整的系统，而且三维坐标每个方向上选取的比例尺相同。对于通风管道一般采用单线条画出。轴测图绘制完成后，要将通过工艺资料确定的参数如管道长度、弯头参数、三通夹角、尘源设备的吸风量和阻力等标注到图上。

2. 通风除尘系统设计的依据

在进行通风除尘系统设计时，应遵循以下相关环境标准。

（1）《环境空气质量标准》（GB 3095—2012）　规定了大气环境中空气污染物 SO_2、NO_2、CO、O_3、颗粒物（粒径≤10μm）、颗粒物（粒径≤2.5μm）、总悬浮颗粒物（TSP）、氮氧化物（NO_x）、Pb、苯并芘 10 个项目的浓度限值，是控制大气污染、评价环境质量、制定地区大气污染排放的依据。

（2）《工业企业设计卫生标准》（GBZ 1—2010）等　遵循《工业企业设计卫生标准》（GBZ 1—2010）、《工作场所有害因素职业接触限值　第 1 部分：化学有害因素》（GBZ 2.1—2019）和《工作场所有害因素职业接触限值　第 2 部分：物理因素》（GBZ 2.2—2007）规定，如工作场所中谷物粉尘的职业接触限值为 4mg/m³。

（3）排放标准　是以实现大气质量标准为目标，对污染源规定所允许的排放量或排放浓度，以便直接控制污染源、防止污染，如《大气污染物综合排放标准》（GB 16297—1996）等。

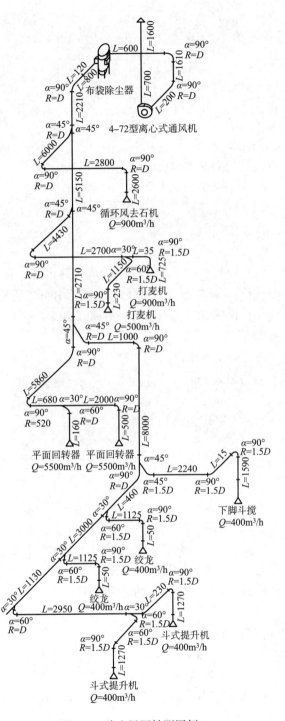

图4-4 除尘风网轴测图例二

知识点二

通风除尘系统设计计算

一、通风除尘系统阻力计算目的

通过阻力计算，可以确定以下内容。
（1）确定每段通风管道合适的气流速度和管道直径。
（2）选出合适的除尘器。
（3）选出通风除尘系统需要的风机和电动机。
（4）使集中风网中每条支路的阻力都与主路阻力平衡。

通风除尘系统
的阻力平衡微课

二、通风除尘系统阻力平衡

在集中风网中，粉尘控制点比较多，因而通风管路也多。在进行风网的阻力计算时，往往选取其中的一条管路作为主路，而将其他与之并联的管路看作支路。

下面以图 4-5 为例，说明除尘风网阻力平衡的方法。

1. 选取主路，并编管段号

选取主路时，一般遵循以下原则：

（1）路径最长，阻力最大。

（2）风量最大。

因此，如图 4-5 所示，确定主路和支路。

主路：

尘源设备 A—管段①—管段②—管段③—除尘器—管段④—风机—管段⑤

支路：

支路 1：尘源设备 B—管段⑥

支路 2：尘源设备 C—管段⑦

为了清楚地表示风网中每一段管道，常将管道进行编号，如图 4-5 所示。在编管段号时，管段的分界点为风网中的设备或以合流三通的总流断面为界。如在图 4-5 中，管段①和管段⑥经过三通而汇合，则三通的总流断面 $N-N$ 就是分界面，其余三通的分界面类同。

2. 支路阻力与主路阻力的平衡

在图 4-5 所示的风网中，风网运行时，空气同时从设备 A、设备 B、设备 C 进入风网，分别经过两个三通汇合后进入风管③中，并经风管③将含尘气流送到除尘器中进行净化，粉尘被分离后由除尘器底部的闭风器排出，而净化之后的气流则通过管段④、管段⑤排放到大气中。支路进行阻力平衡，就是要求支路 1 的总阻力与主路设备 A—管段①的总阻力相等；支路 2 的总阻力与主路设备 A—管段①—管段②的总阻力相等。

粉尘控制工程上，支路阻力与主路阻力按式（4-1）计算后，计算结果不大于 10%，即阻力平衡。

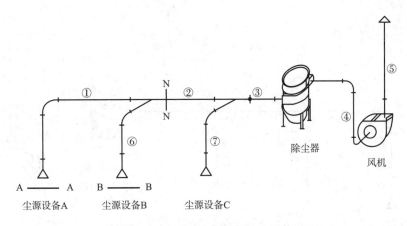

图 4-5　通风除尘系统的阻力平衡

$$\frac{[支路阻力-与支路并联的主路阻力]}{与支路并联的主路阻力}\times100\%\leqslant10\% \tag{4-1}$$

若计算结果大于 10%，即阻力不平衡。

由于工程上的实际技术条件，不平衡率小于等于 10% 即认为支路阻力已平衡。如果不平衡率超过了 10%，则认为阻力不平衡，需要重新进行阻力计算。一般只对支路进行阻力调整，最终使支路阻力达到阻力平衡。

实际工程上，如果支路的阻力与主路阻力不平衡，那么在风机运行之后，风网将自动进行阻力平衡：阻力大的管路风量下降，阻力小的管路风量上升，这样的结果就使实际尘源的吸风量偏离了设计的要求或尘源自身的需求，也使得粉尘的控制失效。

进行阻力平衡的方法如下。

①对支路重新进行阻力计算：调整支路的气流速度，重新计算支路阻力，使支路阻力与主路阻力平衡。

②在支路上安装阀门的阻力平衡法：当支路阻力小于主路阻力时，可在支路上安装阀门，使阀门消耗一定数量的阻力来使支路阻力与主路阻力平衡。

阀门的阻力为主路阻力与支路阻力的差值的绝对值，由此可计算出阻力平衡时阀门的开启程度。

③通过调节支路管径进行阻力平衡（即 0.225 次方法）：

$$D_{后}=D_{前}\left(\frac{H_{前}}{H_{后}}\right)^{0.225} \tag{4-2}$$

式中　$D_{前}$——阻力不平衡时支路管道的直径，mm；

　　　$D_{后}$——调到阻力平衡时支路管道的直径，mm；

　　　$H_{前}$——阻力不平衡时的支路阻力，Pa；

　　　$H_{后}$——阻力平衡时支路的阻力，Pa。

三、通风除尘系统设计计算方法

以图 4-6 为例进行阻力计算。

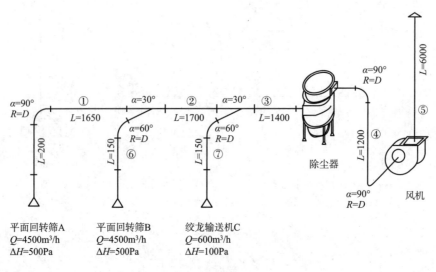

平面回转筛A
$Q=4500m^3/h$
$\Delta H=500Pa$

平面回转筛B
$Q=4500m^3/h$
$\Delta H=500Pa$

绞龙输送机C
$Q=600m^3/h$
$\Delta H=100Pa$

图 4-6　集中风网阻力计算举例

1. 主路的阻力计算

（1）确定尘源设备 A 的阻力 H_A。

（2）管段①的阻力计算

管段①的风量：Q_1＝设备 A 的风量，选取管段①的风速 u_1

根据 Q_1 和 u_1，查附录一，得出 λ/d 值、D、H_d 等，根据沿程
摩擦阻力公式计算管段①中直管道的沿程摩擦阻力 H_m。

通风除尘风网设
计与计算微课

根据弯头的曲率半径和转角，查附录二中的弯头阻力系数表，得出弯头阻力系数
ζ，根据局部阻力公式计算管段①中弯头的阻力 $H_弯$。

根据管段⑥的风量 Q_6，选取管段⑥的风速 u_6，查附录一得出管段⑥的参数：λ/d
值、D、H_d，由此分别计算出 $D_主/D_支$ 和 $v_支/v_主$，再根据三通夹角 α，查附录三中的三
通阻力系数表得出三通的阻力系数 $\xi_主$ 和 $\xi_支$。

由三通的主路阻力系数 $\xi_主$，根据局部阻力公式计算出三通的主路阻力 $H_{三通主}$。

所以，管段①的总阻力：$H_① = H_m + H_弯 + H_{三通主}$

（3）管段②的阻力计算

管段②的风量确定：管段②在管段①和管段⑥的三通之后，所以 $Q_2 = Q_1 + Q_6$

选取管段②的风速 u_2：管段②气流速度 u_2 的选择的三种可能如下。

$$u_2 > u_1$$
$$u_2 < u_1$$
$$u_2 = u_1$$

为了保证粉尘能被气流安全输送到除尘器，在除尘器以前的管路上，一般选取气
流速度逐渐增大，即选取 $u_2 > u_1$。

按同样的方法计算管段②的沿程摩擦阻力和局部阻力，得出管段②的总阻力：
$H_② = H_m + H_j$

（4）管段③的阻力计算　方法同管段②。

（5）脉冲除尘器的阻力

除尘器的处理风量：
$$Q_除 = Q_3 = Q_1 + Q_6 + Q_7$$

根据除尘器的处理风量 $Q_除$ 的大小，查附录九脉冲除尘器性能表格选取型号、规格、主要技术参数，并得到脉冲除尘器阻力 $H_除$。

（6）管段④的阻力计算　阻力计算方法同管段①。

因为管段④位于除尘器之后，含尘空气已经经过除尘器净化，所以管道④内的气流速度应该比管道③的气流速度有所减小。

（7）管段⑤的阻力计算　阻力计算方法同管段④。管段⑤的风量等于管段④的风量，为了便于管道的制作、安装，风机前后连接管道的直径一般相同。

（8）主路的总阻力计算　到此，可以计算出主路的总阻力：
$$H_主 = H_A + H_① + H_② + H_③ + H_除 + H_④ + H_⑤$$

式中　　$H_主$——主路的总阻力；

　　H_A——设备 A 的阻力；

　　$H_①$——管路①的阻力；

　　$H_②$——管路②的阻力；

　　$H_③$——管路③的阻力；

　　$H_除$——布袋除尘器的阻力；

　　$H_④$——管路④的阻力；

　　$H_⑤$——管路⑤的阻力。

2. 支路的阻力计算及阻力平衡

（1）支路 1 的阻力计算

① 设备 B 的阻力 H_B。

② 管段⑥的阻力计算：阻力计算方法同管段①。

所以，支路 1 的总阻力为 $H_{支1} = H_B + H_⑥$。

③ 支路 1 与主路的阻力平衡与调整：首先进行阻力平衡的判断，具体方法见上述相关内容。

（2）支路 2 的阻力计算

① 设备 C 的阻力 H_C。

② 管段⑦的阻力计算：阻力计算方法同管段①。

所以，支路 2 的总阻力为 $H_{支2} = H_C + H_⑦$。

③ 支路 2 与主路的阻力平衡与调整：见上述方法。

3. 计算风网的总阻力和总风量

风网的总阻力：
$$\sum H = H_主$$

风网的总风量：
$$\sum Q = Q_A + Q_B + Q_C$$

计算风网总阻力 $\sum H$ 时，支路阻力只进行阻力平衡而不累加进去，只将支路的风量累加到 $\sum Q$ 中。

4. 选择风机和电动机

计算风机参数：

风机全压：
$$H_风机 = （1.0～1.2）\sum H$$

风机风量：$\qquad Q_{风机}=(1.0\sim1.2)\sum Q$

由风机的全压和风量选择风机类型、型号、规格及电动机的型号、规格等参数。

四、通风除尘系统设计案例

如图 4-6 集中风网，阻力计算步骤如下。

1. 选取主路，并编管段号

如图 4-6 所示，首先选取主路。

主路：平面回转筛 A —管段①—管段②—管段③—除尘器—管段④—风机—管段⑤

支路：支路 1：平面回转筛 B —管段⑥

支路 2：绞龙输送机 C —管段⑦

2. 主路的阻力计算

（1）确定尘源设备平面回转筛 A 的阻力 H_A

$$Q_A=4500\text{m}^3/\text{h},\ H_A=500\text{Pa}$$

（2）管段①的阻力计算　$Q_1=4500\text{m}^3/\text{h}$，选取管段①的风速 $u_1=14\text{m/s}$，查附录一，得 $\lambda/d=0.0529$，$D=340\text{mm}$，$H_d=12.01\text{kg/m}^2$。

所以，$H_m=(\lambda/d)LH_d=0.0529\times(200+1650)\times10^{-3}\times12.01\times9.81=11.53\ (\text{Pa})$

因为，$R=D$，$\alpha=90°$，查附录二中的弯头阻力系数表，得出弯头阻力系数 $\zeta=0.23$。

所以，$H_{弯}=\zeta H_d=0.23\times12.01\times9.81=27.10\ (\text{Pa})$

对于管段⑥，$Q_6=4500\text{m}^3/\text{h}$，选取管段⑥的风速 $u_6=14\text{m/s}$，查附录一得 $\lambda/d=0.0529$，$D=340\text{mm}$，$H_d=12.01\text{kg/m}^2$。

因为，三通 $\alpha=30°$，$\dfrac{D_主}{D_支}=\dfrac{340}{340}=1$，$\dfrac{v_支}{v_主}=\dfrac{14}{14}=1$，查附录三得 $\xi_主=0.45$，$\xi_支=0.15$。

所以，$H_{三通主}=\zeta H_d=0.45\times12.01\times9.81=53.02\ (\text{Pa})$

所以，管段①的总阻力 $H_①=H_m+H_弯+H_{三通主}=11.53+27.10+53.02=91.65\ (\text{Pa})$

（3）管段②的阻力计算　管段②位于三通之后，因而 $Q_2=4500+4500=9000\ (\text{m}^3/\text{h})$，查附录一，取 $D=450\text{mm}$，插入法计算得出风速 $u_2=15.93\text{m/s}$，$H_d=15.52\text{kg/m}^2$，$\lambda/d=0.0371$。

所以，$H_m=(\lambda/d)LH_d=0.0371\times1700\times10^{-3}\times15.52\times9.81=9.60\ (\text{Pa})$

对于管段⑦，$Q_7=600\text{m}^3/\text{h}$，选取管段⑦的风速 $u_7=15.5\text{m/s}$，查附录一得 $\lambda/d=0.194$，$D=120\text{mm}$，$H_d=14.72\text{kg/m}^2$。

因为，三通 $\alpha=30°$，$\dfrac{D_主}{D_支}=\dfrac{450}{120}=3.75$，$\dfrac{v_支}{v_主}=\dfrac{15.5}{15.93}=0.97$，查附录三插入法计算得 $\xi_主=0.03$，$\xi_支=0.03$。

所以，$H_{三通主}=\zeta H_d=0.03\times15.52\times9.81=4.57\ (\text{Pa})$

所以，管段②的总阻力 $H_②=H_m+H_{三通主}=9.60+4.57=14.17\ (\text{Pa})$

（4）管段③的阻力计算　$Q_3=9000+600=9600\ (\text{m}^3/\text{h})$，查附录一，取 $D=$

450mm，得风速 $u_3 = 17.0\text{m/s}$，$H_d = 17.7\text{kg/m}^2$，$\lambda/d = 0.037$。

所以，$H_m = (\lambda/d)LH_d = 0.037 \times 1400 \times 10^{-3} \times 17.7 \times 9.81 = 8.99$（Pa）

在管段③中，局部构件为除尘器的进口变形管，因除尘器还未选出，而且此构件阻力比较小，所以此局部构件阻力忽略。

所以，管段③的总阻力 $H_③ = H_m = 8.99\text{Pa}$。

（5）脉冲除尘器的阻力　除尘器的处理风量：$Q_除 = Q_3 = 9600\text{m}^3/\text{h}$。

根据除尘器的处理风量 $Q_除$ 的大小，查附录九脉冲除尘器性能表格，选取脉冲除尘器：

TBLM-78 I 型，滤袋长度 2m，除尘器阻力 $H_除 = 1470\text{Pa}$，处理风量 3438～17190m^3/h，过滤面积 57.5m^2，过滤风速 $u_过 = 2.79\text{m/min}$。

（6）管段④的阻力计算　$Q_4 = 9600\text{m}^3/\text{h}$，查附录一，取 $D = 500\text{mm}$，插入法计算得出风速 $u_4 = 13.75\text{m/s}$，$H_d = 11.56\text{kg/m}^2$，$\lambda/d = 0.033$。

所以，$H_m = (\lambda/d)LH_d = 0.033 \times 1200 \times 10^{-3} \times 11.56 \times 9.81 = 4.49$（Pa）

因为，$R = D$，$\alpha = 90°$，查附录二中的弯头阻力系数表，得出弯头阻力系数 $\zeta = 0.23$。

所以，$H_弯 = 2\zeta H_d = 2 \times 0.23 \times 11.56 \times 9.81 = 52.17$（Pa）

管段④中的局部构件有：除尘器出风口变形管和风机进风口变形管，阻力不再计算，忽略。

所以，管段④的总阻力 $H_④ = H_m + H_弯 = 4.49 + 52.17 = 56.66$（Pa）

（7）管段⑤的阻力计算　$Q_5 = 9600\text{m}^3/\text{h}$，查附录一，取 $D = 500\text{mm}$，插入法计算得出风速 $u_5 = 13.75\text{m/s}$，$H_d = 11.56\text{kg/m}^2$，$\lambda/d = 0.033$。

所以，$H_m = (\lambda/d)LH_d = 0.033 \times 6000 \times 10^{-3} \times 11.56 \times 9.81 = 22.45$（Pa）

对于风帽，采用伞形风帽，取 $h/D = 0.5$，查附录二中伞形风帽的阻力系数表，得出风帽阻力系数 $\zeta = 0.6$。

所以，$H_风帽 = \zeta H_d = 0.6 \times 11.56 \times 9.81 = 68.04$（Pa）

局部构件风机出风口变形管，阻力不再计算，忽略。

所以，管段⑤的总阻力 $H_⑤ = H_m + H_风帽 = 2.45 + 68.04 = 90.49$（Pa）

（8）主路的总阻力计算　主路的总阻力为：

$$H_主 = H_A + H_① + H_② + H_③ + H_除 + H_④ + H_⑤$$
$$= 500 + 91.65 + 14.17 + 8.99 + 1470 + 56.66 + 90.49 = 2231.96\text{（Pa）}$$

3. 支路的阻力计算及阻力平衡

（1）支路 1 的阻力计算

① 设备平面回转筛 B 的阻力 H_B。

$$Q_B = 4500\text{m}^3/\text{h}, \quad H_B = 500\text{Pa}$$

② 管段⑥的阻力计算：对于管段⑥，$Q_6 = 4500\text{m}^3/\text{h}$，选取管段⑥的风速 $u_6 = 14\text{m/s}$，查附录一得 $\lambda/d = 0.0529$，$D = 340\text{mm}$，$H_d = 12.01\text{kg/m}^2$。

所以，$H_m = (\lambda/d)LH_d = 0.0529 \times 150 \times 10^{-3} \times 12.01 \times 9.81 = 0.93$（Pa）

因为，$R = D$，$\alpha = 60°$，查附录二中的弯头阻力系数表，得出弯头阻力系数 $\zeta = 0.18$。

所以，$H_弯 = \zeta H_d = 0.18 \times 12.01 \times 9.81 = 21.21$（Pa）

因为，三通支路阻力系数 $\zeta_{支} = 0.15$

所以，$H_{三通支} = \zeta H_d = 0.15 \times 12.01 \times 981 = 17.67$（Pa）

所以，管段⑥的总阻力 $H_⑥ = H_m + H_弯 + H_{三通支} = 0.93 + 21.21 + 17.67 = 39.81$（Pa）

③支路 1 的总阻力 $H_{支1}$ 的计算。

$$H_{支1} = H_B + H_⑥ = 500 + 39.81 = 539.81（Pa）$$

④支路 1 与主路的阻力平衡与调整。与支路 1 并联的主路阻力 $H_{主并}$ 为：

$$H_{主并} = H_A + H_① = 500 + 91.65 = 591.65（Pa）$$

因为：

$$\frac{591.65 - 539.81}{591.65} \times 100\% = 8.8\%$$

比值小于 10%，所以支路 1 阻力平衡。

（2）支路 2 的阻力计算

① 设备绞龙输送机 C 的阻力 H_C：

$$Q_C = 600 \text{m}^3/\text{h}, \quad H_C = 100 \text{Pa}$$

② 管段⑦的阻力计算：对于管段⑦，$Q_7 = 600 \text{m}^3/\text{h}$，选取管段⑦的风速 $u_7 = 15.5 \text{m/s}$，查附录一得：$\lambda/d = 0.194$，$D = 120 \text{mm}$，$H_d = 14.72 \text{kg/m}^2$。

所以，$H_m = (\lambda/d) L H_d = 0.194 \times 150 \times 10^{-3} \times 14.72 \times 9.81 = 4.20$（Pa）

因为，$R = D$，$\alpha = 60°$，查附录二中的弯头阻力系数表，得出弯头阻力系数 $\zeta = 0.18$。

所以，$H_弯 = \zeta H_d = 0.18 \times 15.5 \times 9.81 = 25.99$（Pa）

因为，三通支路阻力系数 $\zeta_{支} = 0.03$

所以，$H_{三通支} = \zeta H_d = 0.03 \times 14.72 \times 9.81 = 4.33$（Pa）

所以，管段⑦的总阻力 $H_⑦ = H_m + H_弯 + H_{三通支} = 4.20 + 25.99 + 4.33 = 34.52$（Pa）

③支路 2 的总阻力 $H_{支2}$ 的计算：

$$H_{支2} = H_C + H_⑦ = 100 + 34.52 = 134.52（Pa）$$

④支路 2 与主路的阻力平衡与调整：与支路 2 并联的主路阻力 $H_{主并}$ 为：

$$H_{主并} = H_A + H_① + H_② = 500 + 91.65 + 14.17 = 605.82（Pa）$$

因为

$$\frac{605.82 - 134.52}{605.82} \times 100\% = 77.8\%$$

比值大于 10%，支路 2 阻力不平衡，需要调整。因支路阻力小于与之并联的主路阻力，本题采用在支路上安装插板阀的方法进行阻力平衡。即

$$H_阀 = H_{主并} - H_{支2} = 605.82 - 134.52 = 471.30 \text{Pa}$$

又因为：$H_阀 = \zeta_阀 \dfrac{\gamma v^2}{2g}$，其中动压 $H_d = \dfrac{\gamma v^2}{2g} = 14.72 \times 9.81$（Pa）

所以，代入数据，阀门的阻力系数阀 $\zeta = 3.26$，查附录二得 $h/D = 0.45$。

因为 $D = 120 \text{mm}$，所以 $h = 0.45 \times 120 = 54 \text{mm}$，即阀门关闭后留的间隙为 54mm。

4. 计算风网的总阻力和总风量

风网的总阻力：

$$\sum H = H_主 = 2231.96 \text{Pa}$$

风网的总风量：

$$\sum Q = Q_A + Q_B + Q_C = 4500 + 4500 + 600 = 9600 \quad (m^3/h)$$

5. 选择风机和电动机

计算风机参数：

$$H_{风机} = (1.0 \sim 1.2) \sum H = 1.1 \times 2231.96 \approx 250 \times 9.81 \quad (Pa)$$

$$Q_{风机} = (1.0 \sim 1.2) \sum Q = 1.1 \times 9600 = 10560 \quad (m^3/h)$$

由此选择风机：4-72No5A，2900/min，$\eta = 91\%$；电动机：Y160M2-2，15kW。

本除尘风网的局部构件阻力系数见表4-1，阻力计算结果见表4-2。

表4-1 局部构件阻力系数表

局部管件		管段编号							说明
		①	②	③	④	⑤	⑥	⑦	
弯头	$R=D$，$\alpha=90°$	0.23	—	—	0.23×2	—	—	—	查附录二
	$R=D$，$\alpha=60°$	—	—	—	—	—	0.18	0.18	查附录二
三通	$\alpha=30°$ $\dfrac{D_主}{D_支}=1$ $\dfrac{v_支}{v_主}=1$	0.45	—	—	—	—	0.15	—	查附录三
	$\alpha=30°$ $\dfrac{D_主}{D_支}=3.75$ $\dfrac{v_支}{v_主}=0.97$	—	0.03	—	—	—	—	0.03	查附录三
	风帽	—	—	—	—	0.6	—	—	查附录二
$\sum \zeta$		0.68	0.03	—	0.46	0.6	0.33	0.21	—

表4-2 除尘风网阻力计算表

设备名称或管段编号	风量 Q/(m^3/h)	风速 u/(m/s)	管长 L/m	管径 D/mm	$\sum \zeta$	动压 H_d/(kg/m^2)	λ/d	摩阻 H_m/Pa	局部阻力 H_j/Pa	H_m+H_j/Pa	阻力累加/Pa 主路	阻力累加/Pa 支路	备注
1	2	3	4	5	6	7	8	9	10	11	12	13	14
设备A	4500	—	—	—	—	—	—	—	500	500	500	—	—
管段①	4500	14	1.85	340	0.68	12.01	0.0529	11.53	80.12	91.65	591.65	—	—
管段②	9000	15.93	1.7	450	0.03	15.52	0.0371	9.60	4.57	14.17	605.82	—	—
管段③	9600	17	1.4	450	0	17.7	0.037	8.99	0	8.99	614.81	—	—
除尘器	9600	—	—	—	—	—	—	—	1470	1470	2084.81	—	—
管段④	9600	13.75	1.2	500	0.46	11.56	0.033	4.49	52.17	56.66	2141.47	—	—

续表

设备名称或管段编号	风量 $Q/$（m^3/h）	风速 $u/$（m/s）	管长 L/m	管径 $D/$ mm	$\Sigma\zeta$	动压 $H_d/$（kg/m^2）	λ/d	摩阻 $H_m/$ Pa	局部阻力 $H_j/$Pa	H_m+H_j Pa	阻力累加/Pa 主路	阻力累加/Pa 支路	备注
管段⑤	9600	13.75	6	500	0.6	11.56	0.033	22.45	68.04	90.49	2231.96	—	—
支路1													
设备B	4500	—	—	—	—	—	—	—	500	500		500	—
管段⑥	4500	14	0.15	340	0.33	12.01	0.0529	0.93	38.88	39.81	—	539.81	阻力平衡
支路2											—		在支路上安装插板阀，关闭后的间隙为54mm
设备C	600	—	—	—	—	—	—	—	100	100		100	
管段⑦	600	15.5	0.15	120	0.21	14.72	0.194	4.20	30.32	34.52	—	134.52	

注：离心式通风机：4-72No5A，2900r/min，$\eta=91\%$。电动机：Y160M2-2，15kW。

除尘器：TBLM-78 I 型，滤袋长度2m，处理风量（3438~17190）m^3/h，过滤面积57.5m^2，除尘器阻力 $H_{除}=1470Pa$。

工作任务　　通风除尘风网的设计与计算

▌任务要求

1. 能根据工程实际情况独立进行通风除尘风网设计与计算。
2. 培养实事求是的职业精神、精益求精的科学态度。

▌任务描述

根据给定的粮食加工企业的车间布置图，或深入实训车间，按照实训车间的实际布置情况，设计与计算一组通风除尘风网。

▌任务实施

1. 按一定比例绘制通风除尘网路示意图。
2. 根据给定的资料或自己收集的资料，确定各设计参数。

3. 按照确定的设计参数计算气力输送网路阻力。

4. 对整个网路进行阻力平衡分析并调整网路阻力平衡。

5. 计算网路的总阻力和总风量。

6. 计算通风机需要提供的压力和流量。

7. 选择合适的通风机、电机。

任务评价

评价项目	评价内容	分值	得分
风网示意图绘制	示意图按比例绘制	10	
	主路选择正确	20	
	管段编号正确	10	
参数选用	参数选用正确	10	
网路计算	阻力计算准确	20	
	阻力平衡	10	
风机、电机选用	风机、电机选用正确	10	
职业素养	严谨的科学态度	5	
	实事求是的职业精神	5	
总得分			

习　题

一、填空题

1. 粮食加工企业的通风除尘装置在＿＿＿＿＿＿＿＿＿＿＿＿条件下采用独立风网。

2. 组成集中风网应考虑＿＿＿＿＿＿＿＿＿＿＿＿等基本原则。

3. 风网总阻力为主阻管路上＿＿＿＿和＿＿＿＿之和；总风量为＿＿＿＿＿＿风量之和。

4. 除尘风网的不平衡率要控制在＿＿＿＿＿＿＿＿＿以下。

二、简答题

1. 粉尘捕捉方式有哪些？

2. 除尘风网的类型有哪些？组合原则是什么？

3. 请说明除尘风网阻力计算的步骤。

4. 如何测定尘源设备的吸风量和阻力？

三、画图题

1. 画出离心式除尘器的轴测图。

2. 画出风机的轴测图。

3. 画出布袋除尘器的轴测图。

四、计算题

1. 图 4-7 为某粮食加工厂下粮坑吸尘罩的单独风网，试进行风网阻力的计算，并选择通风机型号、转速及电机功率。

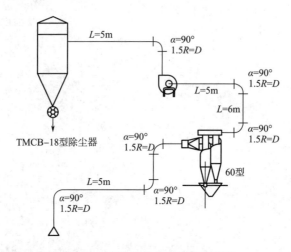

图 4-7　下粮井吸尘罩风网示意图

2 在一面粉加工厂的清理车间，由提升机、比重去石机、自衡振动筛组成通风除尘风网，除尘器为 60 型，试经过计算（采用两种平衡方法对节点进行平衡），选择通风机的规格和参数（图 4-8）。

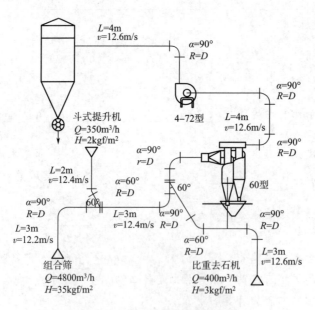

图 4-8　清理车间除尘风网示意图

3. 根据图 4-9 中的已知条件，进行独立风网阻力计算。

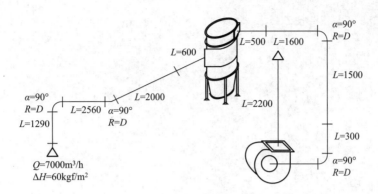

图 4-9　独立风网示意图

4. 根据图 4-10 中的已知条件，进行集中风网阻力计算。

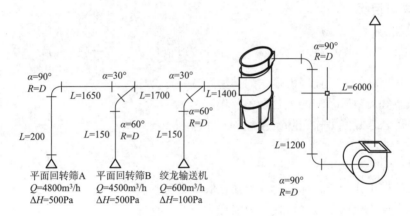

图 4-10　集中风网示意图

模块五

气力输送技术

知识目标

1. 了解粮食加工行业气力输送的类型及其特点。
2. 熟悉气力输送系统的主要设备及作用。
3. 熟悉悬浮式气力输送基本原理。

技能目标

1. 能根据工作任务正确选择气力输送装置类型。
2. 能根据工作任务正确选择气力输送设备。
3. 能根据物料的悬浮速度正确选用合适、经济的输送风速。

素质目标

1. 通过学习我国粮食行业气力输送发展历程及趋势，树立大国意识，培养民族自尊心和自信心。
2. 通过气力输送类型、装置选择，培养低碳、环保意识，锻炼分析和解决工程实际问题的能力，培养工匠精神。

模块导学

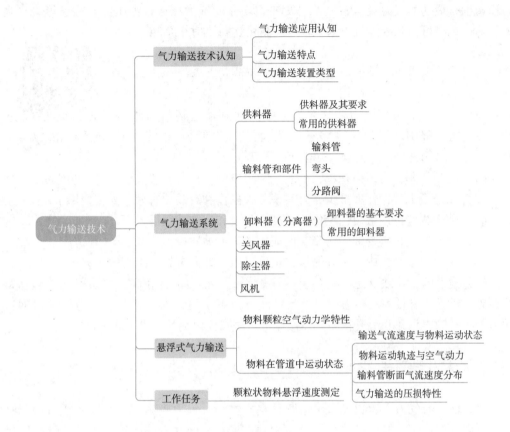

知识点一

气力输送技术认知

一、气力输送应用认知

气力输送实质上就是利用流动的空气输送物料。气力输送技术自应用以来，粮食加工企业的面貌发生了巨大的变化，一些笨重复杂的机械输送设备被体积较小、结构简单、制作方便的风管、风机所代替，为合理布置设备、节约厂房面积和节省设备投资创造了条件。气力输送又称风力输送、风运或风送。

1853 年，世界上出现了第一个在邮局内部传递信件的气力输送装置。1882 年，在俄罗斯圣彼得堡港出现了世界上第一台气力输送装置，当初称为谷物卸船机，即现在的吸粮机。1945 年，在瑞士建成了世界上第一家气力输送面粉厂。

在我国，1959—1962 年在天津港和大连港开始使用移动式气力输送装置卸散粮船。1958 年，我国第一家气力输送面粉厂在浙江金华建成。1966 年在江苏南京浦镇建成了采用气力输送的大米厂。20 世纪 70 年代以后，面粉厂粉间在制品的提升几乎全部采用气力输送技术。

气力输送技术发展至今，已广泛应用于食品、化工、建材、制药等工业领域。气力输送也有最初的气力吸运输送类型发展到现在的气力压运、吸压混合输送等多种类型，输送距离可由几米到数千米，输送产量可达每小时千余吨。

二、气力输送特点

粮食加工企业采用气力输送装置，除能起到输送物料的作用外，在输送过程中还可以实现多种工艺操作，如混合、粉碎、干燥、冷却、风选、分级、清理、除尘等。气力输送具有以下优点。

气力输送概述微课

（1）设备简单，占地面积小，可充分利用空间，设备布置灵活，投资维修费用低。

（2）输送量大，操作人员少，可实现无人操作和自动化管理，人工费用小。

（3）输送物料可以散装，操作效率高，包装和装卸费用低。

（4）可以避免物料受潮、污染，保证输送物料的质量。

（5）可以由多处集中向一处输送，也可以由一处向多处长距离输送。

气力输送的主要缺点是：它和机械输送相比，动力消耗较高，容易引起粒状物料的破碎，对设备有较大的磨损，噪声大；此外，由于粮食加工企业的气力输送风网通常由若干根输料管并联组成，因此在操作上对物料流量的稳定性要求较高。

三、气力输送装置类型

气力输送有气力吸运和气力压运两种基本类型。气力吸运即将空气和物料一起吸入管道内，靠低于大气压强的气流输送物料，风机安装在管路系统的末端；气力压运即用高于大气压强的正压气流携带或推动物料进行输送，风机则安装在管路系统的始端。

1. 气力吸运

气力吸运输送装置如图 5-1 所示，物料的输送过程在风机的吸气段完成。气力吸运输送方式是面粉厂粉间在制品输送的主要方式，由于输料管内部空气压强低于大气压，因而又称为负压气力输送。这种输送方式具有以下特点。

（1）整个输送装置在负压状态下工作，物料和粉尘不会外逸飞扬，保证了车间内部的卫生。

（2）适宜于物料从多处向一处集中输送。

（3）适用于堆积面广或低、深处物料的输送（如仓库、货船等散装粮的输送）。

（4）喂料方式简单（和压送式气力输送装置相比较而言）。

（5）对卸料器、除尘器的气密性要求高（要求在气密条件下排料）。

（6）输送量、输送距离受到一定的限制，动力消耗较高。

气力吸运输送方式可以有一根或多根输料管。多根输料管气力吸运输送方式广泛应用于粮食加工厂物料品种多且需要多次提升的场合；单根输料管气力吸运输送方式多用于物料只需输送一次的场合，如吸粮机等。

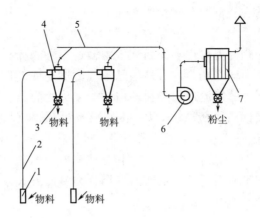

1—接料器 2—输料管 3—闭风器 4—卸料器 5—汇集风管 6—风机 7—除尘器

图 5-1 气力吸运输送装置

2. 气力压运

气力压运输送装置如图 5-2 所示。物料的输送过程在风机的压气段完成，这种输送方式具有以下特点。

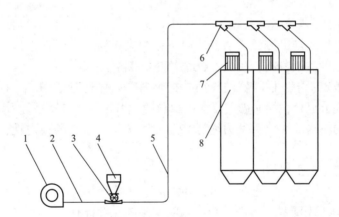

1—风机 2—风管 3—供料器 4—料斗 5—输料管 6—双路阀 7—仓顶除尘器 8—料仓

图 5-2 气力压运输送装置

（1）整个输送装置处于正压状态，容易造成粉尘外通，污染车间环境，但能防止外界杂质进入系统。

（2）适宜于物料由一个地方同时向几个地方输送。

（3）适合于长距离、大流量输送。

（4）供料结构复杂、输送压力较高时，需将供料器上部的料罐做成密闭结构。

（5）卸料器结构简单。

气力压运输送方式因设备少、管道布置灵活、容易做到多点卸料等特点，在面粉厂制粉车间配粉工序、食品车间的原料入仓等场合得到广泛应用。

相比较而言，气力吸运供料器简单，分离器（或称卸料器）是主要设备，有利于将各处物料收集到一处；气力压运则供料器复杂，是输送系统的关键设备，而卸料器简单或无需卸料器，适合于将物料分散输送到各个地点。

按照物料（固相）和气流（气相）在管道中两相流动的特征，气力输送装置还可分为稀相气力输送、密相气力输送和间断流气力输送三种。稀相气力输送是依靠具有一定速度的气流在管道中输送物料，又称为悬浮气力输送或动压气力输送；密相气力输送是利用具有一定压力的气流进行物料输送的，又称为静压气力输送或压力气力输送；间断流气力输送又称柱塞流气力输送，以柱塞流（间断流）的形式输送物料的方法称为脉冲气力输送，是将一股压缩空气通入下罐，将物料吹松，另一股脉冲压缩空气流吹入输料管入口，在管道内形成交替排列的小段料柱和小段气柱，借空气压力推动前进。

目前，面粉厂粉间制粉工序气力输送为悬浮气力输送方式，即管道中气流速度足够高，颗粒在气流中呈悬浮状态被输送。

知识点二

气力输送系统

一、供料器

（一）供料器及其要求

能够定量供给或排出粉粒状物料的设备称为供料器。供料器也称喂料器或接料器等，在负压输送中叫接料器，在正压输送中叫供料器。

在气力输送装置中，供料器的作用是把物料喂入输送管道中，并且在供料器中物料与空气得到充分混合，继而被气流加速和输送。因此，供料器是气力输送的"咽喉"部件，供料器的结构及性能对气力输送装置的输送量、工作的稳定性、能耗的高低有很大影响。

在设计或者选择供料器时，应满足以下要求。

（1）能定量、均匀、分散地供料，并能保证物料和空气在接料器中充分混合。

（2）不漏气、不漏料、不产生物料颗粒的破碎，并能使空气通畅地进入，以减少空气流动的能量损失。

（3）阻力小、功率消耗低，尽可能使气流的方向与物料的流向一致，避免逆向进料。

（4）喂料通顺，操作方便，设备寿命长，经久耐用。

（5）在正压输送中，供料器的气密性能要好，以保证其供料量，防止空气外泄。

（6）结构要简单，占地面积要小，高度要低。

（二）常用的供料器

面粉厂气力输送中用的供料器主要有吸嘴型、三通型、弯头型、叶轮型等。

1. 吸嘴接料器

当负压气力输送装置（吸粮机）用于车、船、仓库和场地堆放的散状物料的装卸、输送或清扫时，常把接料器称为吸嘴，用吸嘴对物料进行捕捉和输送。吸嘴主要有单筒形和双筒形，在小型吸粮机上一般采用质量

供料器微课

较轻的单筒形吸嘴，而大、中型吸粮机多采用双筒形吸嘴。

（1）单筒形吸嘴　结构简单，通常有直管形、喇叭口形、斜口形、扁口形等，结构如图5-3所示。

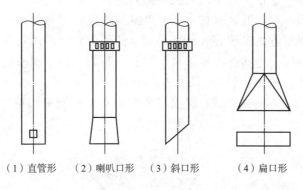

（1）直管形　（2）喇叭口形　（3）斜口形　（4）扁口形

图5-3　单筒形吸嘴

①直管形：结构简单，但进口压力损失较大，进风量和补气风量不能保证，无调节功能。插入料堆过深，容易堵死、无空气进入，导致进料中断。

②喇叭口形：喇叭口形吸嘴的端部为喇叭口形状，可减少空气和物料进入的阻力。在直管段上部安装有可转动的调节环，可调节二次空气进风量，以获得最佳的输送物料量。

③斜口形：主要用于船舱、仓库等残余物料或容器角落物料的清扫，也可用于成堆物料的输送。

④扁口形：用于大面积平整场地残余物料的清扫和输送。

（2）双筒形吸嘴　是用于吸送式气力输送装置中的一种接料器，用来直接吸取仓库或车船内的颗粒状散装物料，如小麦、玉米、稻谷、大豆等。

双筒形吸嘴的结构如图5-4所示，它是由入口处做成喇叭口形的内筒和可以上下调节的外筒组成。根据输送物料的性质和输送条件，调节内、外筒下端的相对高度，可以按最高效率吸取物料。

吸嘴端部做成喇叭口形，是为了减少次空气及物料流入时的阻力，外筒是二次空气进入的通道，以使物料得到有效的加速，提高输送能力。

一般外筒总长度为1m左右，内、外筒的壁厚为2~4mm，内、外筒端部的相对高度 s，对于不同的输送物料，其最佳值由实验确定。吸嘴插入料堆的深度以不超过450mm为宜。吸嘴的阻力系数为1.5~1.8。

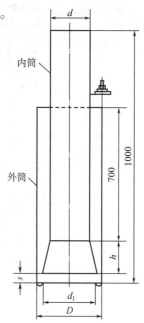

图5-4　双筒形吸嘴

2. 三通型供料器

面粉厂的吸送式气力输送装置中，输料管中的物料一般来源于其它加工设备，即其他加工设备的排出物料由溜管供入气力输送输料管中，这种情况下的供料器常称为接料器，而且多采用三通型，如立式三通接料器、诱导式接料器和卧式三通接料器等。

（1）立式三通接料器 立式三通接料器主要用于物料垂直提升或倾斜提升的气力输送管道上，形式和结构如图5-5所示。工作时，物料从溜管进入到由喇叭口进气的接料器的垂直管道中，自下而上的气流使物料悬浮、加速和提升。为使物料能顺着气流方向进入并与气流均匀混合，立式三通接料器的进料溜管和垂直部分管道均为矩形截面，而且在进料溜管的末端装有位置可调节的弧形淌板。弧形淌板的尾部弯曲方向与气流方向基本相同。当物料由矩形溜管滑过淌板时，由于淌板的导向作用，使物料具有向上的初速度，从而易于被气流加速和节省能量。

（2）诱导式接料器 诱导式接料器的结构如图5-6所示。它是立式三通接料器的一种变形，是面粉加工厂最常用的一种接料器。

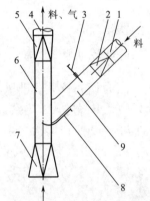

1—圆形溜管 2—变形管 3—插板 4—输料管 5—圆变方变形管
6—矩形风管 7—喇叭形进风口 8—弧形淌板 9—矩形溜管

图5-5 立式三通接料器

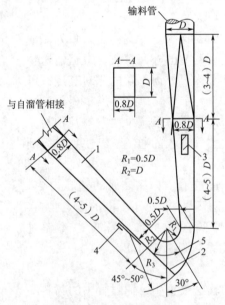

1—方形溜管 2—进风口 3—观察窗 4—插板活门 5—弧形淌板

图5-6 诱导式接料器图

诱导式接料器具有良好的空气动力学特性。物料沿圆形自溜管下落，经圆变方变形管进入矩形截面的诱导式接料器，通过弧形淌板对物料进行的向上诱导作用进入自下而上的气流中。在气流的带动下，先经过风速较高的较小截面管道进行加速、提升，然后经方变圆渐扩管进入输料管正常输送。在弧形淌板处，安装有风量调节阀门（插板阀或旋转多孔板），以控制和调节从诱导式接料器进风口进入的空气量。

根据物料的下落情况来调节弧形淌板的位置，可以使物料离开弧形淌板时的运动速度与气流方向基本一致，以达到最佳输送状态。

诱导式接料器适用于粉粒状物料，具有料、气混合性能好，阻力小（阻力系数为0.7左右）等优点。

（3）卧式三通接料器　卧式三通接料器的结构如图 5-7 所示，主要由进料弯管、进气管、隔板和输料管等部分构成。工作时，物料由进料弯管进入水平输料管中，物料进入方向与气流方向基本一致，并在此与进入的气流混合并被加速、输送。为防止喂料量的波动引起的进料口处管道堵塞，在进料口处的水平输料管中常安装一隔板，隔板使得水平输料管空气的流动始终处于畅通状态。

三通接料器和
叶轮供料器微课

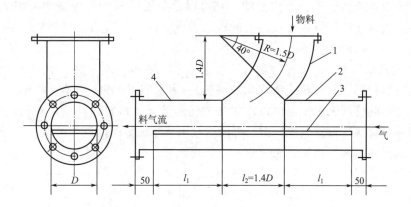

1—进料弯管　2—进气管　3—隔板　4—输料管

图 5-7　卧式三通接料器

卧式三通接料器主要用于水平输送管道的喂料。它高度低，体积小，可直接安装在某些加工设备底部的出料口上。卧式三通接料器的阻力系数为 $\zeta=1.0$。

3. 弯头接料器

弯头接料器适用于磨粉机或碾米机下物料的接料，且能从机器中吸取大量空气，对机器和物料进行降温，以保证物料的品质，延长设备的使用寿命。

弯头接料器的结构如图 5-8 所示，横断面呈矩形，它的一端借变形管与圆形输料管连接。另一端借变形管与溜管连接。

工作时，物料沿溜管底部流动，而溜管的上部空间为从机器中吸出的空气，当物料流到弯头前的插板时，由于插板的阻挡，物料在惯性力的作用下上抛，并被溜管上方流动的空气吹散，进行混合并被悬浮输送。

弯头底部装有弧形活门，工作时借负压和压砣的作用关闭，当输料管堵塞时，负

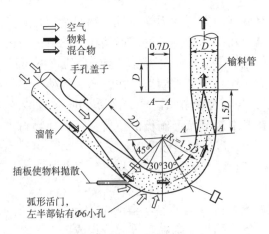

图 5-8 弯头接料器

压消失，活门在物料重力的作用下自动打开，及时排料。活门的下端开设若干个小孔，作为补充空气的入口，在正常输送时，从活门的继隙及下端的小孔中补充定量的空气，以加强对物料的承托和悬浮作用。

这种接料器结构简单，操作方便，它可以通过溜管从机器设备中吸出大量空气，具有良好的吸风作用，但和它相连接的机器设备必须留有适当的进风口，以免增加阻力，影响进风。这种接料器的阻力系数约为 1.0。

4. 叶轮式供料器

叶轮式供料器，即叶轮式闭风器、关风器，也叫旋转式供料器。叶轮式闭风器既可作为除尘器的排灰装置，也可以作为气力输送装置的供料器使用。叶轮式供料器的最大特点是可以实现定量供料，而且可以通过调节叶轮转速调节产量。

叶轮式供料器的结构如图 5-9 所示，它是由叶轮和圆筒形机壳组成的。机壳上端为进料口，与卸料器管道连接。当叶轮缓慢地转动时，物料不断地落入两叶片之间的空隙中，并随着叶片旋转到下端的出口排出。

叶轮式供料器的排料量，在低转速即旋转叶片的圆周速度在较低范围内时，与转速大致成正比；但超过某一转速，排料量则随着转速的增加而减少，并出现不稳定现象。这是因为当叶片的圆周速度超过某一数值时，叶片将物料飞溅开来，使物料不能充分送入叶片之间，而已被送入叶片之间的物料也可能未等下落又被叶片带走。所以，叶轮式供料器的转速一般为 30~60r/min。

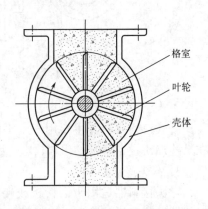

图 5-9 叶轮式供料器的结构图

叶轮式供料器的排料量可用下式计算：

$$G = 0.06 \cdot i \cdot n \cdot \gamma \cdot \beta \cdot \eta \tag{5-1}$$

式中　G——排料量，kg/h；

　　　n——叶轮转速，r/min；

γ——物料的密度，kg/m³；

β——考虑到物料因充气而影响密度的修正系数，取 $\beta=0.7$；

η——容积效率，颗粒料 $\eta=0.8$，粉料 $\eta=0.5\sim0.6$；

i——叶轮转动周的几何容积，L/r。

其他形式的供料器，如磨膛提料，见图 5-10。

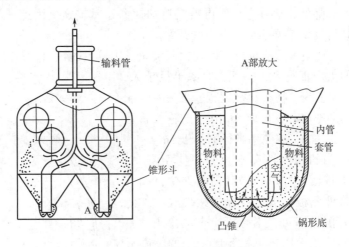

图 5-10　其他形式的供料器

二、输料管和部件

输料管是气力输送系统中物料输送的通道，由直管道、弯头等部分构成。

（一）输料管

在气力输送装置中，输料管主要指连接在供料器和卸料器之间的管道部分。输料管的内径一般为 60～300mm。

输料管多采用薄钢板焊接管或无缝钢管。对于低真空气力输送系统也可采用镀锌薄钢板卷制的管道，但要注意管壁的厚度，管壁太薄，气力吸运工作时，有可能被吸瘪。对于输送食品原料或其他特殊要求制品时，还可以采用不锈钢管或铝管。为减少管道磨损、延长管道的使用寿命，有时采用锰钢管道或内衬耐磨材料的焊接管或者其他耐磨材料管道等。

输料管微课

输料管中也可以采用具有一定挠性的软管，如金属软管、耐磨橡胶软管、塑胶软管等。在气力输送输料管道中使用软管，可扩大供料、排料的区域或灵活安装管道。

在气力输送装置中，为了便于观察管道内物料的有无和运动状况，在输料管上常常每隔一定距离安装一段有机玻璃管作为观察窗使用。有时输料管全部采用有机玻璃管或者透明塑料软管。但在使用有机玻璃管和透明塑胶管道时，容易产生静电，应注意管道静电的接地处理。

输料管常由数段管道连接而成，管段间的连接可采用法兰连接，或快速接头连接，连接处必须有橡胶垫等密封垫以保持管道连接处的气密性。

对于输料管，最基本的要求是管道内壁光滑，无凸起，尤其管道连接处无错位。

这样的要求既可使物料输送时节省能耗、减少管道内壁障碍物对物料的阻滞作用，又可减少输送过程中物料的破损、降低物料破碎率等。

（二）弯头

为改变物料的输送方向，在输料管中采用了弯头或软管等构件。

物料在弯头处与外侧壁面发生激烈的摩擦、碰撞而改变方向，因而在弯头中运动时，物料的速度会降低，通过弯头后再被气流加速和正常输送。因此，弯头的阻力是比较大的，输料管发生堵塞往往从弯头处开始。

弯头的阻力与转角大致成反比，因此，弯头应采用较大的转角。其次，弯头的阻力还随曲率半径的大小而变化，一般，曲率半径越大，弯头阻力越小。为了减少物料和空气通过弯头时的能量损失，弯头的曲率半径一般取 6~10 倍的输料管管径，即 $R=$ （6~10）D，或曲率半径不小于 1m。

为了提高弯头的耐磨性和延长弯头使用寿命，弯头常做成矩形截面。并对容易磨损的部位，如弯头的外侧板，将外侧板做成法兰盘连接形式，外侧板磨损后更换外侧板即可，不必更换全部弯头。有时，在可拆卸的外侧板内还可衬耐磨板，如超高分子量聚乙烯耐磨板、聚氨酯耐磨板或者锰钢板等，以延长弯头的维修、更换周期。图 5-11 为气力输送装置中常使用的弯头形式和结构。

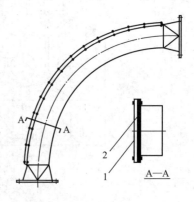

1—外侧盖板　2—耐磨衬板

图 5-11　输料管中弯头的形式和结构

（三）分路阀

双路阀安装在物料输送管道上，用于改变管道中物料的输送方向，每个双路阀有两个出口方向，可以将物料输送到两个预定地点。如果多个双路阀组合，则可以把物料输送到多个预定地点。双路阀的基本构造如图 5-12 所示。

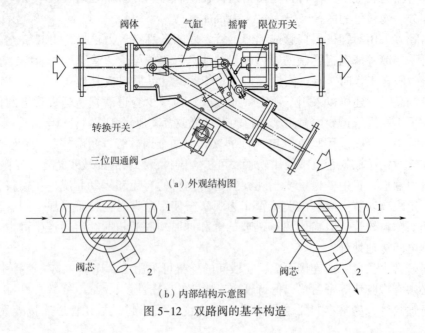

（a）外观结构图

（b）内部结构示意图

图 5-12　双路阀的基本构造

双路阀主要由阀体、内部的阀芯、外部的气缸以及控制元件组成。阀体为三通形状，有一个进口、两个出口，正常工作时只有一个出口和进口相通，另一个出口被阀芯关闭。转动阀芯，就可以变换两个出口的通、断，从而改变物料的输送方向。阀芯的转动由气缸推动，气缸的动作由电、气控制元件控制。

三、卸料器（分离器）

供料器将物料喂入输料管中，输料管将物料输送到要求的地点后还必须将物料从气流中分离出来。将物料从气流中分离出来的设备称为卸料器或分离器。气力输送中的分离器与除尘器实质上是相同的，唯一的差别是分离器有一定的产量要求、物料破碎率要求等条件，而且有时产量还比较大。常用的卸料器有离心式卸料器、重力式卸料器和惯性卸料器等类型。

（一）卸料器的基本要求

（1）分离效率高　卸料器应最大限度地将输送的物料从气流中分离出来，避免物料的损失。分离效率低时，从卸料器排出的空气中将含有一部分物料（为所输送物料中的粒径微细部分，如面粉厂的吸风粉），会加重空气净化装置除尘器的负荷。

卸料器微课

（2）阻力低　卸料器的阻力低意味着消耗较低的风机能量，节能。

（3）性能稳定，排料连续可靠　要求卸料器在连续运行时，分离效率稳定，排料时连续可靠，不漏气，不存料。

（4）体积小，高度低，操作简便　节省空间和占用面积小，易于维修。

有些使用场合，要求卸料器具有"一风多用"的功能。气流除了用来输送物料之外，还可用来完成某些工艺效果。例如，气力输送小麦、玉米等谷物原粮时，在卸料器内设计特殊的结构利用气流将小麦、玉米中的轻杂分离出来，以减轻生产设备的负荷；还可以利用高速气流携带物料撞击到某种特制工作面上，使物料与特制工作面发生撞击、摩擦，对物料起到表面清理作用等。

（二）常用的卸料器

1. 离心式卸料器

离心式卸料器是利用物料和气流的混合物（两相流）在做旋转运动时离心力的作用使物料与气流分离的，即离心式除尘器（或刹克龙）。离心式卸料器具有分离效率高、阻力低、结构简单、容易制造、维修简便、体积小的特点。

影响离心式卸料器分离效率的因素较为复杂，就现有的离心式卸料器结构来讲，主要有以下 6 点影响因素。

（1）离心式卸料器的进口气流速度　进口气流速度越大，颗粒所受到的离心力也越大，有利于物料的分离，而且有较大的处理风量。但进口气流速度过高，会使离心式卸料器阻力增大，而且高速气流在筒体内部形成多种旋涡、空气扰动强烈反而会影响物料的分离并可将已分离出的物料带走。离心式卸料器的进口风速一般宜在 $u_j = 10 \sim 18\,\text{m/s}$ 选取。

（2）物料的粒径　物料的粒径越大，质量就越高，而离心力与物料质量呈正比，物料的离心力越大，越有利于物料的分离。

（3）进口含尘浓度　指进口气流中所含的粉尘或物料量，浓度高时，由于颗粒之间相互的碰撞、黏附和"夹持"作用，理论上不能分离出的小粒径物料也能被分离出来。

（4）离心卸料器的筒体直径　在相同的进口气流速度时，筒体直径越大，离心力越弱，不利于小粒径物料的分离。所以，离心式卸料器时应尽量选择小筒体直径。

（5）锥体高度　一般认为较高的锥体高度，能够增加气流在机壳内的旋转圈数和使物料受到较长时间的离心力作用，有利于提高分离效率。现代的高效离心式除尘器多数为长锥体。锥体部分的高度为筒体直径的 1~3 倍，锥体底角 25°~40°。

（6）排料口的漏风率　排料口如有漏风，将使排料困难，因而使分离效率大大降低。实验表明，当漏风率为 5% 时，离心式除尘器的分离效率下降一半；当漏风率为 15% 时，离心式除尘器的分离效率为零。离心式卸料器排料口密封性能的保证是要选择高性能的闭风器，闭风器是离心式卸料器有高分离效率的关键设备。

离心式卸料器的选择方法同离心式除尘器。离心式卸料器一般单台使用。

2. 重力式卸料器

重力式卸料器是利用卸料器筒体有效截面的突然扩大、气流速度显著降低，从而使气流失去携带物料的能力、物料在重力的作用下从气流中沉降出来的分离设备。重力式卸料器结构简单，压力损失小，体积大，主要用于颗粒物料的分离。重力式卸料器也称为容积式卸料器。

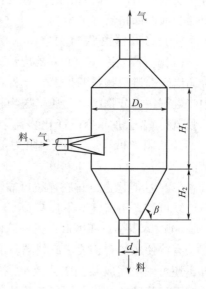

图 5-13　重力式卸料器的结构示意图

重力式卸料器的结构如图 5-13 所示。重力式卸料器为一筒体结构，由进料口、中部筒体和与筒体相连接的上下锥体构成。上部锥体与排气管相连接，下部锥体排料。

四、关风器

关风器是气力输送系统中很重要的设备，它要求有良好的气密性能，接、供料要连续可靠。另外要求外形尺寸要小，特别是高度要低。关风器最常见的类型是叶轮式关风器。

叶轮式关风器的基本结构为由叶轮和圆柱形的机壳。壳体两端用端盖密封，机壳的上部为进料口，下部为出料口。叶轮一般有 6~12 个叶片，使叶轮分为 6~12 格室。当叶轮被传动装置带动在壳体内旋转时，物料从上部进入叶轮的格室内，随着叶轮旋转从下部流出。

五、除尘器

由于卸料器的分离效率限制，从卸料器排放的空气中仍含有一部分粒径微细物料或粉尘，为了使空气的排放达到环境排放标准的要求、回收有用物料减少经济损失以及减少风机磨损和保护风机等，在卸料器之后需安装除尘器。气力输送装置中常用的除尘器有离心式除尘器和布袋除尘器。

1. 离心式除尘器

离心式除尘器主要用于气流中粒径大于 $5\mu m$ 或粒径较大的粉尘的分离。一般对于粒径大于 $20\mu m$ 的粉尘，除尘效率可达 80%，大于 $40\mu m$ 的粉尘分离效率可达 90%。但单独使用离心式除尘器很少能达到环境排放要求。

当处理风量较大时，常选择多个离心式除尘器并联使用，如二联、四联等。

2. 布袋除尘器

在气力输送系统中，当卸料器采用离心式卸料器时，含尘空气的净化往往不再使用离心式除尘器，而多采用布袋除尘器。

布袋除尘器的显著特点是对微细粒径粉尘的除尘效率特别高，一般在 99% 以上。布袋除尘器是目前空气排放浓度达到环保要求的必用除尘设备。在面粉厂气力输送装置中，卸料器卸料之后尾气的净化一般采用各种类型的布袋除尘器。

除尘器的具体内容见模块三的知识点四和知识点五。

六、风机

气力输送装置中，由于物料的输送需要消耗很高的能量，因而气力输送装置中的风机多选用高压离心式通风机或罗茨鼓风机等空气机械。

气力输送装置中的风机应满足以下要求。

（1）能够提供气力输送装置所需要的全压和风量。

（2）风机输送的空气不含油、水等杂质成分，清洁干净。对于粮食、食品、药品等有特殊要求的物料的输送更应如此。

（3）气力输送的输送产量波动引起管网阻力波动大，而要求风机的风量变化量较小。

（4）风机能够适应通过风机的空气中含有一定粒径范围、浓度的粉尘。

（5）风机便于检修和使用。

在面粉厂气力吸运装置中，常用的高压离心式通风机有 6-23 型、6-30 型、6-28 型、5-18 型等后向叶片风机，以及 9-10 型、9-19 型、9-26 型等前向叶片风机，或其他类型的高压离心式通风机、鼓风机等。

知识点三

悬浮式气力输送

一、物料颗粒空气动力学特性

物料颗粒的空气动力学特性主要是指悬浮速度。悬浮速度反映了所输送物料颗粒的主要物理特性，其数值大小由物料的密度、粒径、形状、表面状态、管道直径、空气密度等因素决定。

物料颗粒在边界无限、静止的空气中自由下落时，由于受到重力的作用，下落速度逐渐加快，同时，颗粒所受到的空气阻力也增大，最后当空气阻力增大到与颗粒的浮重（重力与浮力之差）相等时，物料颗粒则等速下落，此时恒定的下落速度就叫颗粒的沉降速度。反之，如果将颗粒置于垂直向上气流中，若气流速度小于颗粒的沉降速度，则气流中的颗粒将下降；若气流速度大于颗粒的沉降速度，则颗粒将跟随气流上升，即形成气力输送状态；若气流速度等于颗粒的沉降速度，则颗粒将处于某一位置上既不上升也不下降，即呈悬浮状态，此时的气流速度即是颗粒的悬浮速度。

由于是向上运动的气流使物料颗粒处于悬浮状态，所以也把气流对颗粒的作用力称为空气动力。

研究与计算表明，颗粒直径越大、颗粒的密度越大，则颗粒的悬浮速度越大。说明输送较大和较重的颗粒需要较大的气流速度。

处于管道中的物料，由于颗粒与颗粒之间、颗粒与管壁之间的碰撞、摩擦以及管道有限空间的影响，颗粒群的悬浮速度要比单颗粒的悬浮速度小。颗粒群的悬浮速度大多通过实验测出。部分物料实测悬浮速度参考值见表5-1，小麦及其在制品的悬浮速度参考值见表5-2。

表5-1　　　　部分物料实测悬浮速度参考值

物料	真实密度/（kg/m³）	容积密度/（kg/m³）	粒径 d_s/mm	悬浮速度/（m/s）
小麦	1270~1490	650~820	4~4.5	6.5~11.5
稻谷	1020	550	3.6	7.5
糙米	1120~1220	820	5.0~6.9（长径）	7.7~9.0
玉米	1240~1350	600~720	9×8×6	9.8~13.5
大米	1480	620~680	10×3	8~8.5
大麦	1230~1300	600~700	3.5~4.2	8.7~10.5
大豆	1180~1220	560~720	3.5~10	10
面粉	1410	610	0.163~0.197	1.5~3.0
豌豆	1260~1370	750~800	6.0~5.5	15.0~17.5
花生	1020	620~640	21×12	12~14

续表

物料	真实密度/（kg/m³）	容积密度/（kg/m³）	粒径 d_s/mm	悬浮速度/（m/s）
荞麦	1180~1280	510~700	6×4×3	7.8~8.7
燕麦	1130~1250	390~500	2.58×4	7~7.5
裸麦	1260~1440	660~790	7.5×2.3×2.2	8.4~10.5
砂糖	1580	790~900	0.51~1.5	8.7~12
玉米淀粉	1530~1620		0.06	1.5~1.8
菜籽	1220			8.2
亚麻籽	1120	630~730	4×2.5×1.5	4.5~5.2
茶叶		1360	400	6.9
黑胡椒	1130~1250	390~500	2.5×4	11~12.5
葵花籽	790~940	260~440	11×6×4	7.3~-8.4

表 5-2 小麦及其在制品的悬浮速度参考值

物料	容重/（kg/m³）	悬浮速度 u_f/（m/s）
饱满小麦	720~820	8.5~11.5
普通小麦	680~700	7.3~8.4
1 皮磨下物	600~750	6.0~7.0
2 皮磨下物	400~500	5.0~6.0
3 皮、4 皮磨下物	350~400	2.0~3.0
前路心磨下物	480~620	4.0~5.0
后路心磨下物	400~550	12~14
渣磨磨下物	450~580	4.5~5.5
尾磨磨下物	430~500	2.5~3.5
粗麦心	510	4.5~5.5
细麦心	530	4.0~5.0
粗粉	400~450	3.5~4.5
特一粉	560~600	2.3~3.0
特二粉	450~500	2.0~3.0
标准粉	430	2.0~3.0
次粉	430~600	2.0~3.0
粗麸皮	150~240	2.5~3.5
细麸皮	250~340	2.5~3.5

二、物料在管道中运动状态

（一）输送气流速度与物料运动状态

理论上讲，当管道中气流的速度大于颗粒的悬浮速度时，物料颗粒就能被气流带走，形成气力输送。而实际上，由于颗粒的各种摩擦和碰撞、管道内壁附近区域的低速区以及弯头等处气流的不均匀，常造成实际所需的气流速度远大于颗粒的悬浮速度。

在气力输送过程中，物料颗粒的运动状态主要受输送气流速度控制。在输送量一定时，输送气流速度越大，颗粒在管道内越接近均匀分布，处于完全悬浮输送状态；气流速度逐渐减小时，对于垂直管道会出现颗粒速度下降、物料分布出现密疏不均现象，而对于水平输料管则会出现越靠近管底分布愈密的现象；当气流速度低于某一值时，对于垂直管道会出现局部管段掉料现象但又能够被提升，对于水平管则出现一部分颗粒在管底停滞，处于一边滑动，一边被气流推着运动的运动状态；当气流速度进一步减小时，对于垂直输料管则出现管道中输送的物料瞬间落下，发生管道堵塞，而对于水平输料管则管底停滞的物料层做不稳定的移动，最后停顿，产生管道堵塞现象。

颗粒群物料在水平输料管中不同输送风速时物料运动状态如图 5-14 所示。

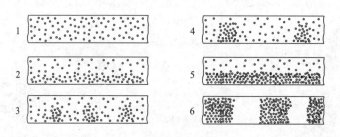

1—悬浮流　2—管底流　3—疏密流　4—停滞流　5—部分流　6—柱塞流

图 5-14　不同输送风速时的物料运动状态

（1）悬浮流　输送气流速度较高，颗粒在管道中以完全悬浮状态输送、接近均匀分布状态，因而也称为均匀流。这是气力输送一种最理想的输送状态。

（2）管底流　管道中气流速度不高，物料颗粒大部分集中在输料管的下侧。颗粒越接近管底区域分布越密，但没有出现停滞。一面做不规则的旋转、碰撞，一面被输送。

（3）疏密流　颗粒在管道中出现疏密不均，一部分颗粒在管底滑动但没有停顿。疏密流是颗粒悬浮输送的极限状态。

（4）停滞流　大部分颗粒失去悬浮能力，停滞在管底的颗粒在局部管段聚集在一起，使管道断面局部变狭窄，因此，在该处的气流速度最大，较高的气流速度又将停滞的颗粒吹走。颗粒在停滞聚集和吹走相互交替中处于不稳定输送状态。

（5）部分流　输送气流速度过小时颗粒堆积于管底，气流在上部流动形成部分流。堆积于管底的物料上层表面，有部分颗粒在气流作用下作不规则移动，而且堆积的物料也会随着时间的变化作沙丘似的移动。

（6）柱塞流　管底堆积的物料层在局部管段已充满了输料管形成物料柱，物料柱在空气压力的推动下移动。

柱塞流时，物料颗粒在管道中已完全失去了悬浮能力而形成物料柱，在这种状况下的输送称为静压输送。其余五种输送状态是靠气流的动能输送的，称为动能输送或悬浮输送。

（二）物料运动轨迹与空气动力

在垂直输料管中，空气动力与物料颗粒的重力在同一垂直线上，但方向相反。因此，空气动力对物料悬浮以至输送起着直接作用。由于物料处于紊流气流中，颗粒有受到径向分力的作用，同时，由于颗粒本身的不规则以及颗粒之间、颗粒与管道内壁之间的碰撞、摩擦等引起的颗粒旋转产生的马格努斯效应，使颗粒会受到垂直于气流方向的力的作用，因此在垂直输料管中物料以一种不规则的曲线上升运动。

在水平输料管中，气流的空气动力方向与物料颗粒的重力方向相垂直，因此空气动力对颗粒的悬浮不起直接作用。但实际气力输送装置中物料颗粒在水平管道中仍能被正常悬浮输送，一般认为是由于物料颗粒在受到水平方向的空气动力之外还受到了如下所述的几种升力作用。

（1）紊流气流的径向方向分速度产生的升力作用。

（2）输料管有效断面上存在速度梯度而引起的颗粒上下静压差所产生的升力。

（3）由于空气的黏滞性，旋转颗粒周围的空气被带动，形成与颗粒旋转方向一致的环流。颗粒周围的环流与输料管内气流速度叠加使颗粒上部的气流速度增加、压强下降，而颗粒下部的气流速度降低、压强升高，因而颗粒上下的压力差使颗粒产生了升力的作用，这一现象通常称为马格努斯效应。

（4）由于颗粒形状不规则产生的推力在垂直方向的分力。

（5）由于颗粒之间或颗粒与管壁之间碰撞而产生的跳跃、翻转，或受到反作用力的作用在垂直方向的分力。

这些力共同作用的结果，使得颗粒在水平气流中不断处于悬浮状态并呈悬浮状态输送。水平管道中的气流速度越大，产生使颗粒悬浮的升力就越大，越有利于物料输送，但同时能量消耗也增大。因此物料颗粒在水平管道中的运动轨迹不是一条直线，而是颗粒悬浮和沉降交替出现的不规则曲线运动。

（三）输料管断面气流速度分布

纯空气在管道中流动时，其速度分布呈抛物线规律（层流）或对数曲线分布（紊流），在管道轴心线上速度具有最大值，而且对称于管道的轴心线。

当空气中混有物料流动时，即气力输送管道中，气流速度分布有很大的变化。

在水平管道中，由于颗粒的重力作用，越接近管底物料分布越密，使得最大速度的位置移到了管道轴心线之上。管底较低的气流速度会导致颗粒的速度减小，最后影响到物料的输送，严重时会出现物料在管底停滞而管道堵塞现象。

在垂直管道中，虽然物料的重力与空气动力在同一直线上，但由于管道内气流速度分布的特点，而且气流中物料始终存在着向低速区滑动的趋势，最终导致管道内壁附近充满物料，因而使得垂直输料管中的最大速度比同样管道的纯空气流动的最大速度高。

（四）气力输送的压损特性

物料颗粒在管道中呈悬浮状态输送时，总存在着颗粒间或与管壁之间的碰撞或摩擦，这样会使颗粒损失一部分从气流那里得到的能量，即气流具有的能量的一部分要消耗在颗粒与管壁的碰撞或摩擦上。而这部分能量损失是以气流压力损失的形式表现出来的。一般气流速度越大，压力损失越显著；而气流速度减小时，颗粒又会产生停滞现象，加剧颗粒与管壁的摩擦，压力损失反而增大。

气力输送输料管内为空气和散状固体物料的混合物，在流体力学中称为气-固两相流。气-固两相流的压损特性与纯空气（单相流）流动的压损特性显著不同，两相流的压损特性曲线见图 5-15 所示。由图 5-15 可知，两相流的压损特性曲线可分为三段。

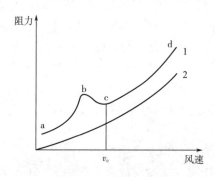

1—两相流压损特性曲线　2—单相流（空气）压损特性曲线
图 5-15　两相流的压损特性曲线

1. 物料与气流的启动加速段（图 5-15 中的 a~b 段）

在这一阶段，由于刚喂入输料管的物料颗粒初速度低或者基本接近于零，而正常的管道物料输送气流速度需要在 16~20m/s，因而物料喂入管道之后，物料与空气都有一个启动、加速的过程。而物料的启动、加速过程需要较高的能量，同时由于在该段空气与物料颗粒之间的相互作用引起的能量损失也较大，因而，在该段两相流的压损随气流速度的增加而急剧增加。

2. 物料的间断悬浮段（图 5-15 中的 b~c 段）

这一阶段表明，物料粒子由加速运动向悬浮运动过度。颗粒本身的速度增大，从而使颗粒与颗粒之间、颗粒与管道内壁之间的碰撞、摩擦等引起的能量损失减少，这一能量损失的减小值超过了因使颗粒增速所引起的空气流动能量损失增大的程度，使得该段两相流的总压损随流速的增加而减小。

当流速增加到 v_c 时，物料颗粒达到完全悬浮状态，压损最小。

3. 物料的完全悬浮输送段（图 5-15 中的 c~d 段）

压损曲线的 c~d 段表示物料颗粒完全处于悬浮状态，并被正常输送。在本阶段，物料颗粒均匀地悬浮在整个管道断面，压损随流速的增大而增大，而且，此时的压损曲线增大趋势与纯空气单相流的压损曲线基本一致。

两相流的压力损失除与输送气流速度有关外，还与物料的性质有关。容重大、具有尖角的不规则颗粒，压损也大。

对于容重和表面粗糙度大致相同的物料，其粒度分布越广，压损也就越大。颗粒大小不一时，其速度、碰撞次数、加速度等运动情况不一样。小粒径颗粒比大粒径颗粒更容易加速，所以，从后面追上来的小颗粒就更多，并且小粒径颗粒容易追过大粒径颗粒并和大粒径颗粒碰撞。颗粒碰撞会损失一部分颗粒的动能，另外，大粒径颗粒后产生的旋涡也有可能将小粒径颗粒卷入，因此造成颗粒运动更为不规则，使压力损失增大。

工作任务　　　　颗粒状物料悬浮速度测定

▍任务要求

1. 熟悉颗粒悬浮速度的影响因素。
2. 掌握颗粒物料悬浮速度测定方法。
3. 培养实事求是的职业精神、严谨的科学态度，树立劳动意识，树立安全用电、安全生产意识。

▍任务描述

根据工作需求，按照企业悬浮速度测定装置操作规程，独立或协同其他人员，在规定时间内对颗粒状物料实施相应的测定，记录结果；将测定记过反馈给相关部门，工作过程中遵循现场工作管理规范。

▍任务实施

一、认知、熟悉颗粒状物料悬浮速度测定装置

颗粒状物料悬浮速度测定装置示意图如图 5-16 所示。

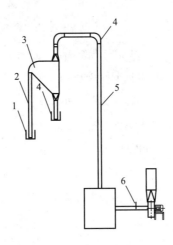

1—盛料盒　2—悬浮管　3—卸料器　4—收集盒　5—测压管　6—调节阀
图 5-16　颗粒状物料悬浮速度测定装置示意图

二、实施步骤

1. 关闭风机进口风阀，启动电机。
2. 先把所测物料放在底部为多孔板的盛料盒内，将盛料盒固定到吸气管口上。
3. 逐渐开启调节阀，在调节风阀的同时观看物料的运动状态。
4. 当物料在吸气管段内呈悬浮状态时，保持风阀位置不动，记录测压计的读数。
5. 计算所测颗粒物料的悬浮速度。
6. 重复 2~5 步骤两次，求出平均值，即为该物料的悬浮速度。

三、数据处理

项目	小麦			玉米			大米			大豆		
	1	2	3	1	2	3	1	2	3	1	2	3
动压/Pa												
悬浮速度/（m/s）												

■ 任务评价

评价项目	评价内容	分值	得分
准备工作	管道、管道连接处的密封性检查	5	
	物料杂质去除	5	
	风机启动规范	10	
测定过程	风门调节操作规范	15	
	毕托管、U 形管压力计使用标准、规范	15	
	悬浮状态判断正确	15	
数据处理	原始记录填写正确、规范	10	
	测定结果计算正确、规范	10	
职业素养	严谨的科学态度	5	
	实事求是的职业精神	5	
	安全生产意识	5	
	总得分		

习　题

一、填空题

1. 气力输送也被称为_____，它是利用_____和_____的气流使粉、粒状物料在管道中沿指定线路运动的一种输送方式。

2. 气力输送装置按料、气两相流的流量比和料、气两相流的力学特征可分为三大类，即_____、_____和_____。粮食加工企业气力输送装置按空气在管道中的压力状态可分为两大类，即_____和_____。

3. 在水平输料管道中，物料所受的悬浮力有_____。

4. 在水平输料管道中物料颗粒整体受管道内气流速度大小的影响，呈现_____、_____、_____、_____、_____六种运动状态。

5. 影响气力输送网路设计的因素有_____、_____、_____、_____和_____等。

二、简答题

1. 简述气力输送及其特点。

2. 简述气力输送的类型及其特点。

3. 简述气力输送系统的构成及每部分的作用。

4. 简述悬浮式气力输送的基本原理。

5. 物料的沉降速度和悬浮速度有什么联系与区别？

6. 接料器在气力输送装置中有什么作用？设计制作时应考虑哪些因素？

7. 输料管的连接形式有哪些？其磨损的原因是什么？有哪些预防措施？

8. 卸料器在气力输送装置中的作用是什么？在设计制作时应考虑哪些因素？

9. 常用的闭风器有哪几种？各在什么情况下使用？

模块六

气力输送系统设计计算和运行管理

学习目标

知识目标

1. 了解气力输送风网设计的目的和依据。
2. 熟悉悬浮式气力的主要参数及其确定方法。
3. 熟悉气力输送风网设计和压损计算步骤、方法。
4. 熟悉气力输送风网试车和调整的方法。
5. 掌握气力输送风网测试方法。
6. 熟悉气力输送风网的操作管理。

技能目标

1. 能根设计依据正确进行气力输送设计和计算。
2. 能通过系统的阻力计算，选择合适的输料管输送风速；计算出输料管的管径；选出合适的卸料器、除尘器、风机。
3. 能进行气力输送风网试车和调整。
4. 能进行气力输送风网测试。
5. 能对气力输送风网常见故障进行分析和处理。

素质目标

1. 通过气力输送系统设计计算，培养一丝不苟的工匠精神。
2. 通过输送系统运行管理，培养分析和解决工程实际问题的实践本领。

模块导学

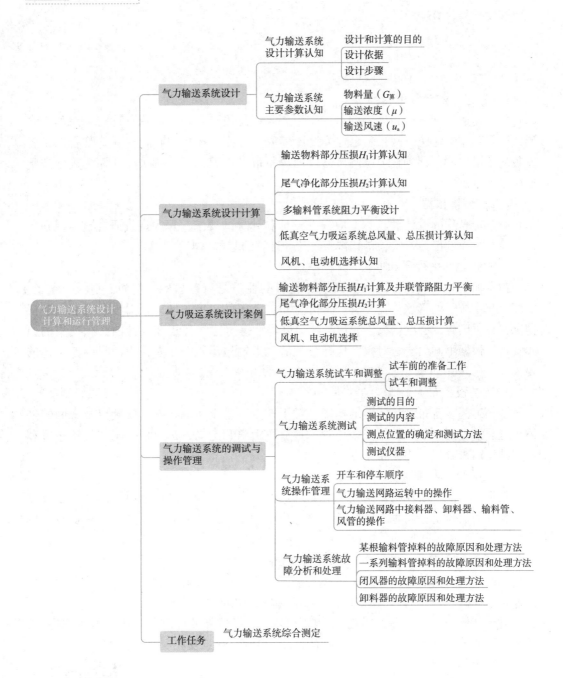

知识点一

气力输送系统设计

一、气力输送系统设计计算认知

（一）设计和计算的目的

气力输送风网设计和计算的目的，主要是根据设计任务的要求，确定网路的组合形式，合理布置输送管网；确定有关设计参数，计算、选择和确定输料管管径以及各设备的规格尺寸，计算整个风网所需要的风量以及网路的压力损失，从而正确地选配通风机和电机。

（二）设计依据

要进行合理的设计和计算，应根据设计和计算的要求，深入调查研究，掌握并分析下述几方面的原始资料，将其作为设计和计算的基本依据。

1. 输送物料的性质和形状

粮食加工企业气力输送装置所输送物料的性质是有差异的。例如，物料的粒径、粒度分布；粒子的形状、流动性、水分含量；粒子的重度、硬度及对设备可能的磨损情况；粒子破碎的程度；粒子的带电性、易爆性等。这些都是在设计前必须搜集的原始资料，根据不同的输送对象，选择合适的气力输送形式与设备，以满足生产工艺的要求。

2. 工艺设备布置和厂房结构图

了解工艺设备布置和厂房结构图，对于气力输送设备的选择、安装以及管网的整体布置非常重要。各设备的安装位置、管道的距离和走向，都应根据工艺设备布置和厂房结构图来分析、比较和确定。

3. 工艺流程和输送量

根据工艺流程以及工艺流程中所确定的各工序的流量，确定输料管的数量以及每根输料管的输送量；同时，通过对各输料管输送物料的性质和数量进行分析比较，也能合理组合气力输送风网，选择比较适宜的输送浓度。

4. 了解所需要采用的气力输送设备的规格和性能

在设计气力输送装置时，往往首先需要确定设备，这就要求我们对本装置所采用的设备的规格、性能进行详细的调查研究，以便更好地进行风网设计。

对于其他一些影响气力输送设计的因素，也有必要进行研究，如技术经济指标、环境保护要求、操作管理条件、技术措施的可能性、远景发展规划等。

（三）设计步骤

在进行面粉厂气力输送系统的设计时，应首先根据生产工艺或者向生产工艺的设计者了解有关物料输送的各种信息、要求和条件等，然后在综合各种条件、工艺要求后，进行气力输送系统的设计计算。气力输送系统的设计步骤归纳如下。

气力输送系统设计微课

（1）根据气力输送系统的要求和特点，选择风网的装置形式并进行管网配置。

（2）绘制气力输送风网的计算草图。

（3）确定各工作参数。

（4）进行风网的设计计算。

（5）选择通风机，配备电机。

二、气力输送系统主要参数认知

气力输送系统的主要参数指计算物料量、输送浓度和输送风速等。这些参数的合理选择和确定，对气力输送装置的设计计算、是否经济、运行是否可靠等方面具有重要意义。

（一）物料量（$G_{算}$）

输送产量是气力输送的一个重要参数，在进行气力输送的设计计算时，必须考虑气力输送装置运行中产量的波动性。计算物料量就是在按工艺要求计算的平均输送产量基础上再增加一定的余量而得到的。即

$$G_{算} = \alpha G \tag{6-1}$$

式中　$G_{算}$——计算物料量，t/h；

　　　G——输料管的实际平均产量，t/h；

　　　α——安全系数，$\alpha = 1.0 \sim 1.2$。

安全系数是考虑工艺、操作以及物料等因素变化可能引起输送量变化而在实际输送量基础上又增加了0~20%余量的一个系数。如果单纯追求安全输送而选取较大的安全系数，将会造成设备庞大、增加投资和动力消耗的提高。

面粉厂气力输送的产量波动系数一般为1.05~1.2，输料管输送产量越稳定，波动系数越小。如果在设计制粉工艺时，输料管的实际平均产量的确定已经考虑了产量的波动性，则在气力输送计算时，可取 $\alpha = 1$。面粉厂气力输送产量波动系数参考值见表6-1。

表6-1　　　　　　　　　　　面粉厂气力输送产量波动系数

物料名称	小麦输送	1皮	2皮	3皮、4皮	心磨、渣磨	面粉
α	1.1~1.2	1.0~1.05	1.1~1.15	1.2	1.15~1.2	1.1

（二）输送浓度（μ）

输送浓度指单位时间内通过输料管有效断面的物料的质量与空气质量的比值，也表示输料管内1kg空气能够输送多少千克的物料，用 μ 表示。

输送浓度可按下式进行计算：

$$\mu = \frac{G_{物}}{G_{气}} = \frac{G_{物}}{\gamma Q} \tag{6-2}$$

式中　$G_{物}$——单位时间内所输送物料的质量，kg/h；

　　　$G_{气}$——单位时间内通过输料管某截面的空气量，kg/h；

γ——空气的密度，kg/m^3；

Q——空气的流量，m^3/h。

输送浓度大，表明单位质量空气输送更多的物料，有利于增大输送能力。这时压力损失将增加，但所需的空气量将减小，因而输送所需的功率也将减少。同时，输料管管径、分离器、除尘器设备等的尺寸也会减小。但是输送浓度选取的过大，易造成输料管物料输送不稳定，容易发生堵塞、掉料等现象。

输送浓度的选取取决于气力输送装置的类型、输料管的布置、物料的性质和风机的类型等。在面粉厂制粉车间，气力吸运输送装置的输送浓度一般在 4.5kg/kg 以下。

（三）输送风速（u_a）

输送风速指输料管内的气流速度，是气力输送装置设计计算的重要参数。根据悬浮速度（u_f）的定义，只要气流速度大于物料的悬浮速度，该物料就会被气流带走实现气力输送，但实际生产中由于各种因素影响，气力输送的气流速度比悬浮速度大得多。输送风速和悬浮速度的关系见表6-2。

表6-2   输送风速和悬浮速度的关系

输送物料状况	输送风速/（m/s）
松散物料在垂直管道中	$u_a \geqslant (1.3\sim2.5)\ u_f$
松散物料在水平管道中	$u_a \geqslant (1.5\sim2.5)\ u_f$
有弯头的垂直或倾斜管道中	$u_a \geqslant (2.4\sim4.0)\ u_f$
黏性物料	$u_a \geqslant (5\sim10)\ u_f$
管路复杂	$u_a \geqslant (2.6\sim5.0)\ u_f$

在进行气力输送设计计算时，输送风速的选择往往由经验确定。通常，对于粒度均匀物料，输送风速为其悬浮速度的 1.5~2.5 倍；对于粒度分布不均匀的物料，以粒度分布中所占比例最大的物料悬浮速度为准选取输送风速；对于粉状物料，为避免黏结管道和发生管道堵塞，输送风速取 5~10 倍的悬浮速度。对于粮食加工厂的常见物料，一般输送风速 $u_a \geqslant 18m/s$。

输送风速是否合适关系到气力输送系统的性能好坏和经济性能高低。输送风速过低易造成输送产量低而且输送不稳定、不安全，如脉动输送、掉料甚至堵塞管道等；输送风速越高越有利于物料的输送，但是输送风速过高，反而会使流动阻力增加过快，能耗增大，而且管道磨损快、破碎率高，输送产量也会下降。

知识点二

气力输送系统设计计算

气力输送系统压损（阻力）计算的目的，就是通过系统的阻力计算，选择出合适的输料管输送风速，计算出输料管的管径，选出合适的卸料器、除尘器、风机以及辅助构件等。

气力吸运输送装置根据系统内工作压力的高低分为低真空气力输送（工作压强小于 $9.8×10^3$ Pa）和高真空气力输送（工作压强为 $9.8×10^3 \sim 4.9×10^4$ Pa）两种。

低真空气力输送系统中空气的压强变化小，密度变化不大，因此在工程计算中常将低真空气力输送系统中的空气按不可压缩空气计算。粮食加工厂的负压气力输送多属于低真空气力输送系统，本书以气力输送压损计算为例进行讲解。

在气力输送系统中，从空气携带物料进入输料管到卸料器为止的部分，是直接用于输送物料的管网部分，这部分的压力损失称为输送物料部分压损；卸料器之后的管网，物料已被卸料器卸掉，主要是通风管道和除尘器等辅助部分，这部分的压力损失称为尾气净化部分压损。所以，气力吸运系统的总压损为

$$\sum H = H_1 + H_2 \qquad\qquad (6-3)$$

式中　$\sum H$——气力吸运系统总压损；

　　　H_1——输送物料部分压损；

　　　H_2——尾气净化部分压损。

低真空气力输送系统即面粉厂负压气力输送系统的压损计算，一般通过分别计算输送物料部分压损 H_1 和尾气净化部分压损 H_2 再求和而得到总压损。

一、输送物料部分压损 H_1 计算认知

输送物料部分压损由以下八部分构成。

1. 干洁空气工艺设备压损（$H_{机}$）

$$H_{机} = 9.81 \varepsilon Q^2 \text{（Pa）} \qquad\qquad (6-4)$$

式中　ε——工艺设备的吸风阻力系数；

　　　Q——通过工艺设备的风量，m^3/s。

面粉厂负压气力输送中，工艺设备压损即磨粉机压损。工艺设备通过的风量较少时，此项压损可估计或忽略不计。

2. 接料器压损（$H_{接}$）

$$H_{接} = \zeta \frac{u_a^2}{2g} \gamma_a \text{（Pa）} \qquad\qquad (6-5)$$

式中　ζ——接料器阻力系数；

　　　γ_a——空气重度，N/m^3；

　　　u_a——输料管中的空气速度，m/s，一般在 $18 \sim 25 m/s$ 之间选取。

3. 加速物料压损（$H_{加}$）

物料通过接料器之后，具有较低的初速度，物料被气流加速到正常输送速度的压损即加速物料压损。

$$H_{加} = 9.81 i G_{算} \text{（Pa）} \qquad\qquad (6-6)$$

式中　i——加速每吨物料的压损，$kg/(m^2 \cdot t)$，见附录十二气力输送计算表；

　　　$G_{算}$——计算物料量，t/h。

加速每吨物料的压损 i 值与物料的性质有关。如小麦加工中物料的性质可分为三种：谷物原粮、粗物料和细物料。谷物原粮指还未加工过的粮食，如小麦、稻谷等；粗物料

指小麦制粉中的 1 皮、2 皮和 1 芯等物料；细物料为谷物原粮和粗物料以外的物料。

计算物料量一般由输料管内的实际产量增加一定的余量计算得出。

4. 提升压损（$H_{升}$）

$$H_{升} = \gamma_a \mu S \text{（Pa）} \tag{6-7}$$

式中　μ——输送浓度，kg/kg；

　　　S——物料在输料管中垂直提升的高度，m；

　　　γ_a——空气重度，N/m^3。

输送浓度指输料管内 1kg 的空气所输送的物料量（kg）。一般根据经验选取，面粉厂负压气力输送中，输送浓度一般小于 4.5kg/kg。

5. 摩擦压损（$H_{摩}$）

$$H_{摩} = 9.81 RL \left(1 + K\mu\right) \text{（Pa）} \tag{6-8}$$

式中　R——纯空气通过每米管道的摩擦阻力，（kg/m^2）/m，见附录十二；

　　　L——输料管的长度，包括弯头的展开长度，m；

　　　K——阻力系数，K 值与物料的性质有关，见附录十二。

6. 弯头压损（$H_{弯}$）

$$H_{弯} = \zeta_{弯} \frac{u_a^2}{2g} \gamma_a (1 + \mu) \text{（Pa）} \tag{6-9}$$

式中　$\zeta_{弯}$——纯空气通过弯头的局部阻力系数，见附录二。

7. 恢复压损（$H_{复}$）

物料和空气的混合物经过弯头时，由于和弯头的碰撞、摩擦会损失了一部分能量，为了保证物料在弯头之后仍能正常输送，物料和空气的混合物经过弯头之后仍需要加速，从而使物料的运动速度恢复到弯头前的运动状态。

当物料通过弯头其运动方向是由垂直向上转水平时，恢复压损为

$$H_{复} = C\Delta H_{加} \text{（Pa）} \tag{6-10}$$

式中　C——弯头后水平管长度系数，见表 6-3；

　　　Δ——输送量系数，见表 6-4。

表 6-3　　　　　　　　　　　　弯头后水平管长度系数 C 值

弯头后水平管长度/m	1	2	3	4	5
C	0.7	1	1.25	1.4	1.5

表 6-4　　　　　　　　　　　　　　输送量系数 Δ 值

输送量（t/h）	0.5 以下	1.0 以下	2.0 以下	3.0 以下	5.0 以下	5.0 以上
Δ	0.5	0.35	0.25	0.15	0.1	0.07

当物料通过弯头其运动方向是由水平转垂直向上时，恢复压损为

$$H_{复} = 2\Delta H_{加} \text{（Pa）} \tag{6-11}$$

8. 卸料器压损（$H_{卸}$）

卸料器压损的一般计算表达式为

$$H_卸 = \zeta_卸 \frac{u_j^2}{2g} \gamma_a \ (\mathrm{Pa}) \tag{6-12}$$

式中　$\zeta_卸$——卸料器阻力系数；

　　　u_j——卸料器进口风速，m/s。

对于离心式卸料器，其进口风速一般在 $10 \sim 18\mathrm{m/s}$ 之间选取。输料管风量即所连接卸料器的风量，根据卸料器进口风速和风量查阅附录八离心式卸料器即可查出卸料器的型号规格和阻力。

所以，输送物料部分压损 H_1 为：

$$H_1 = H_机 + H_接 + H_加 + H_升 + H_摩 + H_弯 + H_复 + H_卸 \tag{6-13}$$

二、尾气净化部分压损 H_2 计算认知

输料管中物料和空气的混合物经过卸料器后，物料从气流中分离出来，由于卸料器的分离效率达不到100%，所以卸过物料之后的空气中仍含有一定浓度的微细粒径物料或粉尘。把气力输送装置中卸过物料之后的管网称为尾气净化部分。尾气净化部分一般由汇集风管、通风连接管道和除尘器等三部分构成，因而尾气净化部分压损 H_2 为：

$$H_2 = H_汇 + H_管 + H_除 \tag{6-14}$$

式中　$H_汇$——汇集风管的压损，参照本书有关汇集风管内容进行阻力计算；

　　　$H_管$——连接管道的压损，按照除尘风网阻力计算方法计算；

　　　$H_除$——除尘器的压损，按照选择的除尘器确定其压损。

1. 按照除尘风网阻力计算的方法计算 H_2

（1）汇集风管的压损计算　汇集风管主要用于各个卸料器排放尾气的收集，对于圆锥形汇集风管，压损按下式计算：

$$H_汇 = 2R_大 L \tag{6-15}$$

式中　$R_大$——对应于大头直径和气流速度下的单位摩擦压损，可由附录二查出；

　　　L——圆锥形汇集风管的长度。

汇集风管大头端管内风量即连接到汇集风管上的所有卸料器排风管的风量之和，如果不考虑卸料器排料口的漏风，也等于所有输料管风量之和。

对于阶梯形汇集风管，即由多段直长管道和多个三通（或四通）构成，可按照直管段的沿程摩擦阻力和局部构件的局部损失分别计算求得。即

$$H_汇 = \sum H_m + \sum H_j \tag{6-16}$$

式中　$\sum H_m$——阶梯形汇集风管中，直管道沿程摩擦阻力的总和；

　　　$\sum H_j$——阶梯形汇集风管中，局部构件局部损失的总和。

（2）连接管道的压损计算　连接管道一般由直管道、弯头、变形管等构成，用于连接汇集风管、风机、除尘器等。压损计算方法同阶梯形汇集风管的压损计算。

（3）除尘器的压损计算　除尘器的处理风量即连接管道的风量，一般根据处理风量等主要参数选择除尘器。除尘器的压损可由所选择除尘器的性能参数查得或按局部阻力公式计算而得到。如本书附录九脉冲除尘器中，TBLM 型脉冲除尘器的阻力为 1470Pa。

2. 估算

在气力输送装置中，汇集风管和连接管道的压损占系统总压损的比例很低，也可估算。估算时，近似取 $300 \sim 500 \text{N/m}^2$。

三、多输料管系统阻力平衡设计

对于由多根输料管组成的气力输送网路，各输料管处于并联状态，和通风除尘的集中风网一样，各输料管间也必须进行阻力平衡，否则，由于自动平衡的原理，会导致设计阻力较大的管路风速降低，从而发生掉料或堵塞现象。

对于气力输送网路，设计时应使每根输料管输送物料的压力损失尽量相等，当两输料管间的物料压损的不平衡率低于 5% 时，基本上可以认为输料管压损处于平衡状态。经卸料器卸掉物料后，辅助系统的压力损失可近似地认为相等。

压力平衡的方法有：改变输料管的直径，调整输料管内的输送风速；在压力相差不大时，通过改变卸料器的大小来实现压力平衡。一般认为，通过改变输料管的直径以求压力平衡是最为经济有效的。

在实际的设计与计算中，要通过反复试算来求得两输料管间的压力平衡是非常麻烦的。

在实际生产中，各个卸料器排风口到汇集管之间的风管上都必须安装调节阀，以便生产中能根据实际情况进行调整。

四、低真空气力吸运系统总风量、总压损计算认知

低真空气力吸运系统总风量为每根输料管风量之和。即

$$\sum Q = Q_1 + Q_2 + \cdots\cdots + Q_n \tag{6-17}$$

式中　$\sum Q$——低真空气力吸运系统总风量；

　　　Q_1——第 1 根输料管风量；

　　　Q_n——第 n 根输料管风量。

低真空气力吸运系统总压损为输送物料部分压损和尾气净化部分压损之和。即

$$\sum H = H_1 + H_2 \tag{6-18}$$

式中　$\sum H$——低真空气力吸运系统总压损；

　　　H_1——输送物料部分压损；

　　　H_2——尾气净化部分压损。

五、风机、电动机选择认知

计算风机参数：

$$H_{风机} = (1.0 \sim 1.2) \sum H \tag{6-19}$$

$$Q_{风机} = (1.0 \sim 1.2) \sum Q \tag{6-20}$$

由风机参数 $H_{风机}$ 和 $Q_{风机}$ 查阅风机性能曲线或者性能表格，选择适合气力输送装置要求的风机、电动机。

知识点三

气力吸运系统设计案例

以小麦加工粉间气力输送风网为例。某面粉厂加工粉间，采用气力吸运提升物料，表6-5为经过设计步骤得到的某面粉厂粉间其中一组气力吸运风网的已知条件，图6-1为风网轴测图。

表6-5　　　　　　　　　　　粉间气力输送风网已知条件

输料管号	物料性质	实际产量/（t/h）	α	计算物料量/（t/h）	提升高度 S/m	输料管长度 L/m	备注
No. 1	粗	3.4	1.06	3.6	18	21	
No. 2	粗	3.4	1.06	3.6	18	21	
No. 3	粗	2.85	1.05	3.0	18	21	
No. 4	粗	2.85	1.05	3.0	18	21	1. 诱导式接料器
No. 5	粗	2.05	1.05	2.15	18	21	2. 下旋55型卸料器
No. 6	粗	2.05	1.05	2.15	18	21	3. 输料管上弯头曲率半径
No. 7	粗	1.7	1.05	1.785	18	21	均取 $R=10D$；弯头后水平
No. 8	粗	1.7	1.05	1.785	18	21	管长度为2m
No. 9	粗	1.7	1.05	1.785	18	21	
No. 10	粗	1.7	1.05	1.785	18	21	

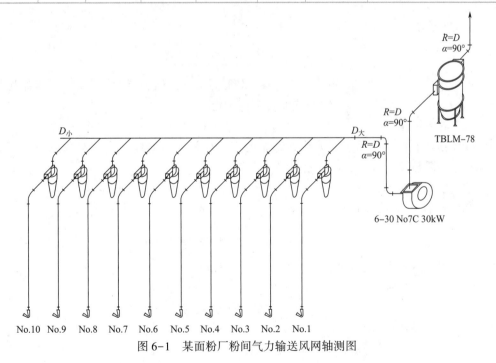

图6-1　某面粉厂粉间气力输送风网轴测图

由表 6-5 和图 6-1 可知，此组气力输送风网共有 10 根输料管，其中部分输料管的输送产量是相同的。在压损计算时，输送产量、输料管长度、输送高度相同的输料管，其输送物料部分压损 H_1 的计算只计算一次即可。本题中，No. 1、No. 2 输料管，No. 3、No. 4 输料管，No. 5、No. 6、No. 7、No. 8 输料管和 No. 9、No. 10 输料管基本参数相同，因此输送物料部分压损计算四次即可，并保证每次计算的压损阻力平衡。

一、输送物料部分压损 H_1 计算及并联管路阻力平衡

1. No. 1、No. 2 输料管

（1）主要参数的确定

①计算物料量：$G_算 = 3.6\text{t/h}$。

②选输送风速：$u_a = 21\text{m/s}$。

③选取输送浓度：$\mu = 2.6\text{kg/kg}$。

④计算输料管管径 D：根据计算物料量 $G_算$ 和输送浓度 μ，计算输料管风量 Q。

$$\mu = \frac{M_s}{M_a} = \frac{M_s}{Q\rho_a}$$

$$Q = \frac{M_s}{\rho_a \mu} = \frac{3600}{1.2 \times 2.6} = 1154 \ (\text{m}^3/\text{h})$$

式中　$M_s = G_算 \times 1000 = 3.6 \times 1000 = 3600\text{kg/h}$。

查阅附录十二气力输送计算表可知，输送风速 $u_a = 21\text{m/s}$ 时，只有风量 $Q = 1163\text{m}^3/\text{h}$ 最接近计算风量，所以选择：

$D = 140\text{mm}$，$R = 3.24 \ (\text{kg/m}^2) \ /\text{m}$，$K_粗 = 0.418$，$i_{谷粗} = 35.0 \ (\text{kg/m}^2) \ /\text{t}$，$H_d = 27.0 \times 9.81\text{Pa}$。

因此，真实浓度：

$$\mu = \frac{M_s}{\rho_a Q} = \frac{3600}{1.2 \times 1163} = 2.58 \ (\text{kg/kg})$$

通过本部分的计算，输料管的主要参数如管径 D（一般为整数，即以 0 或 5 结尾的数）、输送风速 u_a、风量 Q、输送浓度 μ 等都确定下来。

（2）阻力计算

①磨粉机压损（$H_磨$）：因为输料管中的部分风量来自磨粉机，而且这部分风量对磨粉机起着除湿降温作用，所以首先计算磨粉机压损。

本例题采用估算的方法确定，取 $H_磨 = 80\text{N/m}^2$。

②接料器压损（$H_接$）：

$$H_接 = \zeta \frac{u_a^2}{2g} \gamma_a = 0.7 \times 27.0 \times 9.81 = 185.4 \ (\text{N/m}^2)$$

式中　诱导式接料器阻力系数 $\zeta = 0.7$。

③加速物料压损（$H_加$）：

$$H_加 = 9.81 i G_算 = 9.81 \times 35.0 \times 3.6 = 1236.1 \ (\text{N/m}^2)$$

④提升物料压损（$H_升$）：

$$H_升 = \gamma_a \mu S = 11.77 \times 2.58 \times 18 = 546.6 \ (\text{N/m}^2)$$

式中没有特别说明，按通风工程上的标准空气计算，空气重度 $\gamma_a = 11.77\text{N/m}^3$。

⑤摩擦压损（$H_{摩}$）：

$$H_{摩} = 9.81RL\ (1+K_{粗}\mu) = 9.81\times3.24\times21\times\ (1+0.418\times2.58) = 1387.3\ (\text{N/m}^2)$$

⑥弯头压损（$H_{弯}$）：

$$H_{弯} = \zeta_{弯}\frac{u_a^2}{2g}\gamma_a\ (1+\mu) = 0.066\times27.0\times9.81\ (1+2.58) = 62.6\ (\text{N/m}^2)$$

式中　弯头曲率半径 $R = 10D$，转角 $\alpha = 90°$，根据附录二，阻力系数 $\zeta_{弯} = 0.066$。

⑦恢复压损（$H_{复}$）：

$$H_{复} = C\Delta H_{加} = 1\times0.1\times1236.1 = 123.6\ (\text{N/m}^2)$$

式中根据表6-3和表6-4得，$C=1$，$\Delta = 0.1$。

⑧卸料器压损（$H_{卸}$）：选择下旋55型离心式卸料器。

卸料器的处理风量即为与之连接的输料管中的风量，所以 $Q_{处} = 1163\text{m}^3/\text{h}$，根据附录八，选取卸料器筒体直径 $D = 500\text{mm}$。

则插入法计算进口风速：

$$u_j = 12+\frac{13-12}{1184-1093}\ (1163-1093) = 12.8\text{m/s}$$

卸料器压损：

$$\Delta H = 50+\frac{59-50}{1184-1093}\ (1163-1093) = 56.9\text{kg/m}^2$$

即：$H_{卸} = 56.9\times9.81 = 558.2\ (\text{N/m}^2)$

离心式卸料器型号规格由处理风量和进口风速根据附录八离心卸料器（除尘器）性能表选出。离心式卸料器进口风速一般为 $10\sim18\text{m/s}$，由经验确定。为了使计算的卸料器规格即筒体直径为整数（以0或5结尾的数），根据处理风量，常常先选择合适的卸料器直径来计算其他参数。

卸料器的进口风速往往不等于输料管的输送风速。输料管需要较高的风速来输送物料，而卸料器不需要较高的进口风速。虽然离心式卸料器进口风速越高卸料效率也越高，但随之而来的是压损增加的更大。

卸料器的压损也可以根据阻力系数、进口风速等参数按照局部阻力的计算表达式计算。

所以，No.1、No.2输料管输送物料部分压损 H_1 为：

$$H_1 = H_{磨}+H_{接}+H_{加}+H_{升}+H_{摩}+H_{弯}+H_{复}+H_{卸}$$
$$= 80+185.4+1236.1+546.6+1387.3+62.6+123.6+558.2 = 4179.6\ (\text{Pa})$$

2. No.3、No.4输料管

（1）主要参数的确定　方法同上，略。

（2）输送物料压损 H_1 的计算　方法同上，略。

所以，No.3、No.4输料管输送物料部分压损 H_1 为：

$$H_1 = H_{磨}+H_{接}+H_{加}+H_{升}+H_{摩}+H_{弯}+H_{复}+H_{卸} = 4141.0\ (\text{Pa})$$

与 No.1、No.2输料管的输送物料部分压损 H_1 进行阻力平衡的判断：

$$\frac{4179.6-4141}{4141}\times100\% = 0.9\%$$

不平衡率不大于 5%，所以，阻力平衡。

如果计算结果大于 5%，则可以通过调整输送浓度或输送风速等参数对本次计算的 No.3、No.4 输料管输送物料部分压损进行调，直至阻力平衡为止。

3. No.5、No.6 输料管

主要参数的确定：方法同上，略。

所以，No.5、No.6 输料管输送物料部分压损 H_1 为：

$$H_1 = 4266.0 \, (\text{Pa})$$

4. No.7、No.8、No.9、No.10 输料管

主要参数的确定：方法同上，略。

所以，No.7、No.8、No.9、No.10 输料管输送物料部分压损 H_1 为：

$$H_1 = 4170.0 \, (\text{Pa})$$

10 根输料管的输送物料压损 H_1 不平衡率均低于 5%，阻力平衡。

二、尾气净化部分压损 H_2 计算

尾气净化部分即气力输送系统中卸料器之后的管网，这部分的压损计算按照纯空气的压损计算方法计算，即分别计算直长管道的沿程摩擦阻力和局部构件的局部阻力再求和而得。

1. 汇集风管的阻力计算

汇集风管小头端风量即第 10 根输料管的风量：

$$Q_\text{小} = Q_{10} = 654 \text{m}^3/\text{h}$$

选取汇集风管小头端风速 $u_\text{小} = 13.7 \text{m/s}$，则 $D_\text{小} = 130 \text{mm}$。

汇集风管大头端的风量为 10 根输料管风量之和，即

$$Q_\text{大} = \sum Q = Q_1 + Q_2 + \cdots\cdots + Q_{10} = 8384 \text{m}^3/\text{h}$$

选取汇集风管大头端风速 $u_\text{大} = 15.3 \text{m/s}$，查附录一第二部分单位摩阻表示的阻力计算表格有：

$$D_\text{大} = 440 \text{mm}, \quad R = 0.48 \times 9.81 = 4.71 \, (\text{N/m}^2) \, /\text{m}, \quad H_\text{d} = 140.4 \text{N/m}^2$$

所以，汇集风管压损为：

$$H_\text{汇} = 2R_\text{大} L = 2 \times 4.71 \times 12.3 = 116 \, (\text{N/m}^2)$$

式中　汇集风管长度 $L = 12.3 \text{m}$。

2. 进风机连接管的阻力计算

进风机连接管中风量 $Q = 8384 \text{m}^3/\text{h}$，选风速 $u_\text{a} = 15.3 \text{m/s}$，则

$$D = 440 \text{mm}, \quad R = 0.48 \times 9.81 = 4.71 \, (\text{N/m}^2) \, /\text{m}$$

所以，直管道的沿程摩擦阻力为：

$$H_\text{m} = RL = 4.71 \times 3.8 = 17.9 \, (\text{N/m}^2)$$

式中　进风机连接管长度 $L = 3.8 \text{m}$。

局部构件弯头：$R = D$，$\alpha = 90°$，查附录二得，$\zeta = 0.23$。

两个弯头的局部阻力为：

$$H_\text{j} = \zeta \times \frac{u_\text{a}^2}{2g} \gamma_\text{a} = 2 \times 0.23 \times 140.4 = 64.5 \, (\text{N/m}^2)$$

所以，此段风管总阻力：17.9+64.5=82.4（N/m²）

3. 风机与除尘器之间的连接管的阻力计算

管道风量 $Q=8384\text{m}^3/\text{h}$，选取风速 $u_a=15.3\text{m/s}$，则 $D=440\text{mm}$，$R=0.48\times9.81=$ 4.71（N/m²）/m，所以摩阻为：

$$H_m=RL=4.71\times（1.2+2.0）=15.1（N/m^2）$$

式中　垂直管长度1.2m，水平长度2m，即直长管道总长度 $L=1.2+2.0=3.2\text{m}$。

弯头：$R=D$，$\alpha=90°$，查附录二得 $\zeta=0.23$。所以局部阻力为：

$$H_j=\zeta\times\frac{u_a^2}{2g}\gamma_a=0.23\times140.4=32.3（N/m^2）$$

所以，此段风管总阻力：15.1+32.3=47.4（N/m²）

4. 除尘器阻力

因为和除尘器连接的管道内风量为 $\sum Q=8384\text{m}^3/\text{h}$，所以，除尘器处理风量 $Q_\text{处}=$ $8384\text{m}^3/\text{h}$。选择 TBLM-78 I 型低压脉冲除尘器，根据附录九低压脉冲除尘器性能表，得到布袋除尘器的主要参数：

处理风量：$3438\sim17190\text{m}^3/\text{h}$，滤袋长度 $L=2\text{m}$，过滤面积 $A_\text{过}=57.5\text{m}^2$，阻力 $H_\text{除}=$ 1470N/m^2。

计算所选择脉冲除尘器的过滤风速：

$$u_\text{过}=\frac{Q_\text{处}}{A_\text{过}}=\frac{8384}{60\times57.5}=2.43（m/min）$$

过滤风速是脉冲除尘器的一项重要参数，单位用 m/min 表示。脉冲除尘器的过滤风速是指气流穿过滤布的速度，实质上是单位面积滤布、单位时间的处理风量即单位负荷［单位为 $\text{m}^3/(\text{h}\cdot\text{m}^2)$ ］。

选择较高数值的过滤风速，意味着单位面积滤布、单位时间的能够处理更多的风量，可以节省滤布、降低除尘器成本，而且除尘器也有较小的体积，但单位面积滤布、单位时间处理的风量高，要求布袋的清灰更频繁，首先对布袋的清灰系统有更高的要求、同时也加快了布袋的磨损。

一般要求脉冲除尘器的过滤风速 $u_\text{过}\leqslant4\text{m/min}$。本题中 $u_\text{过}=2.43\text{m/min}$，满足要求。如果所选择的脉冲除尘器滤布过滤风速较高，可通过增大除尘器规格来调整。如本题中比 TBLM-78 I 型低压脉冲除尘器大一规格的除尘器为 TBLM-104 I 型低压脉冲除尘器，仍取滤袋长度 $L=2\text{m}$，则过滤面积 $A_\text{过}=76.5\text{m}^2$，过滤风速为 $u_\text{过}=1.83\text{m/min}$。

5. 除尘器排风管的阻力计算

除尘器处理风量为 $8384\text{m}^3/\text{h}$，所以管道的风量即 $8384\text{m}^3/\text{h}$。

$Q=8384\text{m}^3/\text{h}$，选风速 $u_a=12.9\text{m}^3/\text{h}$，查附录一得：

$$D=480\text{mm}，R=3.09（N/m^2）/m，H_d=99.85\text{N/m}^2$$

所以，沿程摩擦阻力：

$$H_m=R\times L=3.09\times3.5=10.8（N/m^2）$$

式中　直长管道长度 $L=3.5\text{m}$。

弯头：$R=D$，$\alpha=90°$，查附录二得 $\zeta=0.23$。

局部阻力：

$$H_J = \zeta \cdot H_d = \zeta \frac{u_a^2}{2g}\gamma_a$$

$$= 0.23 \times 99.85 = 23.0 \ (N/m^2)$$

风帽选取环形风帽，阻力取 $160N/m^2$。

所以，此段风管总阻力：$10.8+23.0+160 = 193.8 \ (N/m^2)$

通过尾气部分的汇集风管、连接管道和除尘器的阻力计算和确定，得到

$$H_汇 = 116N/m^2$$

$$H_管 = 82.4+47.4+193.8 = 324N/m^2$$

$$H_除 = 1470N/m^2$$

所以，尾气净化部分压损 H_2 为：

$$H_2 = H_汇+H_管+H_除 = 116+324+1470 = 1910 \ (N/m^2)$$

三、低真空气力吸运系统总风量、总压损计算

计算气力输送系统的总压损、总风量：

$$\sum H = H_1+H_2 = 4266+1910 = 6176 \ (N/m^2)$$

$$\sum Q = 8384 \ (m^3/h)$$

四、风机、电动机选择

计算风机参数：

$$H_风 = (1.0 \sim 1.2) \sum H = 1.15 \times 6176 = 7102 \ (N/m^2)$$

$$Q_风 = (1.0 \sim 1.2) \sum Q = 1.1 \times 8384 = 9222 \ (m^3/h)$$

根据计算的风机全压、风量，选择 6-30 型高压离心式通风机。

查阅附录六高压离心式通风机性能表格，选择：

6-30 型，No.7，转速 $n = 2750r/min$，效率 $\eta = 81.9\%$。

计算电动机功率：

$$N = k\frac{HQ}{1000\eta\eta_c} = 1.15 \times \frac{7102 \times 9222}{1000 \times 3600 \times 0.819 \times 0.95} = 26.9 \ (kW)$$

式中 η_c——传动效率。三角带传动，传动效率 $\eta_c = 95\%$。

选择电动机 Y200L-2，30kW，2950r/min。

本例题气力输送风网的压损计算汇总表见表6-6。

表 6-6 气力输送风网的压损计算汇总表

输料管号	No.1	No.2	No.3	No.4	No.5	No.6	No.7	No.8	No.9	No.10
物料性质	粗	粗	粗	粗	粗	粗	粗	粗	粗	粗
$G_算/$ (t/h)	3.6	3.6	3.0	3.0	2.15	2.15	1.785	1.785	1.785	1.785
S/m	18	18	18	18	18	18	18	18	18	18

续表

输料管号		No. 1	No. 2	No. 3	No. 4	No. 5	No. 6	No. 7	No. 8	No. 9	No. 10
L/m		21	21	21	21	21	21	21	21	21	21
$u_a/$ (m/s)		21	21	21	21	21	21	21	21	21	21
$\mu/$ (kg/kg)		2.58	2.58	2.49	2.49	2.50	2.50	2.27	2.27	2.27	2.27
H_d/Pa		264.87	264.87	264.87	264.87	264.87	264.87	264.87	264.87	264.87	264.87
$Q/$ (m³/h)		1163	1163	1003	1003	718	718	654	654	654	654
D/mm		140	140	130	130	110	110	105	105	105	105
K		0.418	0.418	0.377	0.377	0.293	0.293	0.272	0.272	0.272	0.272
$i/(\text{kg/m}^2)/\text{t}$		35.0	35.0	41.0	41.0	57.0	57.0	63.0	63.0	63.0	63.0
$R/(\text{kg/m}^2)/\text{m}$		3.24	3.24	3.53	3.53	4.37	4.37	4.59	4.59	4.59	4.59
输送物料部分压损 H_1 /Pa	$H_磨$	80	80	80	80	50	50	50	50	50	50
	$H_接$	185.2	185.2	185.2	185.2	185.2	185.2	185.2	185.2	185.2	185.2
	$H_加$	1236.1	1236.1	1206.6	1206.6	1208.5	1208.5	1101.4	1101.4	1101.4	1101.4
	$H_升$	546.6	546.6	527.6	527.6	529.7	529.7	481.0	481.0	481.0	481.0
	$H_摩$	1387.3	1387.3	1409.2	1409.2	1559.7	1559.7	1529.4	1529.4	1529.4	1529.4
	$H_弯$	62.6	62.6	60.9	60.9	61.1	61.1	57.1	57.1	57.1	57.1
	$H_复$	123.6	123.6	181.0	181.0	181.3	181.3	275.4	275.4	275.4	275.4
	$H_卸$	558.2	558.2	490.5	490.5	490.5	490.5	490.5	490.5	490.5	490.5
	H_1	4179.6	4179.6	4141.0	4141.0	4266.0	4266.0	4170.0	4170.0	4170.0	4170.0
尾气净化部分压损 H_2/Pa	$H_汇$	116									
	$H_管$	324									
	$H_除$	1470									
	H_2	1910									
卸料器 D/mm		500	500	480	480	405	405	390	390	390	390
系统总压损 $\sum H/\text{Pa}$		6176									
系统总风量 $\sum Q/$ (m³/h)		8384									
备注		风机：6-30 型 No. 7, $n=2750\text{r/min}$, 效率 $\eta=81.9\%$ 电动机：Y200L-2, 30kW, 2950r/min。 除尘器：TBLM-78 I 型脉冲除尘器，滤袋长度 $L=2\text{m}$，过滤面积 $A=57.5\text{m}^2$，阻力 $H_除=1470\text{N/m}^2$。过滤风速 $u=2.43\text{m/min}$。									

知识点四

气力输送系统的调试与操作管理

一、气力输送系统试车和调整

（一）试车前的准备工作

1. 外表检查

在每台设备的安装过程中，随时要对安装质量进细致的检查，不能把问题留到安装完工后才解决。气力输送装置安装完工后，要对安装质量进行最后一次检查。当然，在试车前进行的检查，只能是一种核对性的外表检查，此时应注意以下一些问题。

（1）以设计方案为依据，检查核对各设备的规格、尺寸及其配置方式和路线是否符合设计规定。

（2）细致检查管道和设备的密闭性，以减少漏风。这时要特别注意那些隐蔽的部位，如管道通过楼板时的连接处，卸料器的出料管和除尘器的出灰管等。

（3）检查设备和管道的固定是否牢固可靠。对那些支承、拉杆、吊挂设置，不允许有绳索捆绑、铁丝拉吊的现象。

（4）对于那些在负压状态下工作的管道和设备，要检查它的耐压强度，以防工作时被吸瘪。一般要求能承受一个人站在上面的重量。

（5）检查压力门、蝶阀、闸板等调节机构是否灵活。

（6）检查通风机和闭风器的转动部分是否正确灵活，传动皮带的松紧和防护罩的安装是否达到安全运转的要求。

（7）外表修饰及油漆等是否合适。

（8）注意各个设备是否有安装时遗留的螺帽、钉子等杂物。一旦发现，必须一一清除。

以上检查看起来好像都是小事，但若不仔细检查，纠正错误，将后患无穷。因此，我们必须严格要求，一丝不苟，一旦发现缺陷或差错，就必须根据实际情况设法纠正。

2. 空车运转

经过纠正以上检查中存在的问题，并再做一次最后检在后，便可进行空车运转。

空车运转的目的是进一步发现工艺设计、设备制造、安装中存在的缺陷，并加以纠正，为最后投料试车做好准备。所有工艺设备的空车运转要同时进行或先行做好。应注意的是气力输送不投料的
"空车运转"，实质上是最大负荷运转，此时通风机耗用功率最大，
因此在空车运转时要注意防止电机过载烧毁。

气力输送系统调试微课

（1）对于气力吸送装置，可按下列顺序进行空车运转。

①把各根输料管的风门全部打开，通风机的总风门全部关上。

②开动通风机和闭风器。通风机转速很高，启动时间较长，一般需要数十秒钟。

③通风机开动后，观察数分钟。如果通风机运转平稳，无异常现象，即可把总风

门逐渐开大。此时应特别注意电机的电流，不要超过其额定值。

④到各根输料管的接料口处用手感觉是否有风，并比较其大小。如果发现个别管道无风或风力不大，应首先检查其进风口是否畅通。对于那些从作业机进风的输料管，应使作业机上有一定的进风量，并保持作业机内部的风道畅通。

⑤取少量物料送到各提料器处，看能否被吸走。如有个别管子不能吸走物料，则可开大总风门。此时对于吸力过大的管子可关小其自身的风门。这样就使所有输料管的风力调节到大致相同。如果经调整后仍感觉各输料管风量不大，可逐渐开大总风门，此时要特别注意电流不要超过额定值。

⑥观察和检查网路各部位有无漏风现象。方法是用宽度小于10mm、长约150mm的软纸条，接近可能漏风处。如果在负压管壁外侧将纸条吸在壁上，或在正压管壁外侧将纸条吹起，就表明此处有漏风。此时应检查分析漏风原因，杜绝漏风现象。

⑦经过如此初步调整后，继续让通风机连续运转0.5~1h，然后停车检查各部分有无不正常现象。例如，检查电机和通风机轴承有无过热现象。

以上是凭感官来进行的初步调整。为了更准确地做好试车准备，在有条件的情况下，可测量各输料管的动压，计算管内风速。在空车运转时，通常情况下输料管中的风速可调节到比设计的工作风速大20%~40%。例如，设计风速为25m/s，在空车时可调节到30~35m/s。设计浓度高的管子，风速可调高一些，反之则低一些。

（2）对于气力压送装置，空车运转的顺序如下。

①启动罗茨鼓风机、供料器及尾气处理系统。

②待机启动后，观察数分钟。稍稍开启供料门送入少量物料，看物料能否被吹走，是否被卸下。

③观察和检查线路中各部位有无漏风现象、换向阀是否变位灵活、电机和通风机轴承有无过热现象、尾气处理系统是否正常。

④让通风机连续运转0.5~1h，然后停车检查各部分有无不正常现象。

（二）试车和调整

经过空车的正常运转和调整后，就可进行投料试车了。

1. 试车和调整的方法

气力输送风网安装完毕后，为了保证尽快投产使用，必须在投产前进行投料试车。通过按料试车可以进一步发现问题，以便采取相应措施加以调整，这样不仅可避免正式投产时发生问题而影响生产，还能保证气力输送良好的工艺效果，这一环节是不可忽略的。

对于气力吸送装置，应在各作业机都做好开车准备后进行试车。试车时，首先启动通风机和关风器，把通风机的总风门开到空车运转时的位置。然后向第一根输料管送料，开始时量不能过大，可控制为设计流量的一半左右，待该网路的所有输料管都有物料输送时，再逐步增加流量，直至达到设计的产量为止。在投料试车中必须做到以下几点。

（1）观察接料器中物料的运动状况。如物料流层是否均匀、有无碰撞现象，并通过调节进料淌板进行纠正，同时控制好进料量。

（2）观察接料器中空气的运动情况，调节接料器供料管中的插板成压力门，尽量限制随料进风。要保证物料下面进风畅通、稳定。

（3）调节卸料器中的导料板或调风板，使卸料器发挥较好的分离轻杂的效果，但又不致带走完整粮粒。

（4）调节料封压力门的压砣，使存料管中的物料维持在一定的高度。物料从料封压力门流出应连续稳定，不能时断时续。

（5）观察卸料器和除尘器的沉降效率，检查卸料器出口和除尘器的轻杂和粉尘出口是否漏风。

（6）观察各作业机吸尘装置的吸尘效果，有无粉尘飞扬。有则要找出原因，并纠正。

（7）试车中如果发现掉料，应弄清原因，是来料过多还是因卸料器漏风所致。不要一见掉料，就认为是风力不够，而开大风门。掉料的处理程序是：立即停止进料，待管中风速恢复时再进料，并适当控制物料流量，使之均匀。

2. 掉料试验

当气力吸送装置各部分经上述调整基本上都能正常工作，很少掉料，产量也达到设计要求时，可以说试车调整工作已告一段落，但还不能算结束，还要进一步对各根输料管做掉料试验。掉料试验是通过降低管内风速的办法，有意识地造成输料管掉料的一种生产实验。目的之一是求得网路运行中既经济、又安全的风量（也就是最低风速）；同时也对通风机进行调试，尽量提高它的工作效率，以达到节能的目的。

这种试验必须在产量十分稳定的条件下进行。具体操作方法是：首先把通风机的总风门逐渐关小，直到某根输料管发生掉料或接近掉料为止；接着将那些未掉料的输料管的风门逐渐关小，使它们都接近掉料，最后把总风门开大一些，以留有余地。这一调试需要反复多次才能完成。通过这些过程，通风机的风量也就能达到最低限度，动力消耗就会有所降低。但还应注意，如果这时通风机的总风门关小太多，也就是离全部开足还有较大的距离，那就说明通风机的压力过高，超过了风网的实际阻力，在此情况下，还应考虑适当降低通风机的转速，使动力消耗进一步降低。

在调整过程中，如果通风机总风门已全部开足，但仍有个别输料管掉料，产量达不到设计要求，此时可先对那些未掉料的输料管做掉料试验，再适当关小其风门，让风力转移给易掉料的输料管。只有当这些努力都无济于事时，才应考虑提高通风机的转速或采取其他措施。

一般来说，只要设计合理、安装正确，气力输送装置本身的调整并不困难。主要问题常出现在工艺过程的不稳定，以致物料忽多忽少，气力输送装置也就无法调整。因此，对气力输送装置的调整，应与工艺设备的调整结合进行。调整中出现问题应注意观察，冷静分析，分清哪些属于风运设备的问题，哪些属于工艺设备的原因，要对症下药，而不是盲目地改动风运装置。另外，在实际生产中，工艺上出现一定的变动往往是难免的，有时甚至是必须的，我们在设计和调整中都必须留有一定的余地，否则就会给操作带来困难，甚至经常掉料，这就得不偿失了。

气力压送装置在投料试车时，应先启动罗茨鼓风机、供料器和尾气处理系统，再逐渐打开料门供料，直至达到设计的产量；同时要密切注视压力表，不要超过罗获鼓风机的允许压力，并留有一定的余量。若产量达不到设计要求，而罗茨鼓风机产生的压力不高，则要观察供料装置是否漏风过多面影响下料，或供料器转速是否过低，或供料器选型是否太小，一旦发现，应及时采取措施，以保证达到设计产量。

产量达到设计要求后，还可进一步做最大输送量实验。把供料量逐渐加大，直至罗茨鼓风机压力接近允许值，此时的产量即为最大输送量；做好记录，为以后提高产量提供依据。

二、气力输送系统测试

（一）测试的目的

对气力输送网路的压损和流量进行测试，是检查气力输送工艺效果的主要手段。通过测试，可获得管内实际的压力损失、风速和流量的准确数值，为进一步提高工艺效果提供可靠依据。一般在如下情况下，要对气力输送网路进行测试、检查和分析。

（1）气力输送网路设备安装完毕并投产之后，必须对此网路进行全面测试，而后根据测试结果对网路进行相应的调整，以实现最佳工艺效果。

（2）在工艺改造、设备大修或生产工艺环节发生局部变动时，必须相应调整网路。为了准确调整，在调整前后必须对新、旧网路进行测试，从中找到最佳参数，以确保调整后的网路能满足生产要求。

（二）测试的内容

气力输送装置在正式试车投产以后，为进一步取得数据，分析效果，发现问题，研究改进措施，通常应该进行一次全面的测试检查。

测试的内容可根据测试目的而定，通常有如下几项。

（1）输料管中的风速、风量、物料输送量和输送浓度。

（2）作业机的吸风量和阻力。

（3）接料器或供料器、卸料器、除尘器阻力或尾气处理网路的阻力与风量。

（4）通风机的压力、风量、转速、功率和电柜。

（5）闭风器、除尘器、供料器的传动电耗。

（6）卸料器对粮粒表面处理的效果以及除轻杂的效率。

（7）输送物料的破碎率（尤其是碾米厂）。

（8）输送物料的降温效果。

（9）各作业点的空气含尘量，除尘器排到大气中的空气的含尘浓度。

（10）通风机的噪声以及气力输送的生产性噪声。

（11）当地大气压强以及所测管内的气体温度。

（三）测点位置的确定和测试方法

在上述的测试内容中，大部分需要通过测定气力输送装置有关部位的压力来完成。

1. 对气力吸送装置的测试方法

（1）在各设备进、出风管处布置测点。测出的全压差即为设备阻力或压力，根据测出的动压可换算出风量。

（2）在各部分前后布置测点，即可测出各部分的阻力。

（3）在输料管中段布置测点测其动压，用来代表输料管中的风速，并可再根据输料管直径进一步求出其风量。

（4）在卸料器出口可测出输送物料的量。

（5）根据输送风量、物料量，即可求出输送浓度。

（6）测量通风机、闭风器及除尘器所配电机的电耗，将其作为风运电耗。闭风器和除尘器若为单独传动，可根据实际用电情况测出电耗；若为集中传动，可进行对比估算。

（7）卸料器分离轻杂效率，可通过测定卸料器进出粮口的粮粒杂质质量百分比再进一步计算得到。

在生产现场进行测定时，由于管道配置条件的限制以及物料性质的影响，在选择测点位置和测定操作上，不可能完全根据测定内容的要求与空气运动的原理来确定。例如，有些测点位于高空，或者周围的障碍物较多，或者附近有传动皮带等运转机件，在这种情况下，测点的位置就应在不影响或很少影响测定结果的前提下适当变换，实在无法测定时只能放弃。

另外，为保证气流均匀稳定，测点要尽量选在风管的直长部分，离弯头、变形管、三通、阀门等管件尽量远一些。

由于两相流中气流在管道中分布的不均匀性，为了能得到比较准确的结果，应该在截面的不同点测出多个数据，然后求出其平均值。

2. 对于气力压送装置的测试方法

（1）在罗茨鼓风机进风口处特制一段与输气管道直径相同、长度大于或等于$10D$的管道，在进风口测点处测出中心点动压及温度，再计算出罗茨鼓风机的风量。

（2）在罗茨鼓风机出风口测点处测静压。

（3）在供料器前后布置测点，测出供料器和输送物料的压损。

（4）在卸料器前后或进仓处布置测点，测出卸料器的阻力或进仓余压。

（5）测出输料前后物料的温度，以了解输料过程中的温度变化。

（6）将输送物料计时、记重或称量，换算成单位时间输料量。

（7）将罗茨鼓风机的风量减去供料器的漏风量，得到输送风量，再根据所测的输料量求得输送浓度。

（8）测出罗茨鼓风机所配电机的电耗及供料器的电耗，即为气力压送装置的电耗。

（9）测量尾气处理系统的风量、压损和动耗。

（四）测试仪器

气力输送网路测试所使用气力输送网路的操作管理和维护的仪器，同通风除尘网路测试所使用的仪器相间。但须注意，毕托管应采用防堵型的；在测气力压送装置时，压力计应采用汞作为工作液体的 U 形管压力计。

三、气力输送系统操作管理

（一）开车和停车顺序

1. 气力吸送装置

（1）开车的顺序

①发出开车信号。等各楼层准备就绪并发回信号后，才能正式开车。

气力输送系统
操作管理微课

②首先开动闭风器，然后开通风机。待通风机运转正常后，逐步打开总风门，直到规定的位置，并随时注意电流表和通风机压力计的读数是否正常。

③按工艺顺序依次或分段开动各作业机。

④开始进料。如果工艺流程中有存料仓，进料量可由小到大，直至规定数值。

（2）停车的顺序

①发出停车信号。

②停止进料。

③关停各作业机。

④关停通风机和闭风器，关闭通风机总风门。

2. 气力压送装置

（1）开车的顺序

①发出开车信号。待准备就绪并发回信号后，才能正式开车。

②开动供料器、尾气处理系统及罗茨鼓风机，并注意罗茨鼓风机的压力表读数是否正常。

③开始进料，流量由小到大，直至规定数值。

（2）停车的顺序

①发出停车信号。

②停止进料。

③关停供料器、罗茨鼓风机及尾气处理系统。

停车后还需要进行一般的检查和保养。例如，检查电机和通风机轴承的温升情况，传动皮带的松紧程度，管道设备的磨损和密闭情况，除尘器的清理和其他清扫工作等，并建立定期检修制度（如每周检修制度及每半年大修一次）。

（二）气力输送网路运转中的操作

1. 保持流量稳定

气力输送操作中最根本的一条，就是要保证在同一网路中的各根输料管的物料流量的稳定，特别是不能间断供料。原因是：如果有一根输料管断料，其阻力就会随之大大下降，空气会从断料的输料管大量进入，形成这根输料管空气"短路"，此时其余那些本来正常工作的输料管就会因为风量减少而发生掉料的现象。这好比是接在同一线路上的电灯一样，如果有一盏灯短路，其余的灯就将因电流减少面昏暗不明，直至保险丝烧毁而熄灭。所以，气力输送网路中各根输料管的流量，彼此都应保持一定的比例（此值设计时已定），不能忽多忽少，更不能突然无料。例如，有些厂在刚试车时，产量上不去，动力消耗却很大，以后通过调整，操作熟练了，流量稳定下来，产量也就上去了，电耗反而降低了。

气力输送装置只有在流量稳定的条件下才能充分发挥其效能，才能最大限度地降低风速，提高物气混合比，从而降低电耗。

为了稳定流量，可以考虑以下几方面。

（1）在接料器前装设小型存料仓。

（2）对于流量较大的管道，可考虑单管提升。

（3）采用连续性较强的组合输送工艺。各根输料管的输送量直接与工艺设备的操作有关，所以应首先加强各作业机的维护保养，加强操作和巡回检查，以保证流量的连续和稳定。

2. 要根据网络特点控制整个网络

特别注意控制流量大、压力损失大的输料管的阻力和风量。在生产过程中，如果发现某根料管的来料偶然增多，为防患于未然，应在其进入接料器之前就让增多的物料预先从溜管中逸出。这要比勉强进入接料器面引起掉料带来的影响小些。

3. 回机物料处理

回机物料应根据物料性质送到有关管道均匀缓慢地加入。对于某些轻杂或下脚料，如果因为含粮较多而必须回机处理时，应特别注意同主流掺混均匀，防止因一时轻杂过多而造成料封压力门堵塞。如果将回机物料往接料器内回填时，要将物料装入供料溜管上的回料斗或接料器储料斗内，不准从接料器进风口处回填物料，以免影响进风。

4. 通风机运行正常

注意通风机的运行是否正常、有无异常声音、皮带是否打滑、轴承是否发热等。

（三）气力输送网路中接料器、卸料器、输料管、风管的操作

1. 接料器的操作

（1）对于流动性差的物料，应及时消除物料在接口处的偶然成拱。

（2）对于掉下的物料，避免在接料器下部积过高，影响接料器进风。

（3）采用供料器供料时，经常观察供料是否正常。

（4）若输料管空气是随物料从作业机经溜管进入接料器的，则要经常检查作业机的进风口情况。

2. 卸料器的操作

（1）要保证压力门连续均匀地排料，不可时断时续，特别是输送粒状物料时，一定要保证卸料器排料口料封段具有一定的高度，并根据料封高度的需要，随时调整压力门的压砣。

（2）注意闭风器有无异物卡住，以免造成整个系统运转失调；注意闭风器是否漏风。

3. 输料管的操作

（1）要保证各输料管流量的均匀、稳定；避免某根输料管成系列输料管产生掉料现象。

（2）若发现某根输料管控料，既要尽快排除故障，又要防止处理时因堵物料排空而突然大量进风，影响其他输料管的正常工作。

（3）风速尽可能控制在设计值内。高的输送量不一定要过高的风速，而风速过高会增加管道的压损，增加动力消耗。

4. 风管的操作

风管的结构和操作要求，在于能保证畅通地输送规定数量的空气，不漏风，不堵塞。

压气管道如果有漏风，含尘空气会直接污染车间，漏风处容易被发现。而吸气管道漏风的危害比压气管道更大，它将减少从业机中吸出的风量，使吸风效果降低，粉尘外扬，物料提升困难，增加通风机的风量，增加动力消耗，引起粉尘在管道中沉积，并且由于其具有隐蔽性，故更应引起注意和重视。

减少管道漏风的主要措施是，如果使用薄铁管，风管与作业机，除尘器及管件的连接处咬口必须紧密。管内压力较高时，如输料管，在咬口处必须另加锡焊。在风管上供清扫用的小门应加有衬垫并关严。尽量使用薄壁钢管，既能减少漏风，又能降低生产性噪声。

风管应定期进行清理，扫除积尘。风管中发生粉尘或物料沉积是常见的现象，尤其是水平管段，原因包括：水平风管后面的管段漏风，或风管截面扩大，导致风速降低；水汽凝结，造成粉尘黏附在管壁；风管的水平部分过长，或弯头的弯曲半径过小；管道内壁粗糙，接头不平或逆向套接；有粗大物料或完整粮粒进入等。为此，在水平管段应开设供清扫用的小门。在蝶阀附近，为便于蝶阀的检查修理，以及清除可能缠绕在其中的麻绳、草梗，应单独开设小门；或将蝶阀制成组件，清理时卸下来检修。

四、气力输送系统故障分析和处理

（一）某根输料管掉料的故障原因和处理方法

（1）进料过多　可通过减少进料量得到解决。

（2）接料器出现问题　接料器中落入异物，造成堵塞，此时应清除异物；接料器进入不畅，要弄清原因，保持进风畅通。

（3）闭风器漏风　此时应暂停进料，排空堆积的物料，清除漏风。

（4）风量不够或风管漏风　应开大风门或消除漏风。

（二）一系列输料管掉料的故障原因和处理方法

（1）产量增加　产量大幅度增加后会造成掉料，应适当降低产量或开大总风门进行调整；必要时，应增加通风机转速，提高风量。

（2）通风机转速降低　可张紧皮带，保证通风机正常运转。

（3）除尘器或总风管堵塞　此时清除异物。

（4）总吸气管严重漏风，造成风量严重不足　应消除漏网。

（三）闭风器的故障原因和处理方法

1. 卡住不转

（1）皮带过松　应张紧皮带。

（2）进料过多而被卡　应减少进料。

（3）闭风器内发生物料咬夹　应停机处理。

2. 漏风

（1）连接件松动　应拧紧连接件。

（2）脱胶造成漏风　应重新胶合密封。

（3）转子叶片磨损、间隙增大　此时应更换闭风器。

（四）卸料器的故障原因和处理方法

1. 被物料堵塞

（1）闭风器停止运转、物料排泄不出　此时应先排除堵塞物料，然后恢复转动。

（2）压力门漏风　此时应调节压砣，使存料管中的物料保持一定的高度。

（3）进料过多　应保持均匀进料。

（4）闭风器转速太低，或关风器转速太高，造成排料不及时　应调整转速。

2. 空气从卸料器带出的物料增多

（1）卸料器内有物料堆积　此时应增大闭风器容量或转速。

（2）闭风器漏风　此时应清除漏风或者更换闭风器。

工作任务　　　　　气力输送系统综合测定

任务要求

1. 了解气力输送风网主要设备的性能。

2. 掌握各输料管参数测量方法并进行风网分析。

3. 培养实事求是的职业精神、严谨的科学态度，树立劳动意识，树立安全用电、安全生产意识。

任务描述

根据维护规定或工作需求，按照企业气力输送风网操作规程，独立或协同其他人员，在规定时间内对风网实施相应的测定项目，记录结果；将测定记过反馈给相关部门，工作过程中遵循现场工作管理规范。

任务实施

一、认知、熟悉气力输送系统综合测定装置

气力输送系统综合测定装置示意图如图 6-2 所示。

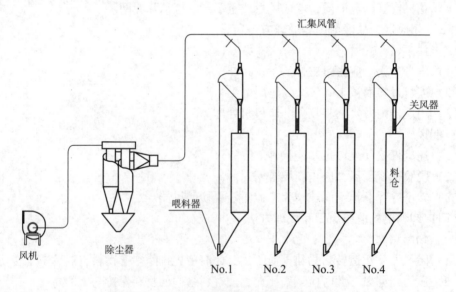

图 6-2　气力输送系统综合测定装置示意图

二、实施步骤

1. 认识和检查实验装置，然后关闭风机进口总阀门，启动风机。
2. 风机运转正常后，开启总阀门。
3. 依次开启 No. 1、No. 2、No. 3、No. 4 料仓溜管阀门，对各输料管供料。
4. 风网运行正常后，开始测定。
（1）测量接料器的阻力：在接料器进口和出口处测全压，压差即为 $H_{接}$。
（2）测量卸料器的阻力：在卸料器进口和出口处测全压，压差即为 $H_{卸}$。
（3）测量除尘器的阻力：在除尘器进口和出口处测全压，压差即为 $H_{除}$。
（4）测各输料管风速：实测各输料管的动压——两点法，求其平均风速。
（5）测各输料管实际输料量：在各卸料器的出料口下端接料，计时，称重，计算出结果。
（6）测量风机的全压、风量。
5. 以上各项检测完毕后，先关闭料仓和溜管阀门，再关停风机。

三、数据处理

项目			No. 1	No. 2	No. 3	No. 4	项目	
管径 D/mm							离心式除尘器进口管径 D/mm	
接料器形式							进口 H_d/Pa	
全压 $H_{o接}/\text{Pa}$							全压	进口 $H_{o进}/\text{Pa}$	
动压 $H_{d料}/\text{Pa}$								出口 $H_{o出}/\text{Pa}$	
阻力系数 $\zeta_{接}$							离心式除尘器阻力 $H_{剩}/\text{Pa}$	
料管风速/（m/s）							离心式除尘器阻力 $\zeta_{剩}$	
料管风量/（m³/h）							风机进口直径 D/mm	
接料	1	时间 t_1/s					风机进口 $H_{动}/\text{Pa}$	
		质量 G_1/kg					风机进口 $V_{进}/$（m/s）	
	2	时间 t_1/s					风量 $Q_{进}/$（m³/s）	
		质量 G_1/kg					风机出口全压 H_o/Pa	
输料量 $G_s/$（kg/h）								
输送浓度 $\mu/$（kg/kg）								
卸料器形式								
全压	进口 $H_{o进}/\text{Pa}$							
	出口 $H_{o出}/\text{Pa}$							
卸料器阻力 $H_{卸}/\text{Pa}$								
阻力系数 $\zeta_{卸}$								

续表

项目	No. 1	No. 2	No. 3	No. 4	项目	
空气支管直径 $D_支$/mm						
支管动压 $H_支$/Pa						
支管风速 $V_支$/(m/s)						
漏风量 $Q_漏$/(m³/h)						
风机进口管径 $D_进$/mm						
风机进口 H_o/Pa						
风机进口 H_d/Pa						
风机风速 $V_进$/(m/s)						
风量 $Q_进$/(m³/h)						
风机出口全压 H_o/Pa						
风机全压 $H_{风机}$/Pa						

■任务评价

评价项目	评价内容	分值	得分
准备工作	管道、管道连接处的密封性检查	5	
	关闭总阀门，风机启动	5	
	风机运转正常后，开启总阀门	5	
测定过程	接料器阻力测定操作规范	8	
	卸料器阻力测定操作规范	8	
	除尘器阻力测定操作规范	8	
	输料管风速测定操作规范	8	
	输料管实际输料量测定操作规范	8	
	先关闭料仓和溜管阀门，再关停风机	10	
数据处理	原始记录填写正确、规范	10	
	测定结果计算正确、规范	10	
职业素养	严谨的科学态度	5	
	实事求是的职业精神	5	
	安全生产意识	5	
	总得分		

习 题

一、填空题

1. 两根输料管间阻力不平衡率低于_____时，可认为两根输料管间阻力处于平衡状态。

2. 当输料管间阻力不平衡时，通常采用的处理方法有_____和_____。

3. 海拔对气力输送管网的影响有_____和_____。

4. 在气力输送风网设计计算中，主要计算十项阻力，它们分别是_____、_____、_____、_____、_____、_____、_____、_____、_____、_____。

5. 在空车运转时，输料管中的风速通常可调节到比设计的工作风速_____，设计浓度较高的管子，风速可调_____些。

6. 当调整产量达到正常要求后，要做_____试验，从中找到最低安全输送_____，以达到节能的目的。

7. 气力输送装置只有在_____稳定的条件下才能充分发挥其效能。

8. 提高物气混合比，可以使气力输送网路的电耗_____。

二、简答题

1. 气力输送网路中采用高浓度比有何优点？浓度比是否越大越好？为什么？

2. 气力输送网路为什么要进行压力平衡？平衡的方法有哪些？

3. 气力输送网路中，输送风速的选择与气力输送效果有什么关系？

4. 气力输送装置在安装完毕后，为什么需要调整才能交付使用？气力输送风网在开始开车时，为什么流量不能一次开大？

5. 对于吸气管道和压气管道来说，风管漏风各有哪些危害？如何检查？怎样消除？

6. 输料管中水平段发生堵塞的主要原因是什么？怎样排除？

7. 试分析气力输送网路中某根输料管掉料或多根输料管掉料的原因，并说明排除方法

三、计算题

1. 根据已知条件，画出制粉车间气力输送风网轴测图，然后进行阻力计算。

输料管号	物料性质	产量/(kg/h)	S/L/（m/m）	备注
No1	粗	3100	21/24	1. 采用诱导式接料器
No2	粗	3100	21/24	2. 下旋55型卸料器
No3	粗	2500	21/24	3. 输料管上的弯头曲率半径均取 $R=10D$，弯头后水平管长度3m
No4	粗	2500	21/24	
No5	粗	2050	21/24	4. 尾气净化部分：汇集风管和风机之间管道长度为4.6m，有三个弯头，弯头曲率半径为D，转角90°；风机和除尘器之间管道长度为3.4m，有一个弯头，弯头曲率半径为D，转角90°；除尘器排气管道长3.7m，有一个弯头，弯头曲率半径为D，转角90°
No6	粗	2050	21/24	
No7	粗	1500	21/24	
No8	粗	1500	21/24	
No9	粗	1700	21/24	
No10	粗	1700	21/24	

2. 气力输送装置输送小麦（吸粮机），产量为30t/h，垂直输送高度为12m，水平输送距离8m。首先根据本题要求以及气力输送装置的构成绘制风网轴测图，然后进行阻力计算并确定吸嘴类型、输料管管径、风机型号规格和电动机功率等。

模块七

机械输送设备

知识目标

1. 了解常用机械输送设备的种类和用途；熟悉带式输送机的工作原理。
2. 熟悉常用机械输送设备的主要结构和工作原理。
3. 熟悉常用机械输送设备的典型故障和排除方法。

技能目标

1. 能正确操作常用机械输送设备。
2. 能处理常用机械输送设备的常见故障。

素质目标

1. 通过操作机械输送设备，树立安全生产、团队协作意识，培养工匠精神。
2. 通过常用机械输送设备故障排除，培养一丝不苟的工匠精神和分析、解决工程实际问题的实践本领。

模块导学

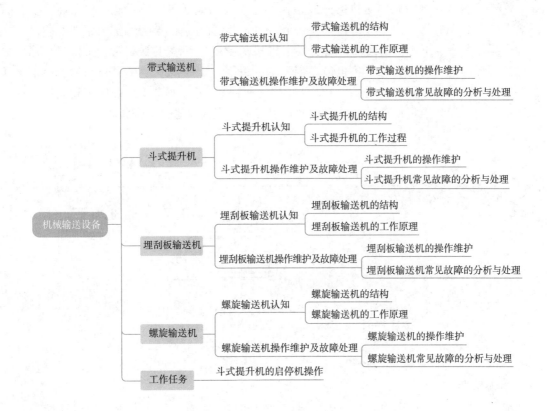

知识点一

带式输送机

一、带式输送机认知

带式输送机是粮食加工企业用于水平方向或倾角较小的倾斜方向输送散装物料和包装物料的连续性装卸输送机械。其特点是：输送量大，输送距离长，可多点进、卸料，不损伤被输送物料，工作平稳可靠，噪声小。根据安装形式不同，带式输送机可分为固定式和移动式两种。固定式带式输送机常用于较长距离的原粮、半成品粮和成品粮的输送；移动式带式输送机的基本结构与固定式相同，只是机架上安装有可实现移动的行走轮，常用于倾斜方向物料的短距离装卸输送。图 7-1 为固定式

图 7-1　固定式带式输送机外形图

带式输送机外形图。

（一）带式输送机的结构

图 7-2 为固定式带式输送机的一般结构。它主要由输送带、驱动轮、张紧轮、支承装置（上、下托辊）、驱动装置、进料装置、卸料装置和清扫装置等部分组成。驱动轮、张紧轮及上、下托辊通过轴固定安装于机架，输送带环绕于驱动轮和张紧轮，形成封闭环形的运转构件。为了防止输送带下垂，每隔一定距离安装了可转动的上、下托辊，支承输送带。驱动装置安装于驱动轮端（头部），通过驱动轮的摩擦传动实现输送带的驱动，安装于张紧轮端（尾部）的张紧装置可完成输送带的张紧。

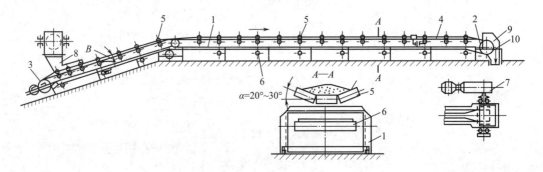

1、4—输送带　2—驱动轮　3—张紧轮　5—上托辊　6—下托辊
7—驱动装置　8—进料装置　9—卸料装置　10—清扫装置

图 7-2　固定式带式输送机的一般结构

1. 输送带

输送带是承载、传递动力和输送物料的重要构件。粮食加工企业中常用普通型和轻型橡胶输送带，是由若干层帆布带和橡胶经硫化胶结而成的。其规格尺寸主要为胶带宽度，标准值一般为 300，400，500，650，800，1000，1200mm 等。橡胶输送带的连接方法有硫化连接法和机械连接法两种。

2. 支承装置

支承装置的作用是支承输送带和物料，防止输送带下垂。其结构如图 7-3 所示，它主要由机架和托辊两部分组成，托辊可随输送带的前进而转动。常用的支承装置有单节平直型和多节槽型，前者用于输送包装物料和输送机的无载分支（下托辊），后者用于输送散装物料。

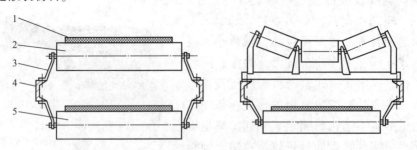

1—输送带　2—上托辊　3—托架　4—机架　5—下托辊

图 7-3　带式输送机的支承装置

3. 驱动装置

带式输送机的驱动装置设在头部结构中，由电机、导向轮、减速器和驱动轮等部分构成，它的作用是进行动力传递，实现输送带的连续运转。

驱动轮是利用滚筒表面与胶带之间的摩擦力带动胶带运动的滚筒。一般用铸铁浇制或钢板弯曲后焊制而成。结构如图7-4所示，主要包括轴、轴承和滚筒等部分。

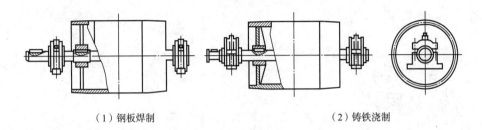

（1）钢板焊制　　　　　　　　　　　　（2）铸铁浇制

图7-4　驱动轮

4. 张紧装置

张紧装置是用于实现输送带的张紧，保证输送带有足够张力的构件。它安装于输送机尾部的张紧轮上，实际工程中常用的有滑块式螺杆张紧装置和小车式张紧装置，前者一般用于移动式胶带输送机，后者用于张力较大的固定式胶带输送机。小车式张紧装置结构如图7-5所示。

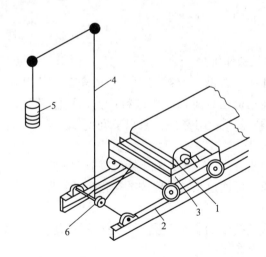

1—张紧滚筒　2—轨道　3—小车　4—钢丝绳　5—滑轮　6—重锤

图7-5　小车式张紧装置结构图

5. 进卸料装置

输送包装物料时，进卸料用倾斜淌板，中间卸料用挡板；输送散装物料时，进卸料用进料斗和卸料斗，中间卸料用卸料小车。

带式输送机微课

（二）带式输送机的工作原理

带式输送机的工作过程如图 7-6 所示。物料通过进料装置进入输送带，由于输送带的连续运转，物料被输送到卸料点，然后利用卸料装置将物料卸下，卸完料后的空带经下部空载段回带。概括来说就是：利用环绕并张紧于驱动轮、张紧轮的封闭环形输送带，牵引和输送物料构件，通过输送带的连续运转实现物料输送。

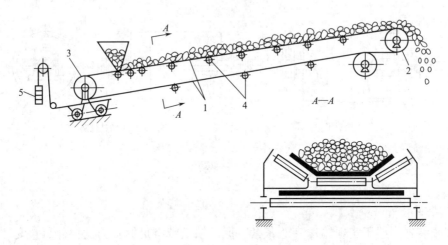

1—输送带　2—主动滚筒　3—机尾换向滚筒　4—托辊　5—张紧装置

图 7-6　带式输送机的工作原理图

二、带式输送机操作维护及故障处理

（一）带式输送机的操作维护

带式输送机在操作时应遵循"空载启动、空载停车"的原则，即在输送带上无物料的情况下启动，待输送机运行正常后再进料；输送机停机前必须先停止进料且将输送带上的物料全部卸净。除此之外还应注意以下问题。

1. 开机前的检查

开机前应检查输送带的松紧程度，以免出现输送带下垂、打滑、空转或拉断等现象。可通过张紧装置调节输送带的松紧。

2. 工作中的检查

工作时，应经常检查托辊的工作情况。如托辊不转动，将导致运行阻力增大、胶带严重磨损。

带式输送机的
操作微课

3. 进料时的注意事项

进料时必须保持均匀进料，且应尽可能使物料进至输送带的中间位置。否则，会造成超载、输送量减小或偏载现象。

4. 输送机的联合工作

当多台输送机联合工作时，开机应从卸料端那台开始启动，停机时应先停止进料，对进料端那台输送机先进行关机，然后逐一停机。

5. 输送带的保养

应注意输送带的保养，严禁其与汽油、柴油、机油等腐蚀性物质接触，经常检查、清除表面黏附物。

6. 定期转动构件

注意定期对驱动轮、张紧轮等转动构件加注润滑油。

7. 定期检修输送机

应定期对输送机进行检修，发现问题及时处理，以保证其使用寿命。

8. 输送机的保管

输送机应注意保管，避免日晒、夜露和雨淋，防止腐蚀和生锈。如长期不使用，应放松输送带，入库保存。

（二）带式输送机常见故障的分析与处理

带式输送机工作中最常见的故障有：输送带跑偏、输送带打滑、轴承发热、托辊不转、输送带撕裂、输送带接头撕裂等。下面介绍这些故障产生的原因和处理方法。

1. 输送带跑偏

（1）驱动滚筒和张紧滚筒（或头尾滚筒）装置不平行。此时应调整驱动滚筒轴承的位置或调节张紧滚筒装置使之平行。如果输送带向右偏，则拧紧右边螺杆；如果输送带向左偏，则拧紧左边螺杆。

（2）托辊不正（托辊轴线与输送机中心线不垂直）。此时应将跑偏一边的托辊支架顺输送带运行方向向前移动一些。

（3）输送带接头不正。应重新接正机头。

（4）进料位置不平。此时应调整进料位置。

（5）机架安装不平。此时应将机架放平。

2. 输送带打滑

（1）输送带张力不够。此时应调整张紧装置，将输送带拉紧。

（2）滚筒表面太光滑。此时可在轮面上覆盖一层胶材。

（3）滚筒轴承转动不灵。此时应重新拆洗、加油或更换轴承。

（4）输送机过载。此时应调整输送量。

3. 轴承发热

（1）缺油。此时应及时加油。

（2）油孔堵塞或轴承内有脏物。此时应疏通油孔，拆洗轴承。

（3）轴瓦或滚珠损坏。此时应及时更换轴瓦或滚动轴承。

（4）轴承安装不当。此时应重新调整安装。

4. 托辊不转

（1）输送带未接触托辊。此时应调整托辊位置。

（2）轴承缺油、太脏或损坏。此时应及时进行修理或更换轴承。

5. 输送带撕裂

（1）物料中有大形带尖角异物（如金属零件或竹木片等）混入，这种物料被卡于进料斗或挡板输送带之间并纵向划破输送带。此时应及时清出混入的异物，并加强日常管理。

（2）输送带跑偏后零件卡住接头引起撕裂。因此只要一发现跑偏，就应及时纠正。

6. 输送带接头撕裂

（1）接头安装质量太差。此时应按要求重新连接接头。

（2）张紧装置调节过紧。此时应放松张紧装置。

（3）输送带下垂度太大。应及时调整输送带长度。

知识点二

斗式提升机

一、斗式提升机认知

（一）斗式提升机的结构

图7-7为斗式提升机（简称斗提机）的一般结构。它主要由牵引构件（畚斗带）、料斗（畚斗）、机头、机筒、机座、驱动装置和张紧装置等部分组成。整个斗提机由外部机壳形成封闭式结构，外

斗式提升机的主要构件微课

壳上部为机头，中部为机筒，下部为机座。机筒可根据提升高度不同由若干节构成。内部结构主要为环绕于机头头轮和机座底轮形成封闭环形结构的畚斗带，畚斗带上每隔一定的距离安装用于承载物料的畚斗。斗提机的驱动装置设置于机头位置，通过头轮实现斗提机的驱动；用于实现畚斗带张紧、保证畚斗带有足够张力的张紧装置位于机座外壳上；为了防止畚斗带逆转，头轮上还设置了止逆器；机筒中安装了畚斗带跑偏报

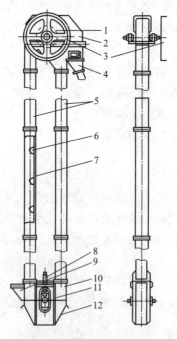

1—头轮　2—机头　3—传动轮　4—出料口　5—机筒　6—畚斗
7—畚斗带　8—张紧装置　9—进料口　10—机座　11—底轮　12—插板

图7-7　斗式提升机的一般结构

警器、畚斗带跑偏时能及时报警；底轮轴上安装有速差监测器，以防止畚斗带打滑；机头外壳上设置了一个泄爆孔，能及时缓解密封空间的压力，防止粉尘爆炸事故的发生。

以上几个特殊构件的设置，都是为了保证斗提机能正常安全地运转。

1. 畚斗带

畚斗带是斗提机的牵引构件，其作用是承载、传递动力。畚斗带要求强度高、挠性好、延伸率小、重量轻。常用的有帆布带和橡胶带两种。帆布带是用棉纱编织而成的，主要适用于输送量和提升高度不大、物料和工作环境较干燥的斗提机；橡胶带由若干层帆布带和橡胶经硫化胶结而成，适用于输送量和提升高度较大的斗提机。

2. 畚斗

畚斗是盛装输送物料的构件。根据材料不同，畚斗有金属畚斗和塑料畚斗两种。金属畚斗是用 $1 \sim 2mm$ 厚的薄钢板经焊接、铆接或冲压而成；塑料畚斗用聚丙烯塑料制成，它具有结构轻巧、造价低、耐磨、与机筒碰撞不产生火花等优点，是一种较理想的畚斗。常用的畚斗按外形结构可分为深斗、浅斗和无底畚斗，如图 7-8 和图 7-9 所示，适用于不同的物料。无底畚斗安装时通常 $5 \sim 10$ 只料斗为一组连续排列，最后一只是有底斗，这种料斗输送量较大。畚斗用特定的螺栓固定安装于畚斗带。

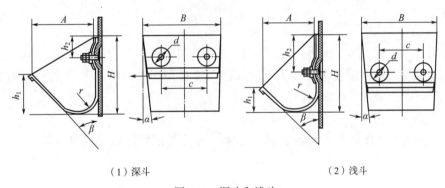

（1）深斗　　　　　　　　　　　　　　　（2）浅斗

图 7-8　深斗和浅斗

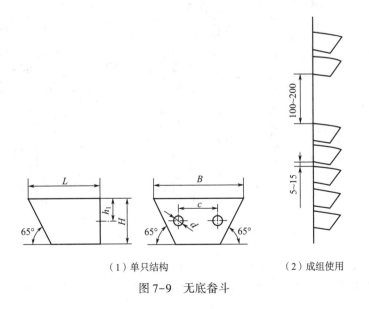

（1）单只结构　　　　　　　　　　（2）成组使用

图 7-9　无底畚斗

3. 机头

机头主要由机头外壳、头轮、传动轮和卸料口等部分组成，如图 7-10 所示。

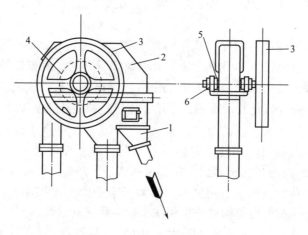

1—卸料口　2—外壳　3—传动轮　4—头轮　5—短轴　6—轴承

图 7-10　机头构造

4. 机筒

常用的机筒为矩形双筒式，如图 7-11 所示。机筒通常用薄钢板制成 1.5~2m 长的节段，节段间用角钢法兰边连接。机筒通过每个楼层时都应在适当位置设置观察窗，在整个机筒的中部设置检修口。

5. 机座

机座主要由底座外壳、底轮、轴、轴承、底轮张紧装置和进料口等部分组成，如图 7-12 所示。

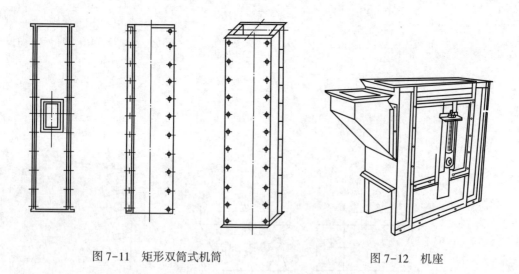

图 7-11　矩形双筒式机筒　　　　　　图 7-12　机座

（二）斗式提升机的工作过程

斗式提升机利用环绕并张紧于头轮，底轮的封闭环形畚斗带作为牵引构件，利用安装于畚斗带上的畚斗作为输送物料构件，通过畚斗带的连续运转实现物料的输送。因此，斗提机是连续性输送机械。理论上可将斗提机的工作过程分为三个阶段：装料过程、提升过程和卸料过程。

1. 装料过程

装料就是畚斗在通过底座下半部分时挖取物料的过程。畚斗装满程度用装满系数 ψ（ψ＝畚斗内所装物料的体积/畚斗的几何容积）表示。根据装料方向不同，其装料方式有顺向进料和逆向进料两种方式（图 7-13），工程实际中较常用的是逆向进料方式，此种方式的进料方向与畚斗运动的方向相向，装满系数较大。

斗式提升机的简介及
工作过程分析微课

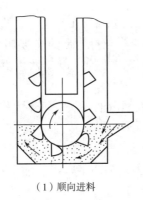 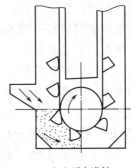

（1）顺向进料　　　　　　　　　　（2）逆向进料

图 7-13　斗式提升机的装料过程

2. 提升过程

畚斗绕过底轮水平中心线至头轮水平中心线的过程，即物料随畚斗垂直上升的过程，称为提升过程。此过程应保证畚头带有足够的张力，实现平稳提升，防止撒料现象的发生。

3. 卸料过程

物料随畚斗通过头轮上部从卸料口卸出的过程称为卸料过程。卸料方法有离心式、重力式和混合式三种。离心式卸料料斗速度较高，适用于流动性、散落性较好的物料；含水分较多、散落性较差的物料宜采用较慢的料斗速度，适合重力式卸料；混合式卸料对物料适应性较好，实际工程中较常采用。

二、斗式提升机操作维护及故障处理

（一）斗式提升机的操作维护

1. 开、停机操作

斗提机的开、停机操作应遵守"空载启动，空载停车"的原则。也就是先开机，待运转正常后，再给料；停车前应将机内的物料排空。开机前应作常规检查，即检查紧固件、安全防护及设备润滑情况等。

斗式提升机的安装、
操作及故障分析微课

171

2．运行操作

（1）运行时进料应均匀，出料管应通畅，以免引起堵塞。如发生堵塞，应立即停止进料并停机，拉开机座插板，排除堵塞物（注意此时不能直接用手伸进底座）。

（2）正常工作时，畚斗带应在机筒中间位置。如发现有跑偏现象或畚斗带过松而引起畚斗与机筒碰撞摩擦时，应及时通过张紧装置进行调整。

（3）严防大块异物进入机座，以免打坏畚斗，影响斗提机正常工作。输送没有经过初步清理的物料时，进料口应加设铁栅网，防止稻草、麦秆、绳子等纤维性杂质进入机座而引起缠绕堵塞。

（4）轴承温度如超过40℃，应停车检查。

3．调整与检查

（1）不定期调整机座张紧螺杆，张紧畚斗带，消除畚斗带跑偏、擦边现象。

（2）应定期检查提升机畚斗带的张紧程度、畚斗与畚斗带的连接是否牢固。如发现松动、脱落、畚斗歪斜和破损现象，应及时检修或更换，以免发生更严重的后果。每年大修时应全面检查、紧固或更换零件。

（3）滚动轴承采用钙基润滑脂润滑。每月加换润滑油一次，每年大修时拆洗一次，并更换润滑油。

（二）斗式提升机常见故障的分析与处理

斗提机工作时常见的故障有：堵塞、回料过多、畚斗带打滑、输送量降低、畚斗带跑偏等。下面是这些故障产生的主要原因和排除方法。

1．堵塞

（1）进料不均匀。应做到均匀进料。

（2）提升中撒料过多，增大了张紧力。应做到稳定提升。

（3）回料过多。应及时找出原因，尽量减少回料量。

（4）料斗带打滑。应增大张紧力。

2．回料过多

（1）设备选型不合适，如卸料方式与物料不对应，或畚斗形式与被输送的物料不对应，也可能因为畚斗形式与卸料方式不对应。应根据情况选择合适的机型。

（2）带速过快或过慢。应及时调整带速。

（3）排料不畅。应及时疏通排料管。

3．畚斗带打滑

（1）过载所致。应及时减少进料量。

（2）张紧力不够。应增大张紧力。

4．输送量降低

（1）回料量多。应检查原因，尽量消除回料量。

（2）畚斗数量不够、歪斜损坏或脱落较多。应经常检查畚斗的完好情况，及时更换破损畚斗。

5．畚斗带跑偏

（1）头轮轴水平度超标。应调整机头轴承座垫片。

（2）底轮轴与头轮轴不平行。应调整机座，张紧螺杆。

知识点三

埋刮板输送机

一、埋刮板输送机认知

（一）埋刮板输送机的结构

埋刮板输送机主要由刮板链条、头尾链轮、料槽、进料口、卸料口、驱动装置和张紧装置等构件组成，如图 7-14 所示。头尾链轮即为驱动轮和张紧轮；链条作为牵引构件被环绕支承于头尾链轮和机槽内；安装于链条上的刮板为输送物料构件。物料在封闭形机槽内通过连续运转的刮板、链条实现输送。与前面两种输送机相同，埋刮板输送机的驱动装置安装于头部驱动轮端，张紧装置设置于尾部张紧轮端。它通常采用滑块螺杆式张紧装置，其进料口开设于尾部机槽上部，卸料口开设于头部机槽下部。注意带式输送机和斗提机的牵引构件是通过摩擦实现驱动力，而埋刮板输送机的链条是通过齿啮合实现驱动力。

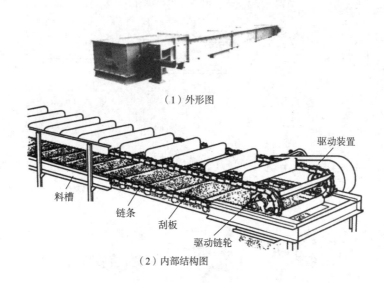

（1）外形图

（2）内部结构图

图 7-14 埋刮板输送机的结构

常用的埋刮板输送机为固定式安装，它分为水平型（MS 型）、垂直型（MC 型）和混合型（MZ 型）三种，如图 7-15 所示。MS 型是使用普遍的水平型埋刮板输送机；MC 型是使用普遍的垂直型埋刮板输送机，最大工作倾角可达 90°，最大提升高度为 30m；MZ 型是一种水平-垂直混合型埋刮板输送机，提升高度一般为 20m，上水平段输送距离小于 30m。

埋刮板输送机简介及主要构件微课

1. 刮板链条

它是由刮板和链条连接于一体而形成的，其作用是承载、传递动力和输送物料。常用的链条有模锻链、滚子链、双板链三种，如图 7-16 所示，要求其必须有足够的强度和耐磨性。

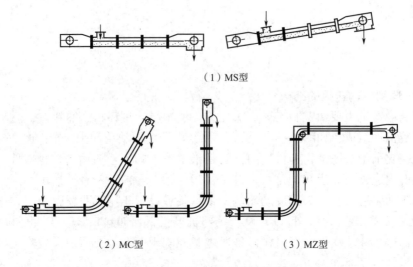

（1）MS型

（2）MC型　　　　　　　（3）MZ型

图7-15　埋刮板输送机的通用类型

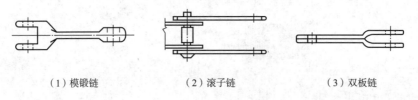

（1）模锻链　　　　（2）滚子链　　　　（3）双板链

图7-16　链条的形式

刮板根据其结构不同可分为 T 型、U_1 型、O 型、V_1 型和 O_4 型，如图 7-17 所示。它们的包围系数不同，适合于不同物料和不同类型的埋刮板输送机。一般情况下，MS

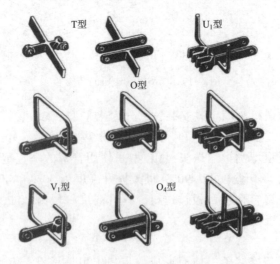

图7-17　常用刮板的形式

型埋刮板输送机选用 T 型、U_1 型刮板；MC 型埋刮板输送机选用 V_1 型、O 型和 O_4 型刮板；MZ 型埋刮板输送机选用 V_1 型刮板。如果输送物料的散落性较好，则应选用包围系数大的刮板，这样才能更好地保证物料的稳定输送。

2. 机槽

机槽是埋刮板输送机的外壳，它起到密封和支承其他构件的作用，更重要的是，它还是物料输送的内腔，故必须具有良好的耐磨性。埋刮板输送机有三种基本形式，其机槽结构较复杂，特别是 MC 型埋刮板输送机和 MZ 型埋刮板输送机。埋刮板输送机的机槽可分为机头段、机尾段、过渡段、弯曲段、中间段（包括水平中间段、垂直中间段）和加料段。其中弯曲段是指 MC 型和 MZ 型埋刮板输送机水平到垂直或垂直到水平的弯曲过渡段，其结构较复杂；中间段是机槽最基本的部分；水平中间段和垂直中间段结构不同。机槽的横截面形状如图 7-18 所示，分为有载部分和空载部分，其基本参数为机槽宽度 B 和有载部分的高度 h。

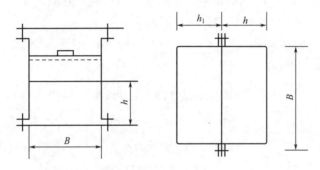

图 7-18 机槽的横截面

其中水平中间段横断面为矩形，下部为有载部分；刮板链条被支承于底板，上部为空载部分，刮板链条安装在机槽侧面的导轨上。

（二）埋刮板输送机的工作原理

带式输送机和斗提机输送物料时是很直观的，它们分别利用输送带和畚斗直接将物料带走。而埋刮板输送机不能简单地认为是通过刮板直接推动物料而完成其输送，因为刮板的横断面往往较被输送物料的横断面小很多，刮板被物料埋在里面。那么，埋刮板输送机是怎样实现物料输送的呢？埋刮板输送机工作时，无论是水平输送还是垂直输送，当物料从进料口进入封闭的机槽后，在刮板推力、物料的自身重力等外力作用下，散装物料形成足够的内摩擦力，该内摩擦力足以克服物料输送时所受的机槽对其的外摩擦力及垂直输送时物料的重力，这样物料就可形成一个相对稳定的整体，在刮板链条的作用下完整地向前输送。

二、埋刮板输送机操作维护及故障处理

（一）埋刮板输送机的操作维护

1. 遵循"空载启动、空载停车"的原则

操作时同样遵循"空载启动，空载停车"的原则。如因特殊情况发生紧急停车，

需要重新启动时，必须先点动几次，或适当排除机槽内的物料；MC
型和 MZ 型可打开弯曲过渡段下部的观察窗盖板进行排料。

2. 工作过程中的注意事项

工作过程中，严防金属件、大块物料或杂质进入机槽内，以免
损坏设备或造成其他事故。

埋刮板输送机的安装、
操作及故障分析微课

3. 应经常检查设备各部件

应经常检查设备各部件，特别是刮板链条和驱动装置，使其保持完好无损的状态，
如发现有残缺损伤的机件，应及时修复或更换。

4. 工作过程中应经常注意观察

发现机内有异常响声或有故障应及时停车排除，不得带故障工作。

5. 一般情况下的维护

一般情况下，埋刮板输送机应每季度小修一次，半年中修一次，1~2 年大修一次。
大修时埋刮板输送机的全部零件都应拆除清洗，更换磨损零件。

6. 注意保持所有轴承和驱动部分有良好的润滑

埋刮板输送机各部位的润滑见表 7-1。但应注意刮板链条、导轨及头尾链轮、导向
轮等部件不得加注润滑油。

表 7-1　　　　　　　　　　　埋刮板输送机各部位的润滑

润滑部位	润滑材料	润滑周期	润滑方法
各转动轴承	耐水润滑油	500h	用注油器或涂抹
张紧装置导轨	石墨润滑油	800h	涂抹
张紧装置螺杆	耐水润滑油	800h	涂抹
开式传动链	耐水润滑油	1.5 个月	涂抹
齿轮减速器	10 号汽车机油	6 个月	涂抹
电机	耐水润滑油	6 个月	涂抹

（二）埋刮板输送机常见故障的分析与处理

埋刮板输送机工作时常见的故障有：跑偏、断链、浮链、堵塞、阻力增大、头轮
和刮板链条啮合不良等。下面介绍这些故障产生的主要原因和排除方法。

1. 跑偏

（1）安装垂直度不符合要求，头轮、尾轮及导轮、托轮不对中，或各轮轴不平行
等。此时应按要求进行调整，并使其达到要求。

（2）尾轮两端张紧程度不一致。此时应调节张紧装置，使尾轮两端张紧程度一致，
轮轴与机身纵向中心线垂直。

2. 断链

（1）选用的链条强度不够。此时应重新选用强度符合要求的链条。

（2）链条质量没有达到要求。此时应更换质量符合要求的链条。

（3）刮板链条上的开口销磨损，使销轴脱落。此时应更换销轴。

（4）输送物料中混入大块的物料或铁块，使链条卡住、过载而断链。此时应清除卡住链条的异物，并在进料口设置格栅。

（5）安装不良或运行振动、撞击，使料槽之间的法兰连接导轨处出现上下、左右的较大移位，卡住链条而断链。此时应重新安装，使料槽之间的法兰连接导轨处平整无错位。

3. 浮链

（1）输送高水分、黏性大的物料所致。此时应将刮板倾斜安装于链条或承载料槽内，每隔 2m 配置一压板加以克服。

（2）刮板变形。此时应更换变形的刮板。

（3）输送速度太大。此时应调整输送速度。

4. 堵塞

（1）进料不均匀或大杂物混入机槽。此时应调整进料，防止大杂物进入机槽。

（2）排料不及时。此时应及时排料。

（3）浮链或断链。此时应排除浮链或断链。

5. 阻力增大

（1）输送速度过大。此时应调整输送速度。

（2）机槽磨损或变形。此时应修复机槽。

（3）工作过载。此时应排除过载。

6. 头轮和刮板链条啮合不良

（1）头轮偏斜。此时应对头轮进行及时检查，并加以调整。

（2）料槽安装不对中。此时应对料槽进行检查，并加以调整。

（3）链条距伸长。此时应更换。

（4）头轮齿磨损。此时应进行修复或更换。

知识点四

螺旋输送机

一、螺旋输送机认知

（一）螺旋输送机的结构

图 7-19 为水平螺旋输送机的结构图，它主要由螺旋体、轴承、料槽、进料口、出料口和驱动装置等部分组成。刚性的螺旋体通过头、尾部和中间部位的轴承支承于料槽，形成可实现物料输送的转动构件，螺旋体的运转通过安装于头部的驱动装置实现，进料口和出料口分别开设于料槽尾部的上侧和头部下侧。

螺旋输送机的简介
及主要构件微课

1. 螺旋体

螺旋体是螺旋输送机实现物料输送的主要构件，它由螺旋叶片和螺旋轴两部分构成。常用的叶片有实体式（满面式）、带式和桨式叶片三种形式。图 7-20 为三种螺旋体形式。

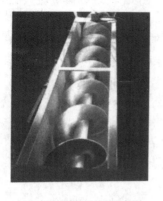

（1）水平螺旋输送机的内部图　　　　　　（2）水平螺旋输送机的外部图

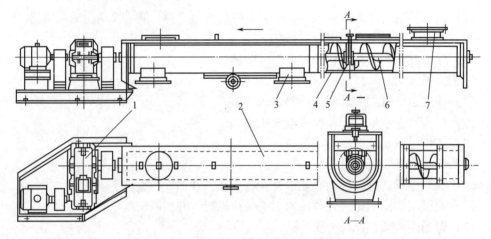

（3）水平螺旋输送机的一般结构

1—驱动装置　2—盖板　3—出料口　4—料槽　5—轴承　6—螺旋体　7—进料口

图 7-19　水平螺旋输送机的结构图

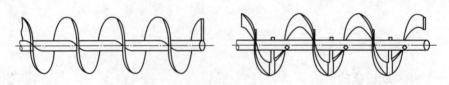

（1）实体式叶片螺旋　　　　　　　　　　　（2）带式叶片螺旋

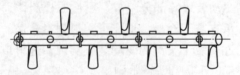

（3）桨式叶片螺旋

图 7-20　螺旋体形式

按叶片在轴上的盘绕方向不同，又分为右旋和左旋两种，逆时针盘绕为左旋，顺时针盘绕为右旋。

螺旋体输送物料的方向由叶片旋向和轴的旋转方向决定。具体确定时，先确定叶片旋向，然后按左旋用右手、右旋用左手的原则，四指弯曲方向为轴旋转方向，大拇指伸直方向即为输送物料方向。如图 7-21 所示，同一螺旋体上如有两种旋向的叶片，可同时实现两个不同方向物料的输送。螺旋轴通常采用直径为 30～70mm 的空心钢管。

螺旋输送机物料输送方向的判定微课

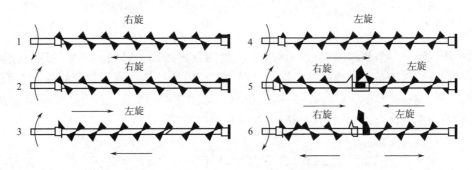

图 7-21　旋向和物料输送方向

2. 轴承

轴承是安装于机槽用于支承螺旋体的构件，按其安装位置和作用不同有头部轴承、尾部轴承和中间轴承。如图 7-22 所示，头部轴承主要由向心推力轴承、轴承盖、油环等部分组成。它安装于头部卸料端，承受径向力和轴向力，所以其轴承应采用向心推力轴承。尾部轴承安装于尾部进料端，只承受径向力，采用向心球面轴承，结构较简单，如图 7-23 所示。对于螺旋轴在 3m 以上的螺旋输送机，为了避免螺旋轴发生弯曲，应安装中间轴承，中间轴承一般采用悬吊结构，且其横向尺寸应尽可能小，以免造成物料堵塞。

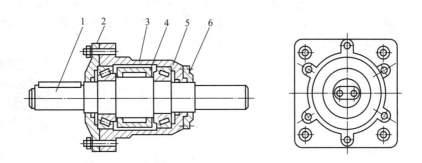

1、2、3—向心推力轴承轴　4—油环　5—向心推力轴承　6—轴承盖
图 7-22　头部轴承

3. 料槽

水平慢速螺旋输送机的料槽通常用 2～4mm 厚的薄钢板制成。模断面两侧壁垂直，

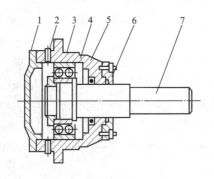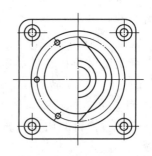

1—轴承盖　2—弹子油环　3—圆螺母　4—双向向心球面轴承　5—轴承座　6—压盖　7—尾轴

图 7-23　尾部轴承

底部为半圆形，每节料槽的端部和侧壁上端均用角钢加固，以保证料槽的刚度，实现节与节间、顶部盖板与料槽间的连接，料槽底部应设置铸铁件或角钢焊接件的支承脚。底部半圆的内径应比螺旋叶片直径大 4~8mm，如图 7-24 所示。垂直快速螺旋输送机的料槽横断面为圆形，通常采用薄壁无缝钢管制成。

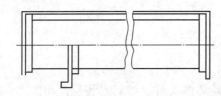

图 7-24　料槽

（二）螺旋输送机的工作原理

螺旋叶片为螺旋形空间曲面，它是由一直线绕轴同时作旋转运动和直线运动形成的。所以，螺旋输送机输送物料时就是利用固定的螺旋体旋转运动伴随的直线运动推动物料向前输送。物料呈螺旋线状向前运动，也就是在向前输送的同时伴随着圆周方向的翻滚运动，所以水平慢速螺旋输送机的转速不能太大。而垂直快速螺旋输送机必须利用螺旋体的高速旋转使物料与料槽间形成足够的摩擦力，以克服叶片对物料的摩擦阻力及物料自身的重力，保证物料向上输送。

二、螺旋输送机操作维护及故障处理

螺旋输送机的选用、
安装、操作及故
障分析微课

（一）螺旋输送机的操作维护

1. 开车前检查

开机前应判明电机旋转方向是否符合工作要求；还应检查料槽内有无杂物，特别是中间悬挂轴承处的堵塞物，以免发生堵塞故障。

2. 启动

应保证空载启动，停车时应待机内物料排净后再停车。

3. 运行过程中的操作

（1）进入输送机的物料，应先进行必要的清理，以防止大块杂质或纤维杂质进入输送机，保证输送机正常工作。

（2）不能在没有停机的情况下，直按用手或借助其他工具伸入料槽内掏取物料。

（3）输送黏性较大、水分较高的物料时，应经常清除机内各处的黏附物，以免引起输送量下降，甚至发生堵塞。

（4）输送机顶盖必须盖严，以防止外界物品进入料槽或机内粉尘外扬，甚至发生安全事故；同时，还应禁止在机盖上踩踏行走，以防人身安全事放的发生。

（二）螺旋输送机常见故障的分析与处理

1. 常见故障

螺旋输送机由于输送物料的空间较小，对物料很敏感，螺旋轴旋转时易发生物料的缠绕，中间悬挂轴承易堵塞物料，所以堵塞是螺旋输送机最常见的故障，会影响产量，增加电耗，严重时会烧坏电机，扭断螺旋轴，影响生产的正常进行。

2. 故障处理措施

发生堵塞的原因很多，防止发生堵塞主要可采取以下措施。

（1）合理选择螺旋输送机的各技术参数，如慢速螺旋输送机转速不能太大。

（2）严格执行操作规程，做到空载启动、空载停车；保证进料连续均匀。

（3）加大出料口或加长料槽端部，以解决排料不畅或来不及排料的问题；同时，还可在出料口料槽端部安装一小段反旋向叶片，以防端部堵料。

（4）对进入螺旋输送机的物料进行必要的清理，以防止大杂物或纤维性杂质进入机内引起堵塞。

（5）尽可能缩小中间悬挂轴承的横向尺寸，以减少物料通过中间轴承时发生堵塞。

（6）安装料仓料位器和堵塞感应器，实现自动控制和报警。

（7）在卸料端盖板上开设防堵活门。发生堵塞时，由于物料堆积，会顶开防堵活门，同时通过行程开关切断电源。

工作任务 　　斗式提升机的启停机操作

▋任务要求

1. 能正确进行斗式提升机启停机操作及运行过程管理。

2. 树立劳动意识，树立安全用电、安全生产意识。

▋任务描述

根据工作需求，按照设备操作规程，独立或协同其他人员，在规定时间内进行斗式提升机启停机操作，操作过程中遵循现场工作管理规范。

任务实施

操作步骤	操作要点
开机准备及开机操作	正确穿戴工装
	检查进、出料口有无堵塞现象
	检查减速机有无渗漏现象和润滑情况，润滑油在油标上下限位之间位置
	检查头、尾链轮轴承及电机轴承是否润滑良好
	检查防护装置及安全设施是否完整牢固。检查所有检修门和观察门是否关闭
	检查畚斗带的松紧是否合适，畚斗是否有松动，变形或磨损
	检查头、尾链轮转动是否灵活，转向是否正确
	开车前与上下岗位联系好，方可开车
运转检查	减速机温度是否正常，有无异常振动和声音
	机体及各机件运行声音是否正常，有无异常振动
	减速机、液力耦合器有无漏油现象
	是否有回料情况
停机准备及停机操作	是否检查机内残粮
	是否空载停机
	停车前与上下岗位联系好，方可停车
	清理现场卫生

任务评价

评价项目	评价内容	分值	得分
开机准备及开机操作	正确穿戴工装	3	
	检查进、出料口有无堵塞现象	6	
	检查减速机有无渗漏现象和润滑情况，润滑油在油标上下限位之间位置	4	
	检查头、尾链轮轴承及电机轴承是否润滑良好	4	
	检查防护装置及安全设施是否完整牢固。检查所有检修门和观察门是否关闭	4	
	检查畚斗带的松紧是否合适，畚斗是否有松动，变形或磨损	4	
	检查头、尾链轮转动是否灵活，转向是否正确	4	
	开车前与上下岗位联系好，方可开车	6	

续表

评价项目	评价内容	分值	得分
运转检查	减速机温度是否正常，有无异常振动和声音	5	
	机体及各机件运行声音是否正常，有无异常振动	10	
	减速机、液力耦合器有无漏油现象	5	
	是否有回料情况	5	
停机准备及 停机操作	是否检查机内残粮	5	
	是否空载停机	10	
	停车前与上下岗位联系好，方可停车	10	
	清理现场卫生	5	
职业素养	安全生产意识	10	
总得分			

习　题

一、填空题

1. 带式输送机、斗式提升机、埋刮板输送机及螺旋输送机四种常用输送机械中。可用于水平方向输送的是_____，可用于垂直方向输送的是_____，可同时用于水平、倾斜和垂直方向输送的是_____，可实现多点进卸料的是_____，可用于输送包装物料的是_____，具有刚性牵引构件的是_____。

2. 斗式提升机的工作过程包括_____、_____和卸料三个过程。

3. 斗式提升机常用畚斗有深斗和_____。

4. 带式输送机支承装置主要由_____和_____两部分构成，其常用形式有单节平直型和_____，其中单节平直型一般用于_____。

5. 带式输送机常用张紧装置包括_____和_____两种，固定式带式输送机一般采用_____张紧装置。

6. 埋刮板输送机的通用机型包括水平型和_____。

7. 刮板的常用形式包括_____、_____、_____、_____、_____。五种。水平型埋刮板输送机一般应选用_____刮板。

8. 螺旋输送机轴承包括_____、_____和_____三种。

9. 螺旋输送机输送物料方向由_____和_____决定。

二、简答题

1. 带式输送机、斗式提升机、埋刮板输送机和螺旋输送机分别由哪些主要部件构成？这四种输送机械在结构上有何异同？

2. 机械输送设备有哪几个需要安装张紧装置？常用的张紧装置有哪儿种？它们的结构和主要特点是什么？

3. 简述埋刮板输送机的工作原理。

4. 简述螺旋输送机的工作原理。

5. 具体选用机械输送设备时主要应考虑哪几方面的问题？

6. 比较几种水平输送设备的工作特点。

7. 防止螺旋输送机发生堵塞的主要措施是什么？

8. 带式输送机、斗式提升机、埋刮板输送机和螺旋输送机在功能上有何异同？

9. 某面粉厂清理车间的一台斗式提升机出现畚斗带打滑现象，请说明原因及解决办法。

10. 某螺旋输送机在一次启动时出现烧毁电机的现象，试分析原因。

附录

附录一　除尘风管计算表

一、以 λ/d 值表示的除尘风管计算表

动压/ （kg/m²）	风速/ （m/s）	外径 D/mm								
		80	90	100	110	120	130	140	150	160
3.92	8.0	134 0.350	171 0.300	213 0.261	259 0.231	310 0.206	365 0.186	425 0.169	489 0.155	558 0.143
4.43	8.5	142 0.348	182 0.298	226 0.260	275 0.229	329 0.205	388 0.185	451 0.168	519 0.154	592 0.142
4.96	9.0	151 0.345	193 0.296	239 0.258	291 0.228	348 0.204	410 0.184	478 0.167	550 0.153	627 0.141
5.53	9.5	159 0.344	203 0.294	253 0.257	308 0.227	368 0.203	433 0.183	504 0.166	580 0.152	662 0.140
6.12	10.0	168 0.342	214 0.293	266 0.255	324 0.226	387 0.202	456 0.182	531 0.166	611 0.152	697 0.140
6.75	10.5	176 0.340	225 0.291	279 0.254	340 0.225	406 0.201	479 0.181	557 0.165	642 0.151	732 0.139
7.41	11.0	184 0.339	235 0.290	293 0.253	356 0.224	426 0.200	502 0.180	584 0.164	672 0.150	767 0.138
8.10	11.5	193 0.337	246 0.289	306 0.252	372 0.223	445 0.199	524 0.180	610 0.163	703 0.150	801 0.138

续表

动压/ (kg/m²)	风速/ (m/s)	外径 D/mm								
		80	90	100	110	120	130	140	150	160
8.82	12.0	201 0.336	257 0.288	319 0.251	388 0.222	464 0.198	547 0.179	637 0.163	733 0.149	836 0.137
9.57	12.5	210 0.335	268 0.287	333 0.250	405 0.221	484 0.198	570 0.178	663 0.162	764 0.149	871 0.137
10.35	13.0	218 0.334	278 0.286	346 0.249	421 0.220	503 0.197	593 0.178	690 0.162	794 0.148	906 0.136
11.16	13.5	226 0.333	289 0.285	359 0.249	437 0.220	523 0.196	616 0.177	710 0.161	825 0.148	941 0.136
12.01	14.0	235 0.332	300 0.284	372 0.248	453 0.219	542 0.196	638 0.177	743 0.161	855 0.147	976 0.136
12.88	14.5	243 0.331	310 0.284	386 0.247	469 0.219	561 0.195	661 0.176	769 0.160	886 0.147	1011 0.135
13.78	15.0	251 0.330	321 0.283	399 0.247	486 0.218	581 0.195	684 0.176	796 0.160	916 0.147	1045 0.135
14.72	15.5	260 0.329	332 0.282	412 0.246	502 0.217	600 0.194	707 0.175	823 0.160	947 0.146	1080 0.135
15.68	16.0	268 0.328	342 0.281	426 0.245	518 0.217	619 0.194	730 0.175	849 0.159	978 0.146	1115 0.134
16.68	16.5	277 0.328	353 0.281	439 0.245	534 0.216	639 0.194	752 0.175	876 0.159	1008 0.146	1150 0.134
17.70	17.0	285 0.327	364 0.280	452 0.244	550 0.216	658 0.193	775 0.174	902 0.159	1039 0.145	1185 0.134
18.76	17.5	293 0.326	375 0.280	466 0.244	566 0.216	677 0.193	798 0.174	929 0.158	1069 0.145	1220 0.134
19.85	18.0	302 0.326	385 0.279	479 0.243	583 0.215	697 0.192	821 0.174	955 0.158	1100 0.145	1254 0.133
20.96	18.5	310 0.325	396 0.279	492 0.243	599 0.215	716 0.192	844 0.173	982 0.158	1130 0.144	1289 0.133
22.11	19.0	319 0.325	407 0.278	505 0.243	615 0.214	735 0.192	866 0.173	1008 0.157	1161 0.144	1324 0.133
23.29	19.5	327 0.324	417 0.278	519 0.242	631 0.214	755 0.191	889 0.173	1035 0.157	1191 0.144	1359 0.133

续表

动压/ (kg/m²)	风速/ (m/s)	外径 D/mm								
		170	180	190	200	210	220	240	250	260
3.92	8.0	631 0.132	709 0.123	791 0.115	878 0.108	969 0.101	1065 0.0956	1271 0.0857	1380 0.0158	1494 0.0707
4.43	8.5	670 0.131	753 0.122	840 0.114	933 0.107	1030 0.101	1132 0.0950	1350 0.0852	1466 0.0808	1587 0.0771
4.96	9.0	710 0.131	797 0.122	890 0.114	988 0.106	1090 0.100	1198 0.0944	1429 0.0847	1552 0.0805	1681 0.0766
5.53	9.5	749 0.130	842 0.121	939 0.113	1042 0.106	1151 0.0996	1265 0.0939	1509 0.0842	1639 0.0801	1774 0.0762
6.12	10.0	789 0.129	886 0.120	989 0.112	1097 0.105	1212 0.0991	1331 0.0935	1588 0.0838	1725 0.0979	1867 0.0759
6.75	10.5	828 0.129	930 0.120	1038 0.112	1152 0.105	1272 0.0987	1398 0.0931	1668 0.0835	1881 0.0793	1961 0.0755
7.41	11.0	867 0.128	974 0.119	1088 0.111	1207 0.104	1333 0.0982	1465 0.0927	1747 0.0831	1897 0.0790	2054 0.0752
8.10	11.5	907 0.128	1019 0.119	1137 0.111	1262 0.104	1393 0.0979	1531 0.0923	1826 0.0828	1984 0.0787	2148 0.0749
8.82	12.0	946 0.127	1063 0.118	1187 0.111	1317 0.104	1454 0.0975	1598 0.0920	1906 0.0825	2070 0.0784	2241 0.0747
9.57	12.5	986 0.127	1107 0.118	1236 0.110	1372 0.103	1514 0.0972	1664 0.0917	1985 0.0822	2156 0.0781	2334 0.0744
10.35	13.0	1025 0.126	1152 0.118	1285 0.110	1426 0.103	1575 0.0969	1731 0.0914	2065 0.0820	2242 0.0779	2428 0.0742
11.16	13.5	1065 0.126	1196 0.117	1335 0.110	1481 0.103	1636 0.0966	1797 0.0911	2144 0.0817	2329 0.0777	2521 0.0740
12.01	14.0	1104 0.126	1240 0.117	1384 0.109	1536 0.102	1696 0.0963	1864 0.0909	2223 0.0815	2415 0.0775	2614 0.0738
12.88	14.5	1143 0.125	1284 0.117	1434 0.109	1591 0.102	1757 0.0961	1931 0.0907	2287 0.0813	2484 0.0773	2708 0.0736
13.78	15.0	1183 0.125	1329 0.116	1483 0.109	1646 0.102	1817 0.0958	1997 0.0904	2382 0.0811	2587 0.0771	2801 0.0734
14.72	15.5	1222 0.125	1373 0.116	1533 0.108	1701 0.102	1878 0.0956	2064 0.0902	2462 0.0809	2674 0.0769	2895 0.0732

续表

动压/	风速/	外径 D/mm								
(kg/m²)	(m/s)	170	180	190	200	210	220	240	250	260
15.68	16.0	1262 0.124	1417 0.116	1582 0.108	1756 0.101	1938 0.0954	2130 0.0900	2541 0.0807	2760 0.0767	2988 0.0731
16.68	16.5	1301 0.124	1462 0.116	1631 0.108	1811 0.101	1999 0.0952	2197 0.0898	2620 0.0806	2846 0.0766	3081 0.0729
17.70	17.0	1341 0.124	1506 0.115	1681 0.108	1865 0.101	2060 0.0950	2263 0.0896	2700 0.0804	2932 0.0764	3175 0.0728
18.76	17.5	1380 0.124	1550 0.115	1730 0.108	1920 0.0948	2330 0.0895	2779 0.0802	3019 0.0763	3268 0.0726	3796 0.0662
19.85	18.0	1419 0.123	1594 0.115	1780 0.107	1975 0.101	2181 0.0946	2397 0.0893	2859 0.0801	3105 0.0761	3361 0.0725
20.96	18.5	1459 0.123	1639 0.115	1829 0.107	2030 0.100	2241 0.0945	2463 0.0891	2938 0.0800	3191 0.0760	3455 0.0724
22.11	19.0	1498 0.123	1683 0.114	1879 0.107	2085 0.100	2302 0.0943	2530 0.0943	2530 0.0890	3017 0.0798	3277 0.0759
23.29	19.5	1538 0.123	1727 0.114	1928 0.107	2140 0.100	2362 0.0942	2596 0.0888	3097 0.0797	3364 0.0757	3642 0.0721

动压/	风速/	外径 D/mm								
(kg/m²)	(m/s)	280	300	320	340	360	380	400	420	450
3.92	8.0	1736 0.0707	1995 0.0649	2273 0.0599	2569 0.0556	2883 0.0518	3215 0.0485	3565 0.0455	3933 0.0428	4520 0.0394
4.43	8.5	1844 0.0703	2120 0.0645	2415 0.0592	2729 0.0553	3063 0.0515	3416 0.0482	3788 0.0452	4179 0.0626	4802 0.0398
4.96	9.0	1953 0.0699	2245 0.0642	2557 0.0592	2890 0.0549	3243 0.0512	3617 0.0479	4011 0.0450	4425 0.0423	5085 0.0390
5.53	9.5	2061 0.0695	2369 0.0638	2700 0.0589	3051 0.0547	3423 0.0509	3818 0.0476	4233 0.0447	4671 0.0421	5367 0.0387
6.12	10.0	2169 0.0692	2494 0.0635	2841 0.0586	3211 0.0544	3604 0.0507	4019 0.0474	4456 0.0445	4917 0.0149	5649 0.0385
6.75	10.5	2278 0.0689	2619 0.0632	2983 0.0584	3372 0.0542	3784 0.0505	4220 0.0472	4679 0.0443	5162 0.0417	5932 0.0384
7.41	11.0	2386 0.0868	2743 0.0630	3125 0.0581	3532 0.0539	3964 0.0503	4420 0.0470	4902 0.0441	5408 0.0416	6214 0.0382

续表

动压/ (kg/m²)	风速/ (m/s)	外径 D/mm								
		280	300	320	340	360	380	400	420	450
8.10	11.5	2495 0.0683	2868 0.0627	3267 0.0579	3693 0.0537	4144 0.0501	4621 0.0468	5125 0.0440	5654 0.0414	6497 0.0381
8.82	12.0	2603 0.0681	2993 0.0625	3409 0.0577	3853 0.0535	4324 0.0499	4822 0.0467	5348 0.0438	5900 0.0413	6779 0.0379
9.57	12.5	2712 0.0679	3112 0.0623	3552 0.0575	4014 0.0534	4504 0.0497	5023 0.0465	5570 0.0437	6146 0.0411	7062 0.0378
10.35	13.0	2820 0.0677	3242 0.0621	3694 0.0573	4174 0.0532	4685 0.0496	5224 0.0464	5793 0.0436	6392 0.0410	7344 0.0377
11.16	13.5	2929 0.0675	3367 0.0619	3836 0.0572	4335 0.0530	4865 0.0494	5425 0.0463	6016 0.0434	6637 0.0409	7627 0.0376
12.01	14.0	3037 0.0673	3492 0.0618	3978 0.0570	4496 0.0529	5045 0.0493	5626 0.0461	6239 0.0433	6883 0.0408	7909 0.0375
12.88	14.5	3116 0.0671	3616 0.0616	4120 0.0569	4656 0.0528	5225 0.0492	5827 0.0460	6462 0.0432	7129 0.0407	8192 0.0374
13.78	15.0	3254 0.0669	3741 0.0614	4262 0.0567	4817 0.0526	5405 0.0491	6028 0.0459	6684 0.0431	7375 0.0406	8474 0.0373
14.72	15.5	3363 0.0668	3866 0.0613	4404 0.0566	4977 0.0525	5585 0.0489	6229 0.0458	6907 0.0430	7621 0.0405	8757 0.0372
15.68	16.0	3471 0.0666	3990 0.0612	4546 0.0565	5138 0.0524	5766 0.0488	6430 0.0457	7130 0.0429	7867 0.0404	9039 0.0371
16.68	16.5	3580 0.0665	4115 0.0610	4688 0.0654	5298 0.0523	5946 0.0487	6631 0.0456	7353 0.0428	8012 0.0403	9322 0.0371
17.70	17.0	3688 0.0664	4240 0.0609	4830 0.0562	5459 0.0522	6126 0.0486	6832 0.0455	7576 0.0427	8358 0.0402	9604 0.0370
18.76	17.5	3796 0.0662	4365 0.0608	4972 0.0561	5619 0.0521	6306 0.0485	7033 0.0454	7799 0.0426	8604 0.0402	9887 0.0369
19.85	18.0	3905 0.0661	4489 0.0607	5114 0.0560	5780 0.0520	6486 0.0485	7233 0.0453	8021 0.0426	8850 0.0401	10170 0.0368
20.96	18.5	4014 0.0660	4614 0.0606	5256 0.0559	5941 0.0519	6667 0.0484	7434 0.0453	8244 0.0425	9096 0.0400	10450 0.0368
22.11	19.0	4122 0.0659	4739 0.0605	5398 0.0559	6101 0.0518	6847 0.0483	7635 0.0452	8467 0.0424	9342 0.0400	10730 0.0367

续表

动压/ (kg/m²)	风速/ (m/s)	外径 D/mm								
		280	300	320	340	360	380	400	420	450
23.29	19.5	4230 0.0658	4863 0.0604	5540 0.0558	6262 0.0517	7027 0.0482	7836 0.0451	8690 0.0424	9587 0.0399	11020 0.0367

动压/ (kg/m²)	风速/ (m/s)	外径 D/mm								
		480	500	530	560	600				
3.92	8.0	5147 0.0364	5587 0.0346	6528 0.0323	6992 0.0302	8035 0.0278				
4.43	8.5	5468 0.0362	5936 0.0344	6649 0.0321	7430 0.0300	8537 0.0276				
4.96	9.0	5790 0.0360	6286 0.0342	7041 0.0319	7867 0.0298	9039 0.0274				
5.53	9.5	6112 0.0358	6635 0.0340	7432 0.0318	8304 0.0297	9541 0.0273				
6.12	10.0	6433 0.0356	6984 0.0339	7823 0.0316	8741 0.0296	10040 0.0272				
6.75	10.5	6755 0.0354	7333 0.0337	8214 0.0315	9178 0.0294	10550 0.0271				
7.41	11.0	7077 0.0353	7682 0.0336	8605 0.0313	9615 0.0293	11050 0.0269				
8.10	11.5	7398 0.0352	8032 0.0335	8996 0.0312	10050 0.0292	11550 0.0268				
8.82	12.0	7720 0.0350	8381 0.0333	9387 0.0311	10490 0.0291	12050 0.0268				
9.57	12.5	8042 0.0349	8730 0.0332	9779 0.0310	10930 0.029	12550 0.0267				
10.35	13.0	8368 0.0348	9079 0.0331	10170 0.0309	11360 0.0289	13060 0.0266				
11.16	13.5	8685 0.0347	9428 0.0330	10560 0.0308	11800 0.0288	13560 0.0265				
12.01	14.0	9007 0.0346	9778 0.0329	10950 0.0308	12240 0.0288	14060 0.0264				

续表

动压/ (kg/m²)	风速/ (m/s)	外径 D/mm							
		480	500	530	560	600			
12.88	14.5	9328 0.0345	10130 0.0329	11340 0.0307	12670 0.0287	14560 0.0264			
13.78	15.0	9650 0.0345	10480 0.0328	11730 0.0306	13110 0.0286	15070 0.0263			
14.72	15.5	9972 0.0344	10830 0.0327	12130 0.0305	13550 0.0286	15570 0.0261			
15.68	16.0	10290 0.0342	11170 0.0326	12520 0.0305	13980 0.0285	16070 0.0262			
16.68	16.5	10610 0.0342	11520 0.0326	12910 0.0304	14420 0.0284	16570 0.0261			
17.70	17.0	10940 0.0342	11870 0.0325	13300 0.0303	14860 0.0284	17070 0.0260			
18.76	17.5	11260 0.0341	12220 0.0325	13690 0.0303	15300 0.0283	17580 0.0260			
19.85	18.0	11580 0.0640	12570 0.0324	14080 0.0302	15730 0.0283	18080 0.0260			
20.96	18.5	11900 0.0340	12920 0.0323	14470 0.0302	16170 0.0282	18580 0.0260			
22.11	19.0	12220 0.0339	13270 0.0323	14860 0.0301	16610 0.0282	19080 0.0259			
23.29	19.5	12540 0.0339	13620 0.0322	15250 0.0301	17040 0.0281	19580 0.0259			

注：表中：上行——风量，m³/h；下行——λ/d，d——内径。摘自《全国通用通风管道计算表》，中国建筑工业出版社，1977。

表中风管外径 $D \leqslant 500$mm 时，壁厚为 $\sigma = 1.5$mm；$D > 500$mm 时，壁厚为 $\sigma = 2.0$mm。

二、以单位摩擦阻力 R 值表示的除尘风管计算表

动压/ (kg/m²)	风速/ (m/s)	管径/mm												
		100	115	130	140	150	165	195	215	235	265	285	320	375
1	2	3	4	5	6	7	8	9	10	11	12	13	14	15
14.14	15.2	430 2.77	570 2.33	725 2.01	840 1.84	965 1.70	1170 1.51	1630 1.24	1990 1.10	2370 0.995	3020 0.861	3490 0.791	4400 0.690	6040 0.571

续表

动压/	风速/	管径/mm												
(kg/m²)	(m/s)	100	115	130	140	150	165	195	215	235	265	285	320	375
14.51	15.4	435	575	735	855	980	1180	1650	2010	2400	3060	3530	4460	6120
		2.83	2.38	2.06	1.88	1.74	1.55	1.27	1.13	1.02	0.810	0.810	0.706	0.585
14.89	15.6	440	585	745	865	990	1200	1680	2040	2430	3100	3580	4510	6200
		2.89	2.44	2.10	1.98	1.78	1.59	1.30	1.16	1.04	0.901	0.830	0.723	0.600
15.28	15.8	445	590	755	875	1000	1220	1700	2060	2470	3140	3630	4570	6280
		2.95	2.50	2.15	1.97	1.82	1.62	1.33	1.19	1.07	0.923	0.850	0.740	0.614
15.67	16.0	450	600	765	885	1020	1230	1720	2090	2500	3180	3670	4630	6360
		3.02	2.56	2.20	1.02	1.86	1.66	1.36	1.21	1.09	0.945	0.870	0.757	0.628
16.06	16.2	460	605	775	895	1030	1250	1740	2120	2530	3210	3720	4690	6440
		3.09	2.61	2.26	2.06	1.90	1.70	1.39	1.24	1.12	0.966	0.890	0.774	0.642
16.46	16.4	465	615	785	910	1040	1260	1760	2140	2560	3250	3760	4750	6520
		3.16	2.67	2.31	2.11	1.95	1.74	1.42	1.27	1.14	0.985	0.870	0.791	0.656
16.87	16.6	470	620	795	920	1060	1280	1780	2170	2590	3290	3810	4800	6600
		3.22	2.73	2.36	2.16	1.99	1.78	1.46	1.30	1.17	1.01	0.930	0.809	0.671
17.27	16.8	475	630	800	930	1070	1290	1810	2190	2620	3330	3860	4860	6680
		3.29	2.79	2.41	2.20	2.03	1.81	1.49	1.32	1.19	1.03	0.950	0.827	0.685
17.69	17.0	480	635	810	940	1080	1310	1830	2220	2650	3370	3900	4920	6760
		3.37	2.85	2.46	2.25	2.08	1.85	1.52	1.35	1.22	1.05	0.970	0.845	0.700
18.11	17.2	485	645	820	950	1090	1320	1850	2250	2680	3410	3950	4980	6840
		3.44	2.91	2.51	2.30	1.12	1.89	1.55	1.38	1.25	1.08	0.990	0.864	0.716
18.53	17.4	490	650	830	965	1110	1340	1870	2270	2720	3450	3990	5040	6910
		3.51	2.97	2.56	2.35	2.16	1.93	1.58	1.41	1.27	1.10	1.01	0.883	0.731
18.96	17.6	495	660	840	975	1120	1350	1890	2300	2750	3490	4040	5090	6990
		3.58	3.04	2.62	2.40	2.21	1.98	1.62	1.44	1.30	1.12	1.03	0.900	0.748
19.39	17.8	505	665	850	985	1130	1370	1910	2330	2780	3530	4090	5150	7070
		3.66	3.10	2.68	2.45	2.25	2.02	1.65	1.50	1.32	1.15	1.05	0.919	0.762
19.83	18.0	510	675	860	995	1140	1380	1930	2350	2810	3570	4130	5210	7150
		3.73	3.16	2.73	2.50	2.30	2.06	1.68	1.50	1.35	1.17	1.07	0.938	0.778
20.27	18.2	515	680	870	1010	1160	1400	1960	2380	2840	3610	4180	5270	7230
		3.81	3.22	2.78	2.55	2.35	2.10	1.72	1.53	1.38	1.19	1.10	0.957	0.794
20.72	18.4	520	690	880	1020	1170	1420	1980	2400	2870	3650	4220	5320	7310
		3.88	3.28	2.84	2.60	2.40	2.14	1.75	1.56	1.41	1.22	1.12	0.975	0.811

续表

动压/ (kg/m²)	风速/ (m/s)	管径/mm												
		100	115	130	140	150	165	195	215	235	265	285	320	375
1	2	3	4	5	6	7	8	9	10	11	12	13	14	15
21.17	18.6	525 3.96	695 3.36	890 2.90	1030 2.65	1180 2.44	1430 2.18	2000 1.79	2430 1.59	2900 1.44	3690 1.24	4270 1.14	5380 0.995	7390 0.826
21.63	18.8	530 4.04	705 3.42	900 2.96	1040 2.70	1200 2.49	1450 2.22	2020 1.82	2460 1.63	2930 1.46	3730 1.26	4320 1.16	5440 1.02	7470 0.841
22.09	19.0	535 4.11	710 3.48	905 3.01	1050 2.75	1210 2.54	1460 2.26	2040 1.86	2480 1.66	2970 1.49	3770 1.29	4360 1.19	5500 1.03	7550 0.858
22.56	19.2	540 4.19	720 3.55	915 3.07	1060 2.81	1220 2.59	1480 2.31	2060 1.89	2510 1.69	3000 1.52	3810 1.32	4410 1.21	5560 1.05	7630 0.875
23.03	19.4	550 4.27	725 3.62	925 3.12	1070 2.86	1230 2.64	1490 2.35	2080 1.93	2530 1.72	3030 1.55	3850 1.34	4450 1.23	5610 1.07	7710 0.890
23.51	19.6	555 4.35	730 3.68	935 3.18	1090 2.92	1250 2.69	1510 2.40	2110 1.97	2560 1.75	3060 1.58	3890 1.37	4500 1.25	5670 1.09	7790 0.908
23.99	19.8	560 4.43	740 3.75	945 3.24	1100 2.97	1260 2.74	1520 2.44	2130 2.00	2590 1.79	3090 1.61	3930 1.39	4540 1.28	5730 1.12	7870 0.925
24.28	20.0	565 4.52	745 3.82	955 3.30	1110 3.02	1270 2.78	1540 2.49	2150 2.04	2610 1.82	3120 1.64	3970 1.42	4590 1.30	5790 1.14	7950 0.942

动压/ (kg/m²)	风速/ (m/s)	管径/mm												
		440	495	545	595	660	775	885	1025	1100	1200	1325	1425	1540
16	17	18	19	20	21	22	23	24	25	26	27	28	29	30
14.14	15.2	8320 0.474	10500 0.412	12750 0.363	15200 0.332	18700 0.294	25800 0.243	33650 0.208	45150 0.175	52000 0.161	61850 0.146	75400 0.130	87250 0.119	10900 0.109
14.51	15.4	8430 0.485	10650 0.421	12950 0.376	15400 0.339	18950 0.300	26150 0.249	34100 0.213	45700 0.179	52650 0.165	62650 0.149	76400 0.133	88350 0.122	103200 0.111
14.89	15.6	8530 0.496	10800 0.431	13100 0.386	15600 0.347	19200 0.307	26500 0.255	34550 0.218	46300 0.184	53350 0.169	63500 0.153	77400 0.136	89500 0.125	104600 0.114
15.28	15.8	8640 0.508	10950 0.442	13250 0.395	15800 0.356	19450 0.315	26800 0.261	34950 0.223	46900 0.188	54050 0.173	64300 0.156	78400 0.139	90650 0.128	105900 0.117
15.67	16.0	8750 0.520	11100 0.452	13450 0.404	16000 0.364	19700 0.322	27150 0.267	35400 0.229	47500 0.193	54700 0.177	65100 0.160	79400 0.143	91800 0.131	107200 0.120
16.06	16.2	8860 0.531	11200 0.462	13600 0.413	16200 0.372	19950 0.330	27500 0.273	35850 0.234	48100 0.197	55400 0.181	65900 0.164	80350 0.146	92950 0.134	108600 0.122
16.46	16.4	8970 0.543	11350 0.473	13750 0.423	16400 0.381	20200 0.357	27850 0.279	36300 0.240	48700 0.201	56100 0.185	66750 0.167	81350 0.149	94100 0.137	109900 0.125
16.87	16.6	9080 0.555	11500 0.484	13950 0.432	16600 0.389	20450 0.344	28200 0.285	36750 0.245	49300 0.206	56750 0.190	67550 0.171	82350 0.152	95250 0.140	111300 0.128

续表

动压/	风速/	管径/mm												
(kg/m²)	(m/s)	440	495	545	595	660	775	885	1025	1100	1200	1325	1425	1540
16	17	18	19	20	21	22	23	24	25	26	27	28	29	30
17.27	16.8	9190	11650	14100	16800	20700	28500	37200	49900	57450	68350	83350	96400	112600
		0.568	0.494	0.441	0.398	0.352	28850	0.250	0.210	0.194	0.175	0.156	0.143	0.131
17.69	17.0	9300	11750	14250	17000	20950	0.298	37650	50450	58150	69200	84350	97550	113900
		0.580	0.505	0.450	0.406	0.360	29200	0.56	0.215	0.198	0.179	0.159	0.146	0.134
18.11	17.2	9410	11900	14450	17200	21150	0.305	38050	51050	98800	70000	85350	98700	115300
		0.592	0.515	0.460	0.415	0.367	29550	0.261	0.220	0.202	0.183	0.163	0.149	0.137
18.53	17.4	9520	12050	14600	17400	21400	0.311	38500	51650	59500	70800	86350	99850	116600
		0.604	0.526	0.470	0.424	0.375	29850	0.266	0.224	0.207	0.183	0.166	0.152	0.140
18.96	17.6	9630	12200	14750	17600	21650	0.318	38950	52250	60200	71600	87300	101000	118000
		0.618	0.538	0.480	0.433	0.384	30200	0.272	0.229	0.212	0.191	0.170	0.156	0.143
19.39	17.8	9740	12350	14950	17800	21900	0.324	39400	52850	60850	72450	88300	102100	119300
		0.630	0.549	0.490	0.442	0.391	30550	0.278	0.234	0.215	0.194	0.173	0.159	0.146
19.83	18.0	9850	12450	15100	18000	22150	0.331	39850	53450	61550	73250	89300	103300	120600
		0.643	0.560	0.500	0.450	0.399	30900	0.284	0.239	0.220	0.199	0.177	0.163	0.149
20.27	18.2	9960	12600	15300	18200	22400	0.338	40300	54050	62250	74050	90300	104400	122000
		0.657	0.571	0.510	0.460	0.407	31250	0.290	0.243	0.224	0.202	0.181	0.166	0.152
20.72	18.4	10050	12750	15450	18400	22650	0.345	40750	54650	62900	74900	91300	105600	123300
		0.670	0.583	0.520	0.469	0.416	31550	0.296	0.248	0.229	0.206	0.184	0.169	0.155
21.17	18.6	10200	12900	15600	18600	22900	0.331	41150	55200	63600	75700	92300	106700	124700
		0.685	0.595	0.532	0.749	0.425	0.351	0.302	0.254	0.234	0.211	0.188	0.173	0.158
21.63	18.8	10300	13000	15800	18800	23150	31900	41600	55800	64300	76500	93250	0.7900	126000
		0.696	0.606	0.542	0.488	0.432	0.358	0.348	0.258	0.238	0.215	0.192	0.176	0.161
22.09	19.0	10400	13150	15950	19000	23400	32250	42050	56400	64950	77300	94250	109000	127300
		0.710	0.618	0.552	0.497	0.440	0.365	0.314	0.264	0.242	0.219	0.195	0.180	0.164
22.56	19.2	10500	13300	16100	19200	23650	32600	42500	57000	65650	78150	95250	110200	128700
		0.724	0.606	0.562	0.507	0.450	0.373	0.320	0.268	0.247	0.223	0.199	0.183	0.167
23.03	19.4	10600	13450	16300	19400	23900	32950	42950	57600	66350	78950	96250	111300	130000
		0.738	0.642	0.573	0.516	0.458	0.379	0.326	0.273	0.251	0.227	0.203	0.186	0.170
23.51	19.6	10700	13550	16450	19600	24150	33250	43400	58200	67000	79750	97250	112500	131400
		0.752	0.654	0.580	0.526	0.466	0.386	0.332	0.279	0.257	0.232	0.207	0.190	0.173
23.99	19.8	10850	13700	16600	19800	24350	33600	43800	58800	67700	80550	98250	113600	132700
		0.765	0.667	0.595	0.536	0.475	0.394	0.338	0.284	0.262	0.236	0.211	0.194	0.177
24.28	20.0	10950	13850	16800	20000	24600	33950	44250	59400	68400	81400	99250	114800	134000
		0.780	0.679	0.605	0.546	0.484	0.401	0.344	0.290	0.266	0.241	0.214	0.197	0.180

注：表中：上行——风量，m³/h；下行——单位摩擦阻力，(kg/m²)/m。

附录二　局部构件的局部阻力系数表

一 、圆形截面弯头阻力系数

转角 α/(°)	曲径半径 R						
	D	1.5 D	2 D	2.5 D	3 D	6 D	10D
7.5	0.028	0.021	0.018	0.016	0.014	0.010	0.008
10	0.058	0.044	0.037	0.033	0.029	0.021	0.016
30	0.110	0.081	0.069	0.061	0.054	0.038	0.030
60	0.18	0.14	0.12	0.10	0.091	0.064	0.051
75	0.205	0.16	0.135	0.115	0.105	0.073	0.058
90	0.23	0.18	0.15	0.13	0.12	0.083	0.066
120	0.27	0.20	0.17	0.15	0.13	0.10	0.076
150	0.30	0.22	0.19	0.17	0.15	0.11	0.084
180	0.33	0.25	0.21	0.18	0.16	0.12	0.092

二 、矩形截面弯头阻力系数

$\zeta = C\zeta_{圆}$				
a/b	0.25	0.5	0.75	1.0	1.25
C	1.8	1.5	1.2	1.0	0.8
a/b	1.50	1.75	2.0	2.5	3.0
C	0.68	0.53	0.47	0.40	0.40

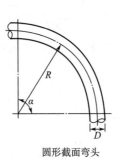

圆形截面弯头

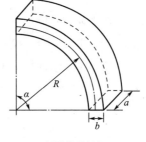

矩形截面弯头

三、伞形风帽阻力系数

h/D	0.1	0.2	0.3	0.4	0.5
ζ	2.6	1.3	0.8	0.7	0.6
h/D	0.6	0.7	0.8	0.9	
ζ	0.6	0.6	0.6	0.6	

四、变形管阻力系数 ζ

圆形渐扩管

$\dfrac{F}{f}$	α					
	10°	15°	20°	25°	30°	45°
1.25	0.01	0.02	0.03	0.03	0.04	0.04
1.50	0.03	0.07	0.10	0.11	0.12	0.12
1.75	0.05	0.14	0.17	0.18	0.19	0.19
2.00	0.06	0.18	0.20	0.22	0.25	0.25
2.25	0.08	0.22	0.27	0.39	0.31	0.31
2.50	0.09	0.25	0.30	0.33	0.36	0.36

圆形渐缩管

$\dfrac{F}{f}$	α				
	10°	15°	20°	25°	30°
1.25	0.22	0.27	0.31	0.36	0.40
1.50	0.31	0.39	0.45	0.51	0.57
1.75	0.43	0.53	0.61	0.70	0.77
2.00	0.56	0.69	0.80	0.91	1.01

五、插板阀阻力系数

h/D	0.1	0.2	0.3	0.4	0.5	0.6	0.7	0.8	0.9	1.0
圆形管 ζ	97.8	35	10	4.6	2.06	0.98	0.44	0.17	0.06	0.05
矩形管 ζ	193	44.6	17.8	8.12	4.0	2.1	0.95	0.39	0.29	0

六、蝶阀阻力系数

$\alpha/(°)$	0	5	10	15	30	45	60	70	90
圆形管 ζ	0.05	0.3	0.52	0.9	3.91	18.7	118	751	∞
矩形管 ζ	0.05	0.28	0.45	0.77	3.54	15	77.4	368	∞

附录三　三通阻力系数表

一、30°三通主路阻力系数表（$\zeta_{主}$）

$\dfrac{D_{主}}{D_{支}}$	\multicolumn{17}{c}{$\dfrac{v_{支}}{v_{主}}$}
	0.5	0.6	0.7	0.8	0.85	0.9	0.95	1.0	1.05	1.10	1.15	1.20	1.25	1.30	1.4	1.5	1.6
1.0	0.60	0.60	0.57	0.55	0.52	0.49	0.47	0.45	0.41	0.37	0.33	0.30	0.25	0.20	0.15	0.00	-0.15
1.1	0.53	0.53	0.50	0.48	0.46	0.43	0.41	0.40	0.36	0.33	0.29	0.26	0.21	0.16	0.11	-0.03	-0.17
1.2	0.47	0.47	0.44	0.42	0.40	0.37	0.36	0.35	0.31	0.29	0.25	0.22	0.17	0.12	0.07	-0.06	-0.18
1.3	0.41	0.41	0.38	0.36	0.34	0.32	0.31	0.30	0.27	0.25	0.21	0.18	0.13	0.08	0.03	-0.08	-0.19
1.4	0.35	0.35	0.32	0.30	0.28	0.27	0.26	0.25	0.23	0.21	0.18	0.15	0.10	0.05	0.00	-0.1	-0.2
1.5	0.31	0.31	0.29	0.27	0.25	0.24	0.23	0.22	0.20	0.18	0.16	0.13	0.08	0.04	0.00	-0.1	-0.2
1.6	0.27	0.27	0.26	0.24	0.22	0.21	0.20	0.19	0.17	0.15	0.14	0.11	0.06	0.03	-0.01	-0.1	-0.19
1.7	0.24	0.24	0.23	0.21	0.20	0.19	0.18	0.16	0.14	0.13	0.12	0.09	0.05	0.02	-0.02	-0.1	-0.18
1.8	0.21	0.21	0.20	0.19	0.18	0.17	0.16	0.14	0.12	0.11	0.10	0.09	0.04	0.01	-0.03	-0.1	-0.17
1.9	0.18	0.18	0.17	0.17	0.16	0.15	0.14	0.12	0.10	0.09	0.08	0.08	0.03	0.00	-0.04	-0.1	-0.16
2.0	0.15	0.15	0.15	0.05	0.14	0.13	0.12	0.10	0.08	0.07	0.06	0.05	0.02	-0.01	-0.05	-0.1	-0.15
3.0	0.05	0.05	0.05	0.05	0.05	0.05	0.05	0.05	0.03	0.02	0.01	0.00	0.01	-0.03	-0.05	-0.08	-0.1
4.0	0.05	0.05	0.05	0.05	0.03	0.02	0.01	0.00	0.00	0.00	0.00	0.00	-0.01	-0.03	-0.05	-0.05	-0.05

二、30°三通支路阻力系数表（$\zeta_{支}$）

$\dfrac{D_{主}}{D_{支}}$	\multicolumn{17}{c}{$\dfrac{v_{支}}{v_{主}}$}
	0.5	0.6	0.7	0.8	0.85	0.9	0.95	1.0	1.05	1.10	1.15	1.20	1.25	1.30	1.4	1.5	1.6
1.0	-1.92	-0.85	-0.50	-0.15	-0.07	0.01	0.08	0.15	0.19	0.23	0.27	0.30	0.32	0.34	0.35	0.37	0.40
1.1	-2.08	-0.94	-0.56	-0.19	-0.11	-0.02	0.06	0.13	0.18	0.22	0.26	0.30	0.33	0.35	0.37	0.39	0.42

续表

$\dfrac{D_主}{D_支}$	\multicolumn{17}{c}{$\dfrac{v_支}{v_主}$}
	0.5	0.6	0.7	0.8	0.85	0.9	0.95	1.0	1.05	1.10	1.15	1.20	1.25	1.30	1.4	1.5	1.6
1.2	-2.24	-1.03	-0.62	-0.23	-0.14	-0.05	0.04	0.12	0.17	0.21	0.26	0.30	0.33	0.36	0.38	0.41	0.43
1.3	-2.40	-1.12	-0.68	-0.27	-0.17	-0.08	0.02	0.11	0.16	0.20	0.25	0.30	0.34	0.37	0.39	0.42	0.44
1.4	-2.55	-1.20	-0.75	-0.30	-0.20	-0.10	0.00	0.10	0.15	0.20	0.25	0.30	0.34	0.37	0.40	0.43	0.45
1.5	-2.62	-1.25	-0.78	-0.32	-0.22	-0.12	-0.01	0.09	0.14	0.20	0.25	0.30	0.34	0.37	0.40	0.43	0.45
1.6	-2.69	-1.29	-0.81	-0.34	-0.24	-0.13	-0.02	0.08	0.14	0.19	0.25	0.30	0.34	0.38	0.41	0.43	0.46
1.7	-2.78	-1.33	-0.84	-0.36	-0.25	-0.14	-0.03	0.07	0.13	0.19	0.24	0.30	0.34	0.38	0.42	0.44	0.47
1.8	-2.84	-1.37	-0.87	-0.38	-0.26	-0.15	-0.04	0.06	0.13	0.18	0.24	0.30	0.35	0.39	0.43	0.45	0.48
1.9	-2.90	-1.41	-0.90	-0.39	-0.27	-0.16	-0.05	0.05	0.12	0.18	0.24	0.30	0.35	0.39	0.44	0.46	0.49
2.0	-2.97	-1.45	-0.92	-0.40	-0.28	-0.17	-0.06	0.05	0.12	0.18	0.24	0.30	0.35	0.40	0.45	0.47	0.50
3.0	-3.25	-1.60	-1.05	-0.50	-0.36	-0.22	-0.08	0.05	0.12	0.18	0.24	0.30	0.36	0.40	0.45	0.50	0.55
4.0	-3.40	-1.70	-1.10	-0.50	-0.37	-0.24	-0.12	0.00	0.08	0.16	0.23	0.30	0.36	0.44	0.50	0.55	0.60

三、45°三通主路阻力系数表 （$\zeta_主$）

$\dfrac{D_主}{D_支}$	\multicolumn{17}{c}{$\dfrac{v_支}{v_主}$}
	0.5	0.6	0.7	0.8	0.85	0.9	0.95	1.0	1.05	1.10	1.15	1.20	1.25	1.30	1.4	1.5	1.6
1.0	0.65	0.65	0.65	0.65	0.64	0.63	0.62	0.60	0.59	0.58	0.57	0.55	0.50	0.45	0.40	0.32	0.25
1.1	0.61	0.57	0.57	0.57	0.56	0.56	0.55	0.53	0.52	0.51	0.50	0.48	0.46	0.42	0.35	0.27	0.21
1.2	0.27	0.49	2349	2349	0.49	0.49	0.48	0.47	0.46	0.45	0.44	0.42	0.43	0.39	0.30	0.23	0.17
1.3	0.53	0.42	2342	2342	0.42	0.42	0.41	0.41	0.40	0.39	0.38	0.36	0.40	0.35	0.25	0.19	0.13
1.4	0.50	0.35	0.35	0.35	0.35	0.35	0.35	0.35	0.34	0.33	0.32	0.30	0.37	0.34	0.20	0.15	0.10
1.5	0.45	0.33	0.33	0.33	0.33	0.33	0.32	0.32	0.31	0.29	0.27	0.25	0.23	0.21	0.19	0.14	0.09
1.6	0.40	0.31	0.31	0.31	0.31	0.30	0.29	0.29	0.28	0.27	0.26	0.24	0.22	0.20	0.18	0.13	0.08

(续表)

$D_主/D_支$	0.5	0.6	0.7	0.8	0.85	0.9	0.95	1.0	1.05	1.10	1.15	1.20	1.25	1.30	1.4	1.5	1.6
1.7	0.35	0.29	0.29	0.29	0.28	0.27	0.26	0.26	0.25	0.24	0.23	0.22	0.20	0.18	0.16	0.11	0.06
1.8	0.30	0.26	0.26	0.26	0.25	0.24	0.23	0.23	0.22	0.21	0.20	0.19	0.18	0.16	0.14	0.09	0.04
1.9	0.24	0.23	0.23	0.23	0.22	0.21	0.20	0.19	0.18	0.17	0.16	0.15	0.14	0.13	0.12	0.07	0.02
2.0	0.18	0.20	0.20	0.20	0.19	0.18	0.17	0.15	0.14	0.13	0.12	0.12	0.11	0.11	0.10	0.05	0.00
3.0	0.07	0.10	0.10	0.10	0.09	0.08	0.07	0.05	0.05	0.05	0.05	0.05	0.04	0.02	0.00	0.00	0.00
4.0	0.05	0.05	0.05	0.05	0.05	0.05	0.05	0.05	0.04	0.03	0.02	0.00	0.00	0.00	0.00	0.00	0.00

四、45°三通支路阻力系数表（ζ支）

$D_主/D_支$	\multicolumn{17}{c}{$\dfrac{v_支}{v_主}$}

$D_主/D_支$	0.5	0.6	0.7	0.8	0.85	0.9	0.95	1.0	1.05	1.10	1.15	1.20	1.25	1.30	1.4	1.5	1.6
1.0	-1.80	-0.7	-0.35	0.00	0.03	0.16	0.23	0.30	0.34	0.38	0.42	0.45	0.47	0.49	0.50	0.53	0.55
1.1	-1.97	-0.8	-0.43	-0.05	0.03	0.12	0.19	0.27	0.31	0.36	0.40	0.43	0.47	0.49	0.50	0.53	0.55
1.2	-2.12	-0.9	-0.51	-0.10	-0.02	0.08	0.16	0.24	0.29	0.34	0.38	0.42	0.46	0.48	0.50	0.53	0.55
1.3	-2.28	-1.0	-0.58	-0.15	-0.06	0.04	0.13	0.22	0.27	0.32	0.36	0.41	0.45	0.48	0.50	0.53	0.55
1.4	-2.45	-1.1	-0.65	-0.20	-0.10	0.00	0.10	0.20	0.25	0.30	0.35	0.40	0.44	0.47	0.50	0.53	0.55
1.5	-2.53	-1.15	-0.69	-0.23	-0.13	-0.02	0.08	0.19	0.24	0.29	0.34	0.39	0.43	0.47	0.50	0.53	0.56
1.6	-2.60	-1.20	-0.73	-0.26	-0.15	-0.04	0.06	0.19	0.23	0.28	0.33	0.38	0.42	0.47	0.50	0.54	0.57
1.7	-2.68	-1.25	-0.77	-0.29	-0.17	-0.06	0.04	0.16	0.22	0.27	0.32	0.37	0.42	0.46	0.50	0.54	0.58
1.8	-2.76	-1.30	-0.81	-0.31	-0.19	-0.08	0.02	0.14	0.21	0.26	0.31	0.36	0.41	0.46	0.50	0.54	0.59
1.9	-2.83	-1.35	-0.84	-0.33	-0.21	-0.10	0.00	0.12	0.19	0.25	0.30	0.36	0.4	0.46	0.50	0.55	0.59
2.0	-2.90	-1.40	-0.87	-0.35	-0.23	-0.12	-0.01	0.10	0.17	0.23	0.29	0.35	0.40	0.45	0.50	0.55	0.60
3.0	-3.25	-1.60	-1.05	-0.50	-0.36	-0.22	-0.08	0.05	0.13	0.21	0.28	0.35	0.40	0.45	0.50	0.55	0.60
4.0	-3.32	-1.65	-1.08	-0.50	-0.36	-0.22	-0.08	0.05	0.13	0.21	0.28	0.35	0.40	0.45	0.50	0.55	0.60

附录四　离心式通风机性能参数

一、4-72 型离心式通风机性能表

表 1

机号 No.	转速/(r/min)	序号	全压/Pa	风量/(m³/h)	效率/%	传动方式	电动机	
							功率/kW	型号
2.8	2900	1	994	1131	82.4	A	1.5	Y90S-2
		2	966	1310	86			
		3	933	1480	89.5			
		4	887	1659	91			
		5	835	1828	91			
		6	770	2007	88.5			
		7	702	2177	85.5			
		8	303	2356	82.4			
3.2	2900	1	1300	1688	82.4	A	2.2	Y90S-2
		2	1263	1955	86			
		3	1220	2209	89.5			
		4	1160	2476	91			
		5	1091	2729	91			
		6	1006	2996	88.5			
		7	918	3250	85.5			
		8	792	3517	82.4			
3.6	2900	1	1578	2664	82.4	A	3	Y100L-2
		2	1531	3045	86			
		3	1481	3405	89.5			
		4	1419	3786	91			
		5	1343	4146	91			
		6	1256	4527	88.5			
		7	1144	4887	85.5			
		8	989	5268	82.4			
4	2900	1	2014	4012	82.4	A	5.5	Y132S1-2
		2	1969	4506	86			
		3	1915	4973	89.5			
		4	1830	5468	91			
		5	1723	5962	91			
		6	1606	6457	88.5			
		7	1459	6924	85.5			
		8	1320	7419	82.4			

续表

机号 No.	转速/(r/min)	序号	全压/Pa	风量/(m³/h)	效率/%	传动方式	电动机 功率/kW	电动机 型号
4.5	2900	1	2554	5712	82.4	A	7.5	Y132S2-2
		2	2497	6416	86			
		3	2428	7081	89.5			
		4	2320	7785	91			
		5	2184	8489	91			
		6	2036	9194	88.5			
		7	1849	9859	85.5			
		8	1849	9859	82.4			

表2

机号 No.	转速/(r/min)	序号	全压/Pa	风量/(m³/h)	所需功率/kW	传动方式	电动机 功率/kW	电动机 型号
5	2900	1	3178	7728	10.02	A	15	Y160M2-2
		2	3145	8855	10.76			
		3	3074	9928	11.39			
		4	2962	11054	12.04			
		5	2792	12128	12.44			
		6	2567	13255	12.72			
		7	2335	14328	12.90			
		8	2019	15455	12.75			
5.5	1450	1	1010	5142	2.02	A	4	Y112M-4
		2	951	5893	2.17			
		3	930	6607	2.29			
		4	896	7357	2.42			
		5	845	8071	2.50			
		6	777	8821	2.56			
		7	706	9535	2.60			
		8	611	10285	2.57			
5.5	2900	1	4040	10285	16.14	A	18.5	Y160L-2
		2	3805	11786	17.33			
		3	3720	13214	18.34			
		4	3584	14713	19.39	A	22	Y160M-2
		5	3378	16142	20.03			
		6	3106	17642	20.49			
		7	2825	19070	20.78			
		8	2443	20570	20.53			

续表

机号 No.	转速/(r/min)	序号	全压/Pa	风量/(m³/h)	所需功率/kW	传动方式	电动机 功率/kW	电动机 型号
6	960	1	498	4420	1.10	A	1.5	Y100L-6
		2	492	5065	1.18			
		3	481	5679	1.25			
		4	463	6324	1.32			
		5	437	6938	1.37			
		6	402	7582	1.40			
		7	366	8196	1.32			
		8	317	8841	1.30			
6	1450	1	1139	6677	3.25	A	4	Y112M-4
		2	1124	7650	3.49			
		3	1099	8575	3.70			
		4	1059	9551	3.91			
		5	999	10478	4.04			
		6	919	11452	4.13			
		7	836	12379	4.19			
		8	724	13353	4.14			
6	2240	1	2734	10314	12.10	C	15	Y160L-4
		2	2698	11818	12.98			
		3	2637	13251	13.74			
		4	2541	14755	14.53			
		5	2396	16187	15.02			
		6	2202	17692	15.36			
		7	2004	19124	15.57			
		8	1733	20628	15.89			
6	2600	1	3683	11972	18.92	C	30	Y200L1-2
		2	3634	13717	20.30			
		3	3553	15380	21.49			
		4	3423	17126	22.72			
		5	3228	18788	23.49			
		6	2967	20535	24.02			
		7	2700	22197	24.35			
		8	2334	23943	24.85			

注：所需功率即通过 $H_{风机}$、$Q_{风机}$、$\eta_{传}$、$\eta_{风机}$ 以及安全系数 K 计算的电动机功率。

二、4-73 型离心式通风机性能表

机号 No.	转速/ (r/min)	序号	全压/Pa	风量/ (m³/h)	传动方式	电动机 功率/kW	电动机 型号
3.6	2800	1	1862	2990	C	3	Y100L-2
		2	1519	3380			
		3	1470	3710			
		4	1421	4050			
		5	1323	4420			
		6	1225	4770			
		7	1029	5120			
		8	931	5450			
3.6	2500	1	1225	2640	C	2.2	Y90L-2
		2	1196	3200			
		3	1176	3320			
		4	1127	3630			
		5	1078	3960			
		6	1029	4270			
		7	833	4520			
		8	735	4870			
4.5	2800	1	2450	5800	C	7.5	Y132S2-2
		2	2352	6550			
		3	2303	7200			
		4	2205	7900			
		5	2107	8600			
		6	1911	9300			
		7	1666	10000			
		8	1421	10500			
4.5	2500	1	1960	5200	C	5.5	Y132S1-2
		2	1911	5850			
		3	1862	6450			
		4	1764	7050			
		5	1715	7700			
		6	1519	8300			
		7	1323	8900			
		8	1127	9500			
5.5	2240	1	2313	8400	C	11	Y160M1-2
		2	2254	9500			
		3	2215	10400			
		4	2127	11400			
		5	2029	12500			

续表

机号 No.	转速/ (r/min)	序号	全压/Pa	风量/ (m³/h)	传动方式	电动机 功率/kW	电动机 型号
5.5	2240	6	1813	13400	C	11	Y160M1-2
		7	1568	14300			
		8	1372	15350			
5.5	1800	1	1470	6800	C	5.5	Y132S1-2
		2	1441	7660			
		3	1411	8400			
		4	1352	9200			
		5	1284	10000			
		6	1156	10850			
		7	1000	11560			
		8	872	12400			
5.5	1600	1	1215	6060	C	4	Y112M-2
		2	1176	6850			
		3	1147	7520			
		4	1098	8240			
		5	1049	9000			
		6	941	9700			
		7	813	10300			
		8	715	11100			

三、4-79 型离心式通风机性能表

机号 No.	转速/ (r/min)	序号	全压/ Pa	风量/ (m³/h)	效率/%	传动方式	电动机 功率/kW	电动机 型号
3	2900	1	1220	1970	83	A	1.5	Y90S-2
		2	1190	2180	84			
		3	1180	2430	86			
		4	1140	2670	87			
		5	1090	2900	86			
		6	1060	3130	84			
		7	910	3480	81			
		8	740	3830	79			
3.5	2900	1	1660	3120	83	A	3	Y100L-2
		2	1620	3460	84			
		3	1600	3860	86			
		4	1540	4240	87			
		5	1490	4600	86			
		6	1450	4960	84			
		7	1230	5520	81			
		8	1000	6070	79			

续表

机号 No.	转速/ (r/min)	序号	全压/ Pa	风量/ (m³/h)	效率/%	传动方式	电动机	
							功率/kW	型号
4	2900	1	2180	4670	83	A	5.5	Y132S1-2
		2	2120	5220	84			
		3	2090	5760	86			
		4	2020	6310	87			
		5	1940	6860	86			
		6	1890	7410	84			
		7	1610	8240	81			
		8	1300	9080	79			
4.5	2900	1	2750	6640	83	A	11	Y160M1-2
		2	2680	7440	84			
		3	2650	8200	86			
		4	2560	8990	87			
		5	2460	9790	86			
		6	2390	10550	84			
		7	2040	11720	81			
		8	1650	12920	79			
5	2900	1	3400	9100	83	A	15	Y160M2-2
		2	3320	10200	84			
		3	3280	11250	86			
		4	3160	12350	87			
		5	3040	13410	86			
		6	2960	14480	84			
		7	2520	16100	81			
		8	2040	17720	79			
5	1450	1	850	4560	83	A	2.2	Y100L1-4
		2	830	5100	84			
		3	820	5630	86			
		4	790	6180	87			
		5	760	6710	86			
		6	740	7240	84			
		7	630	8000	81			
		8	510	8860	79			
6	1450	1	1220	7890	83	A	5.5	Y112M-4
		2	1200	8820	84			
		3	1180	9740	86			
		4	1140	10700	87			
		5	1090	11600	86			
		6	1060	12520	84			
		7	910	13920	81			
		8	720	15320	79			

四、5-48 型离心式通风机性能表

机号 No.	转速/ (r/min)	序号	全压/Pa	风量/ (m³/h)	效率/%	传动方式	电动机	
							功率/kW	型号
5	2900	1	3010	5360	80	D	7.5	Y132S2-2
		2	3010	6010	85			
		3	2991	6650	89		11	Y160M1-2
		4	2883	7300	90.5			
		5	2726	7940	90			
		6	2569	8580	89			
		7	2383	9230	86			
		8	2059	9870	80			
5.5	2900	1	3648	7140	80	D	15	Y160M2-2
		2	3648	8000	85			
		3	3609	8850	89			
		4	3491	9700	90.5			
		5	3393	10530	90			
		6	3109	11400	89			
		7	2893	12300	86			
		8	2491	13200	80			
6	2900	1	4335	9260	80	D	22	Y180M-2
		2	4335	10390	85			
		3	4295	11500	89			
		4	4148	12600	90.5			
		5	3923	13700	90			
		6	3697	14800	89			
		7	3442	15950	86			
		8	2962	17050	80			

五、4-68 型离心式通风机性能表

机号 No.	转速/ (r/min)	序号	全压/Pa	风量/ (m³/h)	内效率/%	传动方式	电动机	
							功率/kW	型号
3.55	2900	1	1608	2708	81.1	A	3	Y100L-2
		2	1608	3092	85.3			
		3	1569	3477	88.1			
		4	1510	3861	89.4			
		5	1402	4245	87.8			
		6	1265	4629	82.5			
		7	1108	5013	76.7			

续表

机号 No.	转速/ (r/min)	序号	全压/Pa	风量/ (m³/h)	内效率/%	传动方式	电动机 功率/kW	电动机 型号
4	2900	1	2069	3984	82.3	A	4	Y112M-2
		2	2060	4534	86.2			
		3	2010	5083	88.9			
		4	1932	5633	90			
		5	1795	6182	88.6			
		6	1628	6732	83.6			
		7	1432	7281	78.2			
4.5	2900	1	2658	5790	83.3	A	7.5	Y132S2-2
		2	2628	6573	87			
		3	2569	7355	89.5			
		4	2462	8137	90.5			
		5	2295	8920	89.2			
		6	2069	9702	84.5			
		7	1834	10485	79.4			
5	2900	1	3315	8050	84.2	A	15	Y160M2-2
		2	3266	9123	87.6			
		3	3187	10197	90			
		4	3050	11270	91			
		5	2844	12343	89.8			
		6	2589	13416	85.3			
		7	2305	14490	80.5			

六、9-19 型离心式通风机性能表

机号 No.	转速/ (r/min)	序号	全压/ Pa	风量/ (m³/h)	内效率/ %	传动方式	电动机 功率/kW	电动机 型号
4	2900	1	3584	824	70	A	2.2	Y90L-2
		2	3665	970	73.5			
		3	3647	1116	75.5			
		4	3597	1264	76			
		5	3507	1410	75.5		3	Y100L-2
		6	3384	1558	73.5			
		7	3253	1704	70			
4.5	2900	1	4603	1174	71.2	A	4	Y112M-2
		2	4684	1397	75			
		3	4672	1616	77			

续表

机号 No.	转速/ (r/min)	序号	全压/ Pa	风量/ (m³/h)	内效率/ %	传动方式	电动机	
							功率/kW	型号
4. 5	2900	4	4580	1835	77. 3	A	4	Y112M-2
		5	4447	2062	76. 2			
		6	4297	2281	73. 8		5. 5	Y132S1-2
		7	4112	2504	70			
5	2900	1	5697	1610	72. 7	A	7. 5	Y132S2-2
		2	5768	1932	76. 2			
		3	5740	2254	78. 2			
		4	5630	2576	78. 5			
		5	5517	2844	77. 2			
		6	5323	3166	74. 5			
		7	5080	3488	70. 5		11	Y160M1-2
5. 6	2900	1	7182	2622	72. 7	A	11	Y160M1-2
		2	7273	2714	76. 2			
		3	7236	3167	78. 2			
		4	7109	3619	78. 5			
		5	6954	3996	77. 2		18. 5	Y160L-2
		6	6709	4448	74. 5			
		7	6400	4901	70. 5			
6. 3	2900	1	9149	3220	72. 7	A	18. 5	Y160L-2
		2	9265	3865	76. 2			
		3	9219	4509	78. 2			
		4	9055	5153	78. 5		30	Y200L1 -2
		5	8857	5690	77. 2			
		6	8543	6334	74. 5			
		7	8148	6978	70. 5			
7. 1	2900	1	11717	4610	72. 7	D	37	Y200L2-2
		2	11868	5532	76. 2			
		3	11807	6454	78. 2			
		4	11596	7376	78. 5		55	Y250M-2
		5	11340	8144	77. 2			
		6	10935	9066	74. 5			
		7	10426	9988	70. 5			

七、9-26型离心式通风机性能表

机号 No.	转速/ （r/min）	序号	全压/ Pa	风量/ （m³/h）	内效率/ %	传动 方式	电动机	
							功率/kW	型号
4	2900	1	3852	2198	74.7	A	5.5	Y132S-2
		2	3820	2368	75.5			
		3	3765	2536	75.7			
		4	3684	2706	75			
		5	3607	2877	73.8			
		6	3502	2044	72.1			
		7	3407	3215	70			
4.5	2900	1	4910	3130	76.1	A	7.5	Y132S2-2
		2	4863	3407	77.1			
		3	4776	3685	77.1			
		4	4661	3963	76		11	Y160M1-2
		5	4546	4237	74.5			
		6	4412	4515	72.3			
		7	4256	4792	70			
5	2900	1	6035	4293	77.2	A	15	Y160M2-2
		2	5984	4706	78.2			
		3	5869	5114	78			
		4	5725	5527	76.7			
		5	5553	5941	74.9			
		6	5381	6349	72.7			
		7	5180	6762	70		18.5	Y160L-2
5.6	2900	1	7610	6032	77.2	A	22	Y180M-2
		2	7546	6612	78.2			
		3	7400	7185	78			
		4	7218	7766	76.7		30	Y200L1-2
		5	7000	8346	74.9			
		6	6781	8919	72.7			
		7	6527	9500	70			
6.3	2900	1	9698	8588	77.2	A	45	Y225M-2
		2	9616	9415	78.2			
		3	9429	10230	78			
		4	9195	11056	76.7			
		5	8915	11883	74.9			
		6	8636	12699	72.7		55	Y250M-2
		7	8310	13525	70			

续表

机号 No.	转速/(r/min)	序号	全压/Pa	风量/(m³/h)	内效率/%	传动方式	电动机功率/kW	电动机型号
7.1	2900	1	12467	12292	77.2		75	Y280S-2
		2	12321	13475	78.2			
		3	12078	14643	78			
		4	11776	15826	76.7	D	110	Y315S-2
		5	11415	17009	74.9			
		6	11055	18177	72.7			
		7	10635	19360	70			

八、GLF5-18 型离心式通风机性能表

型号	转速/(r/min)	工作点	风量/(m³/h)	全压/Pa	内效率/%	轴功率/kW	电动机/kW
GLF5-18-7A	2950	1	6500	9300	78	21	Y200L1-2 30
		2	6900	9000	80	21	
		3	7500	8300	82	22	
		4	8000	7800	78	22	
		5	8800	7200	72.9	23.7	
		6	9600	6800	67.5	26.3	
		7	10000	6000	60	27.2	
GLF5-18-7B	2950	1	5000	12700	65	24	Y200L2-2 37
		2	5500	12500	75	24	
		3	6500	11500	85	24	
		4	7300	10000	85.4	24	
		5	8150	9600	76	28	
		6	9800	8800	69	31	
		7	10100	7800	65.4	32.8	
GLF5-18-8A	2950	1	6000	11600	76	25	Y225M-2 45
		2	7000	11400	80	27	
		3	8000	108500	72	29	
		4	9000	10700	83	31.6	
		5	10000	9900	82	33	
		6	11000	9400	79	36	
		7	12000	9000	75	—	
GLF5-18-8B	2950	1	10000	11400	88	38.8	Y250M-2 55
		2	10500	11200	81	39.5	

续表

型 号	转速/ (r/min)	工作点	风量/ (m³/h)	全压/ Pa	内效率/ %	轴功率/ kW	电动机/ kW
GLF5-18-8B	2950	3	11000	10900	81	40.3	Y250M-2 55
		4	11000	10300	79.4	41.7	
		5	12500	9800	73	45.7	
		6	13000	9500	67	50.2	
GLF5-18-9	2950	1	11500	11800	81.3	45.5	Y280S-2 75
		2	13060	11000	63.6	61.5	
		3	13600	10000	54.2	68.3	

九、6-23型离心式通风机

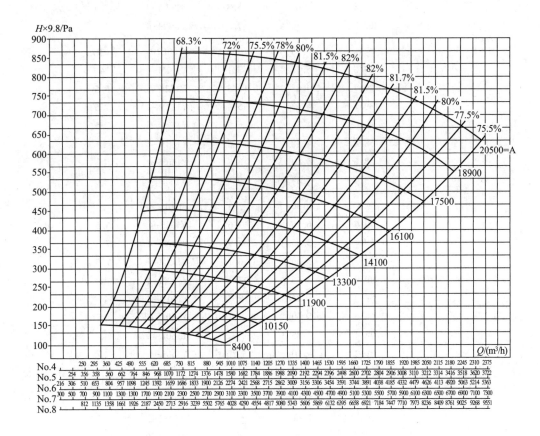

附录五 罗茨鼓风机性能表

一、双叶罗茨鼓风机

1. RRC-80型罗茨鼓风机性能表

| 转速/ | 理论流量/ | 升压/ | 流量/ | 轴功率/ | 配套电动机 | | 最大 |
(r/min)	(m³/min)	kPa	(m³/min)	kW	型号	功率/kW	质量/ kg
1150	4.48	9.8	3.18	1.3	Y100L1-4	2.2	320
		19.6	2.83	2.1	Y100L2-4	3	
		29.4	2.53	2.8	Y112M-4	4	
		39.2	2.28	3.5	Y112M-4	4	
		49.0	2.03	4.3	Y132S-4	5.5	
		58.8	1.83	5.0	Y132M-4	7.5	
1450	5.66	9.8	4.36	1.6	Y100L1-4	2.2	370
		19.6	4.01	2.6	Y100L2-4	3	
		29.4	3.71	3.5	Y112M-4	4	
		39.2	3.46	4.4	Y132S-4	5.5	
		49.0	3.21	5.4	Y132M-4	7.5	
		58.8	3.01	6.3	Y132M-4	7.5	
		68.8	2.86	7.3	Y160M-4	11	
1750	6.83	9.8	5.53	2.0	Y100L2-4	3	390
		19.6	5.18	3.1	Y112M-4	4	
		29.4	4.88	4.3	Y132S-4	5.5	
		39.2	4.63	5.4	Y132M-4	7.5	
		49.0	4.38	6.5	Y132M-4	7.5	
		58.8	4.18	7.6	Y160M-4	11	
		68.6	4.03	8.7	Y160M-4	11	
		78.4	3.88	9.8	Y160L-4	15	
2000	7.80	9.8	6.50	2.3	Y100L2-4	3	390
		19.6	6.15	3.6	Y132S-4	5.5	
		29.4	5.85	4.9	Y132M-4	7.5	
		39.2	5.60	6.1	Y132M-4	7.5	
		49.0	5.35	7.4	Y160M-4	11	
		58.8	5.15	8.7	Y160M-4	11	
		68.6	5.00	10.0	Y160L-4	15	
		78.4	4.85	11.2	Y160L-4	15	
		88.2	4.70	12.5	Y160L-4	15	
2500	9.76	9.8	8.46	2.8	Y112M-2	4	395
		19.6	8.11	4.4	Y132S1-2	5.5	
		29.4	7.81	6.0	Y132S2-2	7.5	
		39.2	7.56	7.7	Y160M1-2	11	
		49.0	7.31	9.3	Y160M1-2	11	
		58.8	7.11	10.9	Y160M2-2	15	
		68.6	6.96	12.5	Y160M2-2	15	
		78.4	6.81	14.2	Y160L-2	18.5	
		88.2	6.66	15.8	Y160L-2	18.5	600

2. RRC-80V 型干式罗茨真空泵性能表

转速/ (r/min)	理论流量/ (m³/min)	真空度/ kPa	流量/ (m³/min)	轴功率/ kW	配套电动机		最大质量/ kg
					型号	功率/kW	
1150	4.48	−9.8	3.18	1.3	Y100L1−4	2.2	290
		−14.7	2.83	1.7	Y100L2−4	3	
		−19.6	2.68	2.1	Y100L2−4	3	
		−24.5	2.41	2.45	Y112M−4	4	
		−29.4	2.16	2.8	Y112M−4	4	
		−343	1.93	3.15	Y112M−4	4	
1450	5.66	−9.8	4.36	1.6	Y100LJ−4	2.2	315
		−14.7	4.01	2.1	Y100L2−4	3	
		−19.6	3.86	2.6	Y112M−4	4	
		−24.5	3.59	3.05	Y112M−4	4	
		−29.4	3.34	3.5	Y132S−4	5.5	
		−34.3	3.11	3.95	Y132S−4	5.5	
		−39.2	2.94	4.4	Y132S−4	5.5	
1750	6.83	−9.8	5.53	2.0	Y100L2−4	3	320
		−14.7	5.18	2.55	Y112M−4	4	
		−19.6	5.03	3.1	Y112M−4	4	
		−24.5	4.76	3.7	Y132S−4	5.5	
		−29.4	4.45	4.3	Y132S−4	5.5	
		−34.3	4.22	4.85	Y132M−4	7.5	
		−39.2	4.05	5.4	Y132M−4	7.5	
		−44.1	3.88	5.96	Y132M−4	7.5	
2000	7.80	−9.8	6.50	2.3	Y100L2−4	3	370
		−14.7	6.15	2.95	Y112M−4	4	
		−19.6	6.00	3.6	Y132S−4	5.5	
		−24.5	5.73	4.25	Y132S−4	5.5	
		−29.4	5.48	4.9	Y132M−4	7.5	
		−34.3	5.25	5.5	Y132M−4	7.5	
		−39.2	5.08	6.1	Y132M−4	7.5	
		−44.1	4.85	6.75	Y160M−4	11	
2500	9.76	−9.8	8.46	2.8	Y112M−2	4	374
		−14.7	8.11	3.6	Y132S1−2	5.5	
		−19.6	7.96	4.4	Y132S1−2	5.5	
		−24.5	7.69	5.2	Y132S2−2	7.5	
		−29.4	7.44	6.0	Y132S2−2	7.5	
		−34.3	7.21	6.85	Y160M1−Z	11	
		−39.2	7.04	7.7	Y160M1−2	11	
		−44.1	6.81	8.5	Y160M1−2	11	
		−49.0	6.62	9.3	Y160M2 −2	15	

二、SSR 型三叶罗茨鼓风机性能表

1. SSR50 型

型式			SSR50									
口径			50A									
转速/(r/min)			1100	1230	1350	1450	1530	1640	1730	1840	1950	2120
排出压力	9.8kPa	Q	1.22	1.38	1.53	1.66	1.75	1.89	2.00	2.13	2.27	2.48
		N	0.75	0.75	0.75	0.75	0.75	0.75	1.1	1.1	1.1	1.5
	14.7kPa	Q	1.16	1.31	1.46	1.58	1.68	1.81	1.92	2.05	2.19	2.39
		N	0.75	0.75	0.75	0.75	1.1	1.1	1.1	1.5	1.5	1.5
	19.6kPa	Q	1.12	1.27	1.42	1.53	1.64	1.76	1.87	2.00	2.13	2.33
		N	0.75	0.75	1.1	1.1	1.1	1.5	1.5	1.5	1.5	2.2
	24.5kPa	Q	1.05	1.20	1.34	1.46	1.55	1.68	1.79	1.92	2.05	2.25
		N	0.75	1.1	1.1	1.1	1.5	1.5	1.5	1.5	2.2	2.2
	29.4kPa	Q	0.99	1.14	1.28	1.40	1.49	1.62	1.73	1.86	1.99	2.19
		N	1.1	1.1	1.5	1.5	1.5	1.5	2.2	2.2	2.2	2.2
	34.3kPa	Q	0.93	1.08	1.23	1.34	1.43	1.56	1.66	1.79	0.92	2.12
		N	1.1	1.5	1.5	1.5	1.5	2.2	2.2	2.2	2.2	3
	39.2kPa	Q	0.90	1.05	1.19	1.30	1.39	1.52	1.62	1.75	1.88	2.08
		N	1.5	1.5	1.5	2.2	2.2	2.2	2.2	2.2	3	3
	44.1kPa	Q	0.85	1.00	1.14	1.25	1.35	1.47	1.57	1.70	1.83	2.03
		N	1.5	1.5	2.2	2.2	2.2	2.2	2.2	3	3	3
	49kPa	Q	0.78	0.94	1.09	1.20	1.30	1.43	1.53	1.67	1.81	2.01
		N	1.5	2.2	2.2	2.2	2.2	3	3	3	3	4
	53.9kPa	Q	—	0.90	1.05	1.16	1.26	1.40	1.50	1.64	1.77	1.98
		N	—	2.2	2.2	2.2	3	3	3	3	4	4
	58.8kPa	Q	—	—	—	1.14	1.24	1.38	1.48	1.62	1.75	1.96
		N	—	—	—	3	3	3	3	4	4	4

注：Q——进风状态风量，m³/min；N——电动机功率，kW。

2. SSR65 型

型式			SSR65									
口径			65A									
转速/(r/min)			1110	1240	1360	1450	1530	1640	1740	1820	1940	2130
排出压力	9.8kPa	Q	1.67	1.92	2.16	2.31	2.45	2.66	2.86	3.02	3.26	3.64
		N	0.75	0.75	0.75	0.75	1.1	1.1	1.1	1.1	1.5	1.5
	14.7kPa	Q	1.57	1.82	2.06	2.22	2.36	2.57	2.77	2.93	3.17	3.55
		N	0.75	1.1	1.1	1.1	1.1	1.5	1.5	1.5	1.5	2.2

续表

型式		SSR65									
口径		65A									
转速/(r/min)		1110	1240	1360	1450	1530	1640	1740	1820	1940	2130
排出压力	19.6kPa Q	1.48	1.73	1.97	2.14	2.28	2.49	2.69	2.85	3.09	3.47
	N	1.1	1.1	1.5	1.5	1.5	1.5	2.2	2.2	2.2	2.2
	24.5kPa Q	1.40	1.65	1.89	2.07	2.21	2.42	2.62	2.78	3.02	3.40
	N	1.1	1.5	1.5	1.5	2.2	2.2	2.2	2.2	2.2	2.2
	29.4kPa Q	1.32	1.58	1.82	2.00	2.14	2.36	2.56	2.72	2.96	3.33
	N	1.5	1.5	2.2	2.2	2.2	2.2	2.2	3	3	3
	34.3kPa Q	1.25	1.51	1.75	1.93	2.08	2.30	2.50	2.66	2.90	3.27
	N	1.5	2.2	2.2	2.2	2.2	3	3	3	4	4
	39.2kPa Q	1.18	1.44	1.68	1.86	2.02	2.24	2.44	2.60	2.83	3.21
	N	2.2	2.2	2.2	3	3	3	3	4	4	4
	44.1kPa Q	1.12	1.38	1.62	1.80	1.96	2.18	2.38	2.54	2.77	3.15
	N	2.2	2.2	3	3	3	4	4	4	4	5.5
	49kPa Q	1.07	1.32	1.56	1.74	1.90	2.12	2.32	2.48	2.71	3.09
	N	2.2	3	3	3	4	4	4	4	4	5.5
	53.9kPa Q	—	1.27	1.51	1.69	1.84	2.06	2.26	2.42	2.66	3.04
	N	—	3	3	4	4	4	4	5.5	5.5	5.5
	58.8kPa Q	—	—	—	1.63	1.79	2.01	2.21	2.37	2.61	2.99
	N	—	—	—	4	4	4	5.5	5.5	5.5	5.5

注：Q——进风状态风量，m^3/min；N——电动机功率，kW。

3. SSR80 型

型式		SSR80									
口径		80A									
转速/(r/min)		1140	1230	1300	1360	1460	1560	1650	1730	1820	1900
排出压力	9.8kP Q	3.09	3.37	3.59	3.77	4.08	4.38	4.66	4.90	5.18	5.43
	N	2.2	2.2	2.2	2.2	2.2	2.2	2.2	2.2	2.2	2.2
	14.7kPa Q	3.00	3.28	3.50	3.68	3.99	4.30	4.57	4.82	5.10	5.35
	N	2.2	2.2	2.2	2.2	2.2	2.2	3	3	3	3
	19.6kPa Q	2.90	3.18	3.41	3.59	3.90	4.21	4.48	4.73	5.00	5.27
	N	2.2	2.2	2.2	2.2	3	3	3	3	4	4
	24.5kPa Q	2.84	3.10	3.33	3.52	3.82	4.14	4.41	4.67	4.94	5.19
	N	2.2	3	3	3	3	4	4	4	4	4
	29.4kPa Q	2.78	3.06	3.27	3.46	3.76	4.07	4.36	4.60	4.88	5.12
	N	3	3	3	3	4	4	4	4	5.5	5.5

续表

型式			SSR80								
口径			80A								
转速/(r/min)			1140	1230	1300	1360	1460	1560	1650	1730	1820	1900
排出压力	34.3kPa	Q	2.71	2.99	3.20	3.38	3.69	4.00	4.28	4.53	4.81	5.06
		N	3	3	4	4	4	4	5.5	5.5	5.5	5.5
	39.2kPa	Q	2.63	2.91	3.12	3.30	3.62	3.93	4.20	4.46	4.74	4.99
		N	3	4	4	4	5.5	5.5	5.5	5.5	5.5	5.5
	44.1kPa	Q	2.54	2.82	3.03	3.22	3.53	3.84	4.12	4.38	4.65	4.89
		N	4	4	4	5.5	5.5	5.5	5.5	5.5	5.5	7.5
	49kPa	Q	2.48	2.76	2.97	3.16	3.46	3.77	4.05	4.30	4.58	4.82
		N	4	4	5.5	5.5	5.5	5.5	5.5	7.5	7.5	7.5
	53.9kPa	Q	2.40	2.68	2.90	3.09	3.40	3.71	3.98	4.24	4.52	4.77
		N	4	5.5	5.5	5.5	5.5	5.5	7.5	7.5	7.5	7.5
	58.8kPa	Q	2.36	2.63	2.84	3.02	3.34	3.65	3.92	4.18	4.45	4.70
		N	5.5	5.5	5.5	5.5	5.5	7.5	7.5	7.5	7.5	7.5

注：Q——进风状态风量，m^3/min；N——电动机功率，kW。

4. SSR100 型

型式			SSR10								
口径			100A								
转速/(r/min)			1060	1140	1220	1310	1460	1540	1680	1780	1880	1980
排出压力	9.8kPa	Q	4.57	4.97	5.34	5.73	6.53	6.91	7.63	8.09	8.57	9.07
		N	3	3	3	3	3	3	4	4	4	4
	14.7kPa	Q	4.40	4.81	5.18	5.58	6.38	6.77	7.49	7.96	8.45	8.96
		N	3	3	3	3	4	4	4	5.5	5.5	5.5
	19.6kPa	Q	4.24	4.65	5.03	5.44	6.25	6.64	7.36	7.84	8.36	8.85
		N	3	3	4	4	4	5.5	5.5	5.5	5.5	7.5
	24.5kPa	Q	4.09	4.50	4.89	5.31	6.12	6.52	7.24	7.73	8.25	7.75
		N	3	4	4	4	5.5	5.5	5.5	7.5	7.5	7.5
	29.4kPa	Q	3.95	4.36	4.76	5.18	6.00	6.40	7.13	7.62	8.15	8.65
		N	4	4	5.5	5.5	5.5	5.5	7.5	7.5	7.5	7.5
	34.3kPa	Q	3.82	4.23	4.64	5.06	5.89	6.29	7.02	7.52	8.05	8.55
		N	4	5.5	5.5	5.5	7.5	7.5	7.5	7.5	11	11
	39.2kPa	Q	3.70	4.12	4.53	4.95	5.78	6.19	6.92	7.42	7.95	8.46
		N	5.5	5.5	5.5	7.5	7.5	7.5	7.5	11	11	11
	44.1kPa	Q	3.59	4.01	4.42	4.84	5.68	6.09	6.82	7.32	7.86	8.37
		N	5.5	5.5	7.5	7.5	7.5	7.5	11	11	11	11

续表

型式			SSR100									
口径			100A									
转速/(r/min)			1060	1140	1220	1310	1460	1540	1680	1780	1880	1980
排出压力	49kPa	Q	3.48	3.90	4.32	4.74	5.58	5.99	6.73	7.23	7.77	8.26
		N	5.5	7.5	7.5	7.5	7.5	11	11	11	11	15
	53.9kPa	Q	3.38	3.80	4.22	4.64	5.48	5.90	6.64	7.14	7.68	8.20
		N	7.5	7.5	7.5	7.5	11	11	11	11	15	15
	58.8kPa	Q	3.28	3.71	4.13	4.55	5.39	5.81	6.55	7.06	7.60	8.12
		N	7.5	7.5	7.5	11	11	11	11	15	15	15

注：Q——进风状态风量，m^3/min；N——电动机功率，kW。

三、吸粮机用罗茨真空泵（部分）

1. RRE-145V 型罗茨真空泵性能表

转速/(r/min)	理论流量/(m³/min)	真空度/kPa	流量/(m³/min)	轴功率/kW	配套电机		机组最大质量/kg
					型号	功率/kW	
730*	20.8	-9.8	17.4	5.3	Y160L-8	7.5	1470
		-147	16.2	7.3	Y180L-8	11	
		-19.6	15.8	9.2	Y180L-8	11	
		-24.5	15.1	10.7	Y200L-8	15	
		-29.4	14.4	12.1	Y200L-8	15	
		-34.3	13.9	13.9	Y225S-8	18.5	
		-39.2	13.4	15.5	Y225S-8	18.5	
		-44.1	12.8	17.5	Y225M-8	22	
970*	27.6	-9.8	24.2	7.0	Y160L-6	11	1470
		-14.7	23.0	9.25	Y160L-6	11	
		-19.6	22.6	11.5	Y180L-6	15	
		-24.5	21.9	14	Y200L1-6	18.5	
		-29.4	21.2	16.5	Y200L1-6	18.5	
		-34.3	20.7	18.8	Y200L2-6	22	
		-39.2	20.2	21.0	Y225M-6	30	
		-44.1	19.6	23.3	Y225M-6	30	
		-49.0	18.5	25.5	Y225M-6	30	
1170	33.3	-9.8	29.9	8.5	Y160M-4	11	1430
		-14.7	28.7	11.3	Y160L-4	15	
		-19.6	28.3	14.0	Y180M-4	18.5	
		-24.5	27.6	16.8	Y180L-4	22	
		-29.4	26.9	19.5	Y180L-4	22	
		-34.3	26.4	22.3	Y200L-4	30	

续表

转速/ (r/min)	理论流量/ (m³/min)	真空度/ kPa	流量/ (m³/min)	轴功率/kW	配套电机		机组最大 质量/kg
					型号	功率/kW	
1170	33.3	−39.2	25.9	25.0	Y200L−4	30	1430
		−44.1	25.3	27.8	Y225S−4	37	
		−49.0	24.6	30.5	Y225S−4	37	
1250	35.6	−9.8	32.2	9.0	Y160M−4	11	1430
		−14.7	31.0	12	Y160L−4	15	
		−19.6	30.6	15.0	Y180M−4	18.5	
		−24.5	29.9	18	Y180L−4	22	
		−29.4	29.2	21.0	Y200L−4	30	
		−34.3	28.7	24	Y200L−4	30	
		−39.2	28.2	27.0	Y200L−4	30	
		−44.1	27.6	30	Y225S−4	37	
		−49.0	26.9	33.0	Y225S−4	37	
1350	38.4	9.8	35.0	9.5	Y160M−4	11	1460
		−14.7	33.8	12.8	Y160L−4	15	
		−19.6	33.4	16.0	Y180M−4	18.5	
		−24.5	32.7	19.3	Y180L−4	22	
		−29.4	32.0	22.5	Y200L−4	30	
		−34.3	31.5	25.8	Y200L−4	30	
		−39.2	31.0	29.0	Y225S−4	37	
		−44.1	30.4	32.3	Y225S−4	37	
		−49.0	29.7	35.5	Y225M−4	45	

注：1. ＊所示转速的罗茨真空泵采用联轴器传动，其余为皮带轮传动。

2. 电机防护等级 IP44，电压 380V。

2. RRE−150V 型罗茨真空泵性能表

转速/ (r/min)	理论流量/ (m³/min)	真空度/ kPa	流量/ (m³/min)	轴功率/ kW	配套电机		机组最大 质量/kg
					型号	功率/kW	
730＊	26.7	−9.8	22.2	6.8	Y180L−8	11	1680
		−14.7	21.0	9.0	Y180L−8	11	
		−19.6	20.6	11.2	Y200L−8	15	
		−24.5	19.6	13.4	Y200L−8	15	
		−29.4	18.8	15.5	Y225S−8	18.5	
		−34.3	18.1	17.8	Y225M−8	22	
		−39.2	17.5	19.9	Y225M−8	22	
		−44.1	16.7	22.2	Y250M−8	30	

续表

转速/ (r/min)	理论流量/ (m³/min)	真空度/ kPa	流量/ (m³/min)	轴功率/ kW	配套电机		机组最大 质量/kg
					型号	功率/kW.	
970*	35.5	−9.8	31.0	8.5	Y160L-6	11	1670
		−14.7	29.8	11.5	Y180L-6	15	
		−19.6	29.4	14.5	Y200L1-6	18.5	
		−24.5	28.5	17.5	Y200L2-6	22	
		−29.4	27.7	20.5	Y225M-6	30	
		−34.3	27.0	23.5	Y225M-6	30	
		−39.2	26.4	26.5	Y225M-6	30	
		−44.1	25.5	29.5	Y250M-6	37	
		−49.0	24.8	32.5	Y250M-6	37	
1170	42.8	−9.8	38.4	10.0	Y160M-4	11	1550
		−14.7	37.2	13.8	Y180M-4	18.5.	
		−19.6	36.7	17.5	Y180L-4	22	
		−24.5	35.8	21	Y200L-4	30	
		−29.4	35.0	24.3	Y200L-4	30	
		−34.3	34.3	28.3	Y225S-4	37	
		−39.2	33.7	32.0	Y225S-4	37	
		−44.1	32.9	35.5	Y225M-4	45	
		−49.0	32.2	39.0	Y225M-4	45	
1250	45.8	−9.8	41.3	11.0	Y160L-4	15	1630
		−14.7	40.1	14.8	Y180M-4	18.5	
		−19.6	39.6	18.5	Y180L-4	22	
		−24.5	38.7	22.5	Y200L-4	30	
		−29.4	37.9	26.5	Y200L-4	30	
		−34.3	37.2	30.3	Y225S-4	37	
		−39.2	36.6	34.0	Y225M-4	45	
		−44.1	34.8	37.8	Y225M-4	45	
		−49.0	34.1	41.5	Y250M-4	55	
1350	49.4	−9.8	45.0	12.0	Y160L-4	15	1630
		−14.7	43.8	16	Y180M-4	18.5	
		−19.6	43.3	20.0	Y180L-4	22	
		−24.5	42.4	24.3	Y200L-4	30	
		−29.4	41.6	28.5	Y225S-4	37	
		−34.3	40.9	32.5	Y225S-4	37	
		−39.2	40.3	36.5	Y225M-4	45	
		−44.1	39.5	40.8	Y225M-4	45	
		−49.0	38.8	45.5	Y250M-4	55	

注：1. *所示转速的罗茨真空泵采用联轴器传动，其余为皮带轮传动。

2. 电机防护等级 IP44，电压 380V。

3. RRE-190V 型罗茨真空泵性能表

转速/(r/min)	理论流量/(m³/min)	真空度/kPa	流量/(m³/min)	轴功率/kW	配套电机		机组最大质量/kg
					型号	功率/kW	
730	33.4	-9.8	29.0	8.3	Y180L-8	11	2025
		-14.7	27.4	11.0	Y200L-8	15	
		-19.6	26.6	13.6	Y200L-8	15	
		-24.5	25.3	16.5	Y225S-8	18.5	
		-29.4	24.2	19.4	Y225M-8	22	
		-34.3	23.2	22.1	Y250M-8	30	
		-39.2	22.3	24.8	Y250M-8	30	
		-44.1	21.2	27.7	Y280S-8	37	
		-49.0	19.7	30.6	Y280S-8	37	
970*	44.4	-9.8	40.0	10.5	Y180L-6	15	2025
		-14.7	38.4	14.3	Y200L1-6	18.5	
		-19.6	37.6	18.0	Y200L2-6	22	
		-24.5	36.3	21.8	Y225M-6	30	
		-29.4	35.2	25.5	Y225M-6	30	
		-34.3	34.2	29.3	Y250M-6	37	
		-39.2	33.3	33.0	Y250M-6	37	
		-44.1	32.2	36.5	Y280S-6	45	
		-49.0	30.8	40.0	Y280S-6	45	
1170	53.6	-9.8	49.2	12.5	Y160L-4	15	1850
		-14.7	47.6	17	Y180L-4	22	
		-19.6	46.8	21.5	Y200L-4	30	
		-24.5	45.5	26	Y200L-4	30	
		-29.4	44.4	30.5	Y225S-4	37	
		-34.3	43.4	35	Y225M-4	45	
		-39.2	42.5	39.5	Y225M-4	45	
		-44.1	41.4	44	Y250M-4	55	
		-49.0	40.0	48.5	Y250M-4	55	
1250	57.2	-9.8	52.8	13.5	Y180M-4	18.5	2000
		-14.7	51.2	18.3	Y180L-4	22	
		-19.6	50.4	23.0	Y200L-4	30	
		-24.5	49.1	27.8	Y225S-4	37	
		-29.4	48.0	32.5	Y225S-4	37	
		-34.3	47.0	37.3	Y225M-4	45	
		-39.2	46.1	42.0	Y250M-4	55	
		-44.1	45.0	47	Y250M-4	55	
		-49.0	43.6	52.0	Y280S-4	75	

续表

转速/ (r/min)	理论流量/ (m³/min)	真空度/ kPa	流量/ (m³/min)	轴功率/ kW	配套电机		机组最大 质量/kg
					型号	功率/kW	
1350	61.8	−9.8	57.4	14.5	Y180M-4	18.5	2000
		−14.7	55.8	19.8	Y180L-4	22	
		−19.6	55.0	25.0	Y200L-4	30	
		−24.5	53.7	30.0	Y225S-4	37	
		−29.4	52.6	35.0	Y225M-4	45	
		−34.3	51.6	40.3	Y225M-4	45	
		−39.2	50.7	45.5	Y250M-4	55	
		−44.1	49.6	50.8	Y280S-4	75	
		−49.0	48.2	56.0	Y280S-4	75	

注：1. ＊所示转速的罗茨真空泵采用联轴器传动，其余为皮带轮传动。

2. 电机防护等级 IP44，电压 380V。

4. RRE-200V 型罗茨真空泵性能表

转速/ (r/min)	理论流量/ (m³/min)	真空度/ kPa	流量/ (m³/min)	轴功率/ kW	配套电机		机组最大 质量/kg
					型号	功率/kW	
730＊	40.8	−9.8	35.4	9.7	Y180L-8	11	1640
		−14.7	33.8	13.1	Y200L-8	15	
		−19.6	33.1	16.5	Y225S-8	18.5	
		−24.5	31.9	19.9	Y225M-8	22	
		−29.4	30.8	23.3	Y250M-8	30	
		−34.3	29.8	26.7	Y250M-8	30	
		−39.2	28.8	30.1	Y280S-8	37	
		−44.1	27.6	33.5	Y280S-8	37	
		−49.0	26.0	36.9	Y280M-8	45	
970＊	54.3	−9.8	48.9	13	Y180L-6	15	1645
		−14.7	47.3	17.5	Y200L2-6	22	
		−19.6	46.6	22	Y225M-6	30	
		−24.5	45.4	26.5	Y250M-6	37	
		−29.4	44.3	31	Y250M-6	37	
		−34.3	43.3	35.6	Y280S-6	45	
		−39.2	42.3	40	Y280M-6	55	
		−44.1	41.1	44.6	Y280M-6	55	
		−49.0	39.5	49	Y280M-6	55	
1170	65.5	−9.8	60.1	15	Y180M-4	18.5	2080
		−14.7	58.5	21.3	Y200L-4	30	
		−19.6	57.8	26	Y200L-4	30	
		−24.5	56.6	31.5	Y225S-4	37	
		−29.4	55.5	37	Y225M-4	45	
		−34.3	54.5	42.5	Y250M-4	55	

续表

转速/ (r/min)	理论流量/ (m³/min)	真空度/ kPa	流量/ (m³/min)	轴功率/ kW	配套电机		机组最大 质量/kg
					型号	功率/kW	
1170	65.5	−39.2	53.5	48	Y250M-4	55	2080
		−44.1	52.3	53.5	Y280S-4	75	
		−49.0	50.7	59	Y280S-4	75	
1250	70.0	−9.8	64.6	16	Y180M-4	18.5	2080
		−14.7	63.0	21.8	Y200L-4	30	
		−19.6	62.3	27.5	Y225S-4	37	
		−24.5	61.1	33.3	Y225S-4	37	
		−29.4	60.0	39	Y225M-4	45	
		−34.3	59.0	45	Y250M-4	55	
		−39.2	58.0	51	Y280S-4	75	
		−44.1	56.8	57	Y280S-4	75	
		−49.0	55.2	63	Y280S-4	75	
1350	75.5	−9.8	70.1	17	Y180L-4	22	2080
		−14.7	68.5	23.5	Y200L-4	30	
		−19.6	67.8	30	Y225S-4	37	
		−24.5	66.6	36	Y225M-4	45	
		−29.4	65.5	42	Y250M-4	55	
		−34.3	64.5	48.5	Y250M-4	55	
		−39.2	63.5	55	Y280S-4	75	
		−44.1	62.3	61.5	Y280S-4	75	
		−49.0	60.7	68	Y280S-4	75	

注：1. ＊所示转速的罗茨真空泵采用联轴器传动，其余为皮带轮传动。

2. 电机防护等级 IP44，电压 380V。

附录六　部分国产空气压缩机性能参数

一、单级风冷式压缩机

项　目	规　格							
	VA-65	TA-65	VA-80	TA-80	VA-100	TA-100	VA-120	TA-120
实际排气量/ (m³/min)	0.085	0.19	0.37	0.52	0.67	1	1.5	1.5
使用压力/ MPa	0.8	0.8	0.8	0.8	0.8	0.8	0.8	0.8
转速/ (r/min)	510	680	950	875	950	900	800	800
电动机功率/ kW	0.75	1.5	3	4	5.5	7.5	11	11

二、两级风冷式压缩机

项　目	规　格							
	HTA-65	HTA-65H	HTA-80	HTA-100	HTA-100H	HTA-120	TA-155	HTA-155H
实际排气量/（m³/min）	0.18	0.22	0.45	0.65	0.84	1.22	2.5	2.0
使用压力/MPa	12.5	12.5	12.5	12.5	12.5	12.5	12.5	12.5
转速/（r/min）	800	950	950	750	990	800	900	750
电动机功率/kW	1.5	2.2	4	5.5	7.5	11	18.5	18.5

附录七　风机配套常用的 Y 系列电动机规格表

表1

型　号	额定功率/kW	满　载　时				堵转电流/额定电流	堵转转矩/额定转矩	最大转矩/额定转矩
		电流/A	转速/（r/min）	效率/%	功率因数			
Y801-2	0.75	1.9	2825	73	0.84	7.0	2.2	2.2
Y802-2	1.1	2.6	2825	76	0.86	7.0	2.2	2.2
Y90S-2	1.5	3.4	2840	79	0.85	7.0	2.2	2.2
Y90L-2	2.2	4.7	2840	82	0.86	7.0	2.2	2.2
Y100L-2	3.0	6.4	2880	82	0.87	7.0	2.2	2.2
Y112M-2	4.0	8.2	2890	85.5	0.87	7.0	2.2	2.2
Y132S1-2	5.5	11.1	2900	85.2	0.88	7.0	2.0	2.2
Y132S2-2	7.5	15	2900	86.2	0.88	7.0	2.0	2.2
Y160M1-2	11	21.8	2930	97.2	0.88	7.0	2.0	2.2
Y160M2-2	15	29.4	2930	88.2	0.88	7.0	2.0	2.2
Y160L-2	18.5	35.5	2930	89	0.89	7.0	2.0	2.2
Y180M-2	22	42.2	2940	89	0.89	7.0	2.0	2.2
Y200L1-2	30	56.9	2950	90	0.89	7.0	2.0	2.2
Y200L2-2	37	69.8	2950	90.5	0.89	7.0	2.0	2.2
Y225M-2	45	84	2970	91.5	0.89	7.0	2.0	2.2
Y250M-2	55	102.7	2970	91.4	0.89	7.0	2.0	2.2
Y280S-2	75	140.1	2970	91.4	0.89	7.0	2.0	2.2
Y280M-2	90	167	2970	92	0.89	7.0	2.0	2.2
Y315S-2	110	204	2970	91	0.90	7.0	1.8	2.2
Y315M1-2	132	245	2970	91	0.90	7.0	1.8	2.2
Y315M2-2	180	295	2970	91.5	0.90	7.0	1.8	2.2

续表

型　号	额定功率/kW	满　载　时				堵转电流/额定电流	堵转转矩/额定转矩	最大转矩/额定转矩
		电流/A	转速/(r/min)	效率/%	功率因数			
Y801-4	0.55	1.6	1390	70.5	0.76	6.5	2.2	2.2
Y802-4	0.75	2.1	1390	72.5	0.76	6.5	2.2	2.2
Y90S-4	1.1	2.7	1400	79	0.78	6.5	2.2	2.2
Y90L-4	1.5	3.7	1400	79	0.79	6.5	2.2	2.2
Y1001L-4	2.2	5	1420	81	0.81	7.0	2.2	2.2
Y100L2-4	3.0	6.8	1420	82.5	0.82	7.0	2.2	2.2
Y112M-4	4.0	8.8	1440	84.5	0.82	7.0	2.2	2.2
Y1321-4	5.5	11.6	1440	85.5	0.84	7.0	2.2	2.2
Y132M-4	7.5	15.4	1440	87	0.85	7.0	2.2	2.2
Y160M-4	11.0	22.6	1460	88	0.84	7.0	2.2	2.2
Y160L-4	15.0	30.3	1460	88.5	0.85	7.0	2.2	2.2
Y180M-4	18.5	35.9	1470	91	0.86	7.0	2.0	2.2
Y180L-4	22	42.5	1470	91.5	0.86	7.0	2.0	2.2
Y200L-4	30	56.8	1470	92.2	0.87	7.0	2.0	2.2
Y225S-4	37	70.4	1480	91.8	0.87	7.0	1.9	2.2
Y225M-4	45	84.2	1480	92.3	0.88	7.0	1.9	2.2
Y250M-4	55	102.5	1480	92.6	0.88	7.0	2.0	2.2
Y280S-4	75	139.7	1480	92.7	0.88	7.0	1.9	2.2
Y280M-4	90	164.3	1480	93.5	0.89	7.0	1.9	2.2
Y315S-4	110	202	1480	93	0.89	7.0	1.8	2.2
Y315M1-4	132	242	1480	93	0.89	7.0	1.8	2.2
Y315M2-4	160	294	1480	93	0.89	7.0	1.8	2.2

表2

型　号	额定功率/kW	满　载　时				堵转电流/额定电流	堵转转矩/额定转矩	最大转矩/额定转矩
		电流/A	转速/(r/min)	效率/%	功率因数			
Y90S-6	0.75	2.3	910	72.5	0.70	6.0	2.0	2.0
Y90L-6	1.1	3.2	910	73.5	0.72	6.0	2.0	2.0
Y100L-6	1.5	4	940	77.7	0.74	6.0	2.0	2.0
Y112M-6	2.2	5.6	940	80.5	0.74	6.0	2.0	2.0
Y132S-6	3.0	7.2	960	83	0.76	6.5	2.0	2.0
Y132M1-6	4.0	9.4	960	84	0.77	6.5	2.0	2.0
Y132M2-6	5.5	12.6	960	85.3	0.78	6.5	2.0	2.0
Y160M-6	7.5	17	970	86	0.78	6.5	2.0	2.0
Y160L-6	11	24.6	970	87	0.78	6.5	2.0	2.0

续表

型 号	额定功率/kW	满 载 时				堵转电流/额定电流	堵转转矩/额定转矩	最大转矩/额定转矩
		电流/A	转速/(r/min)	效率/%	功率因数			
Y180L-6	15	31.6	970	89.5	0.81	6.5	1.8	2.0
Y200L1-6	18.5	37.7	970	89.8	0.83	6.5	1.8	2.0
Y200L2-6	22	44.6	970	90.2	0.83	6.5	1.8	2.0
Y225M-6	30	59.5	980	90.2	0.85	6.5	1.7	2.0
Y250M-6	37	72	980	90.8	0.86	6.5	1.8	2.0
Y280S-6	45	85.4	980	92	0.87	6.5	1.8	2.0
Y280M-6	55	104.9	980	91.6	0.87	6.5	1.8	2.0
Y315S-6	75	142	980	92.5	0.87	6.5	1.6	2.0
Y315M1-6	90	167	980	93	0.88	6.5	1.6	2.0
Y315M2-6	110	204	980	93	0.88	6.5	1.6	2.0
Y315M3-6	132	244	980	93.5	0.88	6.5	1.6	2.0
Y132S-8	2.2	5.8	710	81	0.71	5.5	2.0	2.0
Y132M-8	3	7.7	710	82	0.72	5.5	2.0	2.0
Y160M1-8	4	9.9	720	84	0.73	6.0	2.0	2.0
Y160M2-8	5.5	13.3	720	85	0.74	6.0	2.0	2.0
Y160L-8	7.5	17.7	720	86	0.75	5.5	2.0	2.0
Y180L-8	11	25.1	730	86.5	0.77	6.0	1.7	2.0
Y200L-8	15	34.1	730	88	0.76	6.0	1.8	2.0
Y225S-8	18.5	41.3	730	89.3	0.76	6.0	1.7	2.0
Y225M-8	22	47.6	730	90	0.78	6.0	1.8	2.0
Y250M-M	30	63	730	90.5	0.80	6.0	1.8	2.0
Y280S-8	37	78.7	740	91	0.79	6.0	1.8	2.0
Y280M-8	45	93.2	740	91.7	0.80	6.0	1.8	2.0
Y315S-8	55	109	740	92.5	0.83	6.5	1.6	2.0
Y315M1-8	75	148	740	92.5	0.83	6.5	1.6	2.0
Y315M2-8	90	175	740	93	0.84	6.5	1.6	2.0
Y315M3-8	110	214	740	93	0.84	6.5	1.6	2.0
Y315S-10	45	98	585	91.5	0.76	6.5	1.4	2.0
Y315M2-10	55	120	585	92	0.76	6.5	1.4	2.0
Y315M3-10	75	160	585	92.5	0.77	6.5	1.4	2.0

附录八 离心式除尘器（卸料器）处理风量和阻力表

一、下旋 60 型除尘器处理风量和阻力表

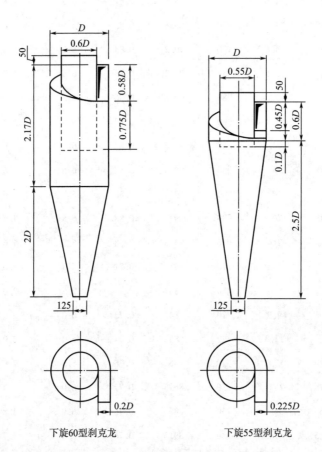

下旋60型刹克龙   下旋55型刹克龙

uH		D										
		250	275	300	325	350	375	400	425	450	475	500
12	41	314	380	450	529	614	710	802	906	1020	1130	1252
13	47	340	412	487	574	665	768	870	982	1105	1225	1355
14	55	365	443	525	617	715	827	935	1057	1190	1320	1450
15	64	391	475	561	662	766	886	1000	1132	1275	1415	1566
16	72	417	507	600	706	819	945	1065	1210	1360	1510	1670
17	81	444	530	637	750	870	1006	1135	1285	1445	1605	1775
18	91	470	570	674	795	920	1064	1200	1360	1530	1700	1880

注：D——离心式除尘器外筒体直径，mm；H——离心式除尘器阻力，mmH_2O；
u——进口风速，m/s；阻力系数 $\zeta = 4.6$。
（以下表中符号意义同此）

二、下旋 55 型除尘器处理风量和阻力表

uH		D										
		250	275	300	325	350	375	400	425	450	475	500
12	50	272	324	393	458	536	609	700	782	881	976	1093
13	59	295	351	426	496	580	660	758	847	955	1057	1184
14	68	318	378	459	534	625	711	816	912	1028	1139	1275
15	80	340	405	491	572	670	761	875	977	1102	1220	1366
16	90	363	432	524	610	714	812	933	1042	1175	1302	1457

三、内旋 50 型除尘器处理风量和阻力表

uH		D								
		500	550	600	650	700	750	800	900	1000
12	45	1350	1630	1940	2280	2650	3040	3460	4360	5400
13	53	1460	1770	2100	2460	2870	3300	3740	4730	5850
14	61	1570	1900	2270	2660	3090	3550	4030	5100	6300
15	70	1685	2040	2430	2840	3310	3800	4320	5450	6750
16	80	1800	2180	2590	3030	3530	4050	4610	5820	7200

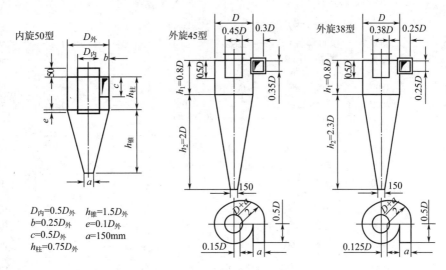

内旋50型

$D_内=0.5D_外$ $h_锥=1.5D_外$
$b=0.25D_外$ $e=0.1D_外$
$c=0.5D_外$ $a=150mm$
$h_柱=0.75D_外$

外旋45型

外旋38型

四、外旋 45 型除尘器处理风量和阻力表

u		D										
		240	260	280	300	320	340	360	380	400	450	500
12	Q	259	306	354	410	462	523	587	656	726	912	1137
	H	53	57	62	66	70	75	80	84	88	99	110
13	Q	281	332	384	445	502	567	637	712	787	997	1232
	H	62	67	72	77	82	88	93	98	103	116	129
14	Q	302	358	413	479	539	609	685	766	847	1073	1325
	H	72	78	84	90	96	102	108	114	120	135	150

五、外旋 38 型除尘器处理风量和阻力表

u		240	260	280	300	320	340	360	380	400	450	500
							D					
12	Q	155	181	212	242	276	311	350	389	432	562	674
	H	42	46	49	53	56	60	63	67	70	79	88
13	Q	169	197	229	262	300	336	379	421	468	608	730
	H	49	54	58	62	66	70	74	78	81	93	103
14	Q	181	212	247	282	322	362	401	454	504	655	785
	H	58	62	67	72	77	82	86	91	96	108	120

附录九 脉冲除尘器性能表

一、TBLM 型低压脉冲除尘器

型 号	滤袋长度/ mm	处理风量/ (m^3/h)	过滤面积/ m^2	闭风器功率/ kW	刮板功率/ kW	气泵功率/ kW	质量/kg
				技术参数			
TBLM-4	1800	156~780	2.6				375
	2000	174~870	2.9	0.55	—	1.1	383
	2400	210~1050	3.5				398
TBLM-10	1800	396~1980	6.6				521
	2000	444~2220	7.4	0.55	—	1.1	532
	2400	534~2670	8.9				554
TBLM-18	1800	714~3570	11.9				637
	2000	792~3960	13.2	0.55		1.1	652
	2400	954~4770	15.9				682
TBLM-26 Ⅰ	1800	1032~5160	17.2				1028
	2000	1146~5730	19.1	0.55	0.55	1.1	1053
	2400	1380~6900	23				1103
TBLM-39 Ⅰ	1800	1542~7710	25.7				1295
	2000	1722~8610	28.7	0.75	0.75	1.5	1319
	2400	2076~10380	34.6				1367
TBLM-52 Ⅰ	1800	2112~11460	35.2				1505
	2000	2292~11460	38.2	1.1	1.1	2.2	1531
	2400	2766~13830	46.1				1584
TBLM-78 Ⅰ	1800	3090~15450	51.5				2129
	2000	3438~17190	57.5	1.1	1.1	2.2	2172
	2400	4146~20730	69.1				2258

续表

型 号	技术参数						
	滤袋长度/ mm	处理风量/ (m³/h)	过滤面积/ m²	闭风器功率/ kW	刮板功率/ kW	气泵功率/ kW	质量/kg
TBLM-104 I	1800	4116~20580	68.6	1.5	1.5	3	2767
	2000	4590~22950	76.5				2815
	2400	5526~27630	92.1				2911
TBLM-130 I	1800	5292~26460	88.2	1.5	1.5	3	3304
	2000	5880~29400	115.2				3359
	2400	6912~34560	1.3				3469
TBLM-156 I	1800	6180~30900	103	2.2	1.5	3	3718
	2000	6882~34410	114.2				3775
	2400	8292~41460	138.2				3898

注：一般低压脉冲除尘器的过滤风速为1~5m/min，最佳过滤风速3~4m/min；设备阻力小于1470Pa；除尘器工作压力-1960~2940Pa；脉冲喷吹压力4.9×10^4Pa；除尘效率≥99.5%；进风口含尘浓度高或粉尘湿度大时，处理风量取小值。

二、LYDZ II 型圆筒低压直喷脉冲袋式除尘器

型 号	技术参数								
	滤袋长度/ mm	处理风量/ (m³/h)	过滤面积/ m²	关风器电 机功率/ kW	刮板电机 功率/ kW	低压泵 功率/ kW	质量/kg		
							A	B	C
LYDZ-4	2000	174~870	2.9	0.75	—	1.5	478	384	434
LYDZ-10	2000	444~2220	7.4				740	590	670
LYDZ-18	1800	714~3570	11.9				1140	870	1030
	2000	792~3960	13.2				1200	920	1090
	2400	954~4770	15.9				1270	990	1160
LYDZ-26	1800	1032~5160	17.2	1.1			1350	1030	1230
	2000	1146~5730	19.1				1420	1090	1290
	2400	1380~6900	23				1500	1180	1370
LYDZ-39	1800	1542~7710	25.7				1960	1460	1780
	2000	1722~8610	28.7				2060	1530	1870
	2400	2076~10380	34.6				2140	1640	1940
LYDZ-52	1800	2112~10560	35.2			1.5	2360	1770	2150
	2000	2292~11460	38.0				2480	1860	2250
	2400	2766~13830	46.1				2600	1990	2370
LYDZ-78	1800	3090~15450	51.5			2.2	3290	2450	2990
	2000	3438~17190	57.3				3460	2570	3140
	2400	4146~20730	69.1				3620	2740	3280

续表

型　号	滤袋长度/mm	技术参数							
		处理风量/（m³/h）	过滤面积/m²	关风器电机功率/kW	刮板电机功率/kW	低压泵功率/kW	质量/kg		
							A	B	C
LYDZ-104	1800	4116~20580	68.6				4200	3130	3820
	2000	4590~22950	76.5				4410	3296	4010
	2400	5526~27630	92.1				4650	3530	4220
LYDZ-120	1800	4752~23760	79.2				4848	3613	4410
	2000	5298~26490	88.3	1.1	1.5	2.2	5090	3804	4628
	2400	6378~31890	106.3				5366	4074	4870
LYDZ-130	1800	5148~25740	85.8				5253	3974	4777
	2000	5736~28680	95.6				5511	4118	5011
	2400	6906~34530	115.1				5811	4411	5274

注：表中的处理风量是指过滤风速为 1~5m/min、设备阻力为 0.8~1.5kPa、漏风率≤5%、除尘效率≥99.5% 时的计算值，具体应按工况来选择合理的过滤风速。

三、高压脉冲除尘器

BLM 型脉冲布袋除尘器的主要技术数据

项　目	BLM.24	BLM.36	BLM.48	BLM.60
布筒数/个	24	36	48	60
布筒规格/mm	φ120×2000	φ120×2000	φ120×2000	φ120×2000
过滤面积/m²	18	27	36	45
处理风量/（m³/h）	3200~5400	4800~8100	6400~10800	8000~13500
脉冲周期/s	140±5	140±5	140±5	140±5
脉冲时间/s	0.1~0.2	0.1~0.2	0.1~0.2	0.1~0.2
工作压力/Pa	(4~6)×10⁵	(4~6)×10⁵	(4~6)×10⁵	(4~6)×10⁵
压缩空气耗量/（m³/min）	0.035	0.055	0.075	0.090
进气含尘度/（g/m³）	3~5	3~5	3~5	3~5
除尘效率/%	≥99	≥99	≥99	≥99
设备阻力/Pa	490~980	490~980	490~980	490~980
螺旋机规格/mm	—	—	φ200×1350	—
螺旋机转速/（r/min）	45	45	45	45
螺旋机动力/kW	0.8	0.8	0.8	0.8
控制系统动力/kW	0.25	0.25	0.25	0.25
外形尺寸 长×宽×高/mm	2260×1320×3925	2260×1720×3495	2260×2276×3820	2260×2520×3820
重量/kg	1100	1300	1400	1800

四、回转反吹除尘器

ZC 型回转反吹布袋除尘器技术性能

型　号	过滤面积/m²		袋长/m	圈数/圈	袋数/条	除尘率/%	入口粉尘质量浓度/(g/m³)
	公称	实际					
24ZC200	40	38	2	1	24		
24ZC300	60	57	3	1	24		
24ZC400	80	76	4	1	24		
72ZC200	110	104	2	2	72		
72ZC300	170	170	3	2	72		
72ZC400	230	228	4	2	72	99.0~99.7	<15
144ZC300	340	340	3	3	144		
144ZC400	450	445	4	3	144		
144ZC500	570	569	5	3	144		
240ZC400	760	758	4	4	240		
240ZC500	950	950	5	4	240		
240ZC600	1140	1138	6	4	240		

附录十　叶轮式闭风器（供料器）

表 1　　　　　　　　　　　**叶轮式闭风器（供料器）技术参数**

型　号	TGFY2.8 TGFZ2.8	TGFY4 TGFZ4	TGFY5 TGFZ5	TGFY7 TGFZ7	TGFY9 TGFZ9
容　量/L	2.8	4	5	7	9
转　速/(r/min)	20~60				
配用功率/kW	0.25~0.55			0.5~0.75	

注：T——粮油通用机械；GF——闭风器；Y——叶轮闭风器，不带传动机构；Z——组合式叶轮闭风器，带传动机构。

表 2　　　　　　　　　　　**叶轮式闭风器（供料器）规格**　　　　　　　单位：mm

型号 No.	叶轮直径	K	B	H	E	L	φ1	φ2	φ3	D	C	M	G	F	N
2.8	180	130	260	405	235	300	120	170	200	200	140	130	230	210	120
5.0	220	150	300	458	275	338	150	200	230	230	140	160	260	240	150
7.0	250	165	330	498	305	365	170	220	250	250	160	180	285	265	170
9.0	280	185	370	544	325	380	190	240	270	270	190	195	310	2902	190

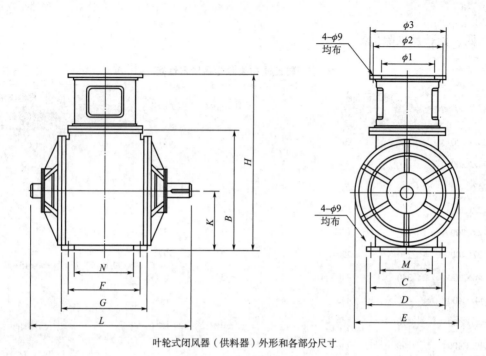

叶轮式闭风器（供料器）外形和各部分尺寸

附录十一　部分尘源设备吸风量和阻力

尘源设备		吸风量/（m³/h）	阻力/Pa	备注
下粮坑	颗粒料	2000~4500	50~100	
	粉料	1000~3000	50~100	
圆筒初清筛	SCY42	240	150	
	SCY63	480	150	
	SCY80	720	150	
平面回转筛	SM80	2275	200~300	
	SM100	2840	200~300	
	SM125	3550	200~300	
打麦机	DML67×106	300	100~300	
重力分级去石机	TQSF63	5000	200~1000	
	TQSF80	5000	200~1000	
	TQSF100	7500	300~1000	
	TQSF125	7500	300~1000	
	TQSF160	7500	300~1000	
永磁滚筒	TCSY25	300	50~100	
	TCSY40	300	50~100	
皮带输送机进料口		300~600	30~200	
斗式提升机		200~800	50~200	

续表

尘 源 设 备		吸风量/(m³/h)	阻力/Pa	备 注
埋刮板输送机		200~600	30~200	
叠片精选机		600	50	
洗麦机		360	30~100	
溜筛		200~400	30~100	
滚筒精选机	FJXG60	500	80~250	
	FJXG60×2	800	80~250	
	FJXG60×3	1000	80~250	
	FJXG71×2	900	80~250	
振动筛	TQLZ80	3000~3300	300~300	
	TQLZ10	4000~4500	300~300	
	TOLZ150	6000~7000	300~300	
平面回转筛	TQLM63	1800	300~600	
	TOLM80	2275	300~600	
	TQLM100	2840	300~600	
	TQLM125	3550	300~600	

附录十二　气力输送计算表

风速/(m/s)			18				
动压/(kg/m²)			13.8				
D/mm	项 目						
	Q	R	$K_谷$	$K_粗$	$K_细$	$i_{谷粗}$	$i_细$
60	183	7.04	0.469	0.103	0.069	165	179
65	215	6.39	0.495	0.128	0.086	141	152
70	249	5.83	0.524	0.154	0.103	121	131
75	286	5.39	0.552	0.180	0.120	106	115
80	326	4.96	0.586	0.205	0.137	93	100
85	368	4.56	0.604	0.233	0.154	82	89
90	412	4.26	0.626	0.251	0.171	73	79
95	459	3.98	0.655	0.282	0.188	66	71
100	509	3.75	0.685	0.308	0.205	59	64
105	561	3.55	0.702	0.334	0.223	54	58
110	616	3.33	0.727	0.360	0.240	49	53
115	673	3.15	0.765	0.385	0.257	45	48
120	733	2.99	0.785	0.411	0.274	41	45
125	795	2.82	0.805	0.437	0.291	38	41

续表

风速/(m/s)	18						
动压/(kg/m²)	13.8						
D/mm	项 目						
	Q	R	$K_谷$	$K_粗$	$K_细$	$i_谷粗$	$i_细$
130	860	2.72	0.828	0.462	0.308	35	38
135	927	2.58	0.852	0.488	0.325	33	35
140	997	2.46	0.874	0.514	0.342	30	33
145	1070	2.36	0.896	0.539	0.360	28	31
150	1145	2.26	0.918	0.565	0.377	26	29
155	1223	2.18	0.939	0.591	0.394	25	27
160	1303	2.08	0.956	0.616	0.411	23	25
170	1472	1.94	1.003	0.668	0.446	21	22
180	1643	1.84	1.048	0.714	0.479	18	19
190	1840	1.73	1.092	0.772	0.514	16	18
200	2038	1.63	1.136	0.823	0.548	15	16
风速/(m/s)	19						
动压/(kg/m²)	22.1						
D/mm	项 目						
	Q	R	$K_谷$	$K_粗$	$K_细$	$i_谷粗$	$i_细$
60	193	7.73	0.448	0.092	0.064	174	188
65	227	7.04	0.471	0.119	0.080	148	161
70	263	6.41	0.500	0.143	0.096	128	138
75	302	5.60	0.526	0.167	0.112	111	121
80	344	5.41	0.558	0.191	0.127	98	106
85	388	5.04	0.577	0.215	0.143	88	94
90	435	4.66	0.598	0.239	0.159	77	84
95	485	4.40	0.623	0.263	0.175	69	75
100	537	4.11	0.646	0.287	0.191	63	68
105	592	3.89	0.667	0.311	0.207	57	61
110	650	3.67	0.693	0.335	0.223	52	56
115	711	3.48	0.722	0.358	0.239	47	51
120	774	3.29	0.747	0.382	0.255	44	47
125	839	3.11	0.767	0.406	0.271	40	43
130	908	2.98	0.791	0.430	0.287	37	40
135	979	2.86	0.815	0.454	0.303	34	37
140	1053	2.72	0.836	0.478	0.319	32	35
145	1129	2.61	0.856	0.502	0.335	30	32

续表

风速/(m/s)				19			
动压/(kg/m²)				22.1			
D/mm	项 目						
	Q	R	$K_谷$	$K_粗$	$K_细$	$i_{谷粗}$	$i_细$
150	1209	2.50	0.876	0.526	0.351	28	30
155	1291	2.39	0.897	0.550	0.366	26	28
160	1376	2.29	0.913	0.574	0.382	24	26.5
170	1530	2.18	0.857	0.622	0.414	22	23.5
180	1745	2.03	1.000	0.669	0.447	19	21
190	1942	1.91	1.042	0.717	0.478	17	18.8
200	2150	1.81	1.083	0.765	0.510	26	17

风速/(m/s)				20			
动压/(kg/m²)				24.4			
D/mm	项 目						
	Q	R	$K_谷$	$K_粗$	$K_细$	$i_{谷粗}$	$i_细$
60	204	8.45	0.425	0.089	0.060	183	198
65	239	7.64	0.449	0.111	0.074	156	169
70	277	7.04	0.476	0.134	0.089	135	146
75	318	6.37	0.501	0.156	0.104	111	127
80	362	5.91	0.531	0.179	0.119	103	112
85	409	5.45	0.549	0.2101	0.134	91	99
90	458	5.12	0.568	0.223	0.149	81	88
95	510	4.81	0.590	0.246	0.164	73	79
100	565	4.47	0.615	0.268	0.179	66	71
105	623	5.23	0.635	0.290	0.193	60	65
110	684	3.98	0.659	0.313	0.208	55	59
115	748	3.79	0.685	0.335	0.223	50	54
120	814	3.60	0.712	0.357	0.238	46	50
125	883	3.42	0.728	0.380	0.253	42	46
130	955	3.22	0.751	0.402	0.268	39	42
135	1030	3.12	0.774	0.424	0.283	36	39
140	1108	2.93	0.759	0.447	0.298	34	36
145	1189	2.85	0.814	0.469	0.313	31	34
150	1272	2.69	0.834	0.491	0.328	29	32
155	1359	2.61	0.852	0.514	0.342	27	30
160	1448	2.50	0.868	0.536	0.357	26	28
170	1635	2.39	0.912	0.581	0.387	23	25

续表

风速/(m/s)	20						
动压/(kg/m²)	24.4						
D/mm	项　目						
	Q	R	$K_谷$	$K_粗$	$K_细$	$i_{谷粗}$	$i_细$
180	1837	2.22	0.952	0.626	0.417	20	22
190	2045	2.10	0.993	0.670	0.447	18	20
200	2263	1.98	1.034	0.714	0.477	17	18

风速/(m/s)	21						
动压/(kg/m²)	27.0						
D/mm	项　目						
	Q	R	$K_谷$	$K_粗$	$K_细$	$i_{谷粗}$	$i_细$
60	214	9.23	0.410	0.084	0.056	192	208
65	251	8.34	0.431	0.105	0.070	164	177
70	291	7.61	0.459	0.126	0.084	141	153
75	334	7.01	0.483	0.146	0.098	123	134
80	370	6.46	0.511	0.167	0.112	108	117
85	429	5.96	0.528	0.188	0.126	96	104
90	481	5.61	0.548	0.209	0.139	86	93
95	536	5.19	0.569	0.230	0.153	77	83
100	594	4.87	0.592	0.251	0.167	69	75
105	655	4.59	0.612	0.272	0.181	63	68
110	718	4.37	0.635	0.293	0.195	57	62
115	785	4.11	0.661	0.314	0.209	52	57
120	855	3.94	0.685	0.335	0.223	48	52
125	928	3.72	0.702	0.356	0.237	44	48
130	1003	3.53	0.724	0.377	0.251	41	44
135	1082	3.37	0.746	0.398	0.265	38	41
140	1163	3.24	0.766	0.418	0.279	35	38
145	1248	3.09	0.785	0.439	0.293	33	36
150	1336	2.97	0.803	0.460	0.307	31	33
155	1427	2.86	0.821	0.481	0.321	29	31
160	1520	2.71	0.835	0.502	0.335	27	29
170	1718	2.60	0.877	0.544	0.363	24	26
180	1929	2.43	0.916	0.586	0.391	21	23
190	2145	2.30	0.955	0.628	0.418	19	21
200	2378	2.21	0.994	0.669	0.447	17	19

续表

风速/(m/s)	22						
动压/(kg/m²)	29.6						
D/mm	项 目						
	Q	R	$K_谷$	$K_粗$	$K_细$	$i_{谷粗}$	$i_细$
60	224	10.07	0.396	0.079	0.052	207	218
65	263	9.12	0.417	0.098	0.066	172	186
70	305	8.29	0.440	0.118	0.077	148	160
75	350	7.61	0.464	0.138	0.092	129	140
80	398	7.02	0.493	0.157	0.105	123	123
85	449	6.49	0.510	0.177	0.118	100	109
90	504	6.04	0.528	0.197	0.131	90	97
95	561	5.63	0.548	0.216	0.144	80	87
100	622	5.32	0.572	0.236	0.157	73	79
105	686	5.01	0.590	0.256	0.170	66	71
110	753	4.74	0.613	0.275	0.184	60	65
115	821	4.47	0.637	0.295	0.200	55	59
120	896	4.24	0.661	0.315	0.210	50	55
125	972	4.09	0.678	0.334	0.223	46	50
130	1051	3.85	0.699	0.354	0.236	43	46
135	1133	3.70	0.720	0.374	0.249	40	43
140	1219	3.50	0.739	0.393	0.262	37	40
145	1308	3.35	0.757	0.413	0.275	34	37
150	1400	3.23	0.775	0.432	0.288	32	35
155	1495	3.11	0.793	0.452	0.302	30	33
160	1593	2.93	0.806	0.472	0.315	28	31
170	1800	2.81	0.848	0.512	0.341	25	27
180	2020	2.64	0.885	0.551	0.367	22	24
190	2247	2.49	0.922	0.591	0.394	20	22
200	2490	2.38	0.960	0.630	0.419	18	20
风速/(m/s)	23						
动压/(kg/m²)	32.4						
D/mm	项 目						
	Q	R	$K_谷$	$K_粗$	$K_细$	$i_{谷粗}$	$i_细$
60	234	10.94	0.385	0.074	0.049	211	228
65	275	9.88	0.407	0.093	0.062	180	194
70	319	9.00	0.436	0.112	0.074	155	168
75	367	8.23	0.453	0.130	0.087	135	146

续表

风速/(m/s)	23						
动压/(kg/m²)	32.4						
D/mm	项　目						
	Q	R	$K_谷$	$K_粗$	$K_细$	$i_{谷粗}$	$i_细$
80	416	7.61	0.480	0.148	0.098	119	128
85	470	7.06	0.496	0.167	0.110	105	114
90	527	6.54	0.514	0.185	0.124	94	101
95	587	6.15	0.537	0.204	0.136	84	91
100	650	5.67	0.561	0.223	0.148	76	82
105	717	5.41	0.575	0.241	0.161	69	74
110	770	5.05	0.596	0.260	0.173	63	68
115	860	4.79	0.620	0.278	0.185	57	62
120	936	4.57	0.644	0.297	0.198	53	57
125	1016	4.31	0.657	0.315	0.210	49	52
130	1099	4.14	0.678	0.334	0.223	45	49
135	1185	4.02	0.698	0.352	0.235	42	45
140	1274	3.79	0.718	0.371	0.247	39	42
145	1367	3.63	0.736	0.389	0.260	36	39
150	1463	3.47	0.753	0.408	0.272	34	37
155	1562	3.30	0.771	0.426	0.284	32	34
160	1665	3.21	0.785	0.445	0.300	30	32
170	1881	2.96	0.820	0.479	0.319	26	28
180	2109	2.76	0.860	0.515	0.344	23	25
190	2350	2.58	0.890	0.552	0.368	21	23
200	2604	2.42	0.930	0.589	0.393	19	20
风速/(m/s)	24						
动压/(kg/m²)	35.3						
D/mm	项　目						
	Q	R	$K_谷$	$K_粗$	$K_细$	$i_{谷粗}$	$i_细$
60	244	11.71	0.375	0.070	0.047	220	238
65	287	10.58	0.396	0.088	0.058	188	203
70	333	9.81	0.420	0.105	0.070	162	175
75	382	8.89	0.440	0.123	0.081	141	152
80	434	8.26	0.467	0.140	0.093	124	134
85	490	7.55	0.482	0.158	0.105	111	119
90	550	7.06	0.500	0.175	0.117	98	106
95	612	6.63	0.519	0.193	0.128	88	95

续表

D/mm	项 目						
风速/(m/s)	24						
动压/(kg/m²)	35.3						
	Q	R	$K_谷$	$K_粗$	$K_细$	$i_{谷粗}$	$i_细$
100	679	6.17	0.539	0.210	0.140	79	86
105	748	5.82	0.558	0.228	0.152	72	78
110	821	5.43	0.580	0.245	0.164	66	71
115	898	5.22	0.604	0.263	0.175	60	65
120	977	4.94	0.627	0.280	0.187	55	60
125	1060	4.66	0.641	0.299	0.199	51	55
130	1147	4.48	0.661	0.315	0.210	47	51
135	1236	4.23	0.680	0.333	0.222	43	47
140	1330	4.09	0.698	0.350	0.234	40	44
145	1426	3.92	0.714	0.368	0.245	38	42
150	1527	3.78	0.731	0.385	0.257	35	38
155	1630	3.60	0.749	0.403	0.269	33	36
160	1738	3.46	0.763	0.420	0.280	31	34
170	1985	3.17	0.800	0.451	0.301	27	30
180	2193	2.95	0.830	0.486	0.324	24	26
190	2454	2.78	0.860	0.520	0.347	22	24
200	2716	2.58	0.890	0.555	0.370	20	21

注：Q——m³/h；R——（kg/m²）/m；i——（kg/m²）/t。

参考文献

[1] 吴建章. 通风除尘与气力输送 [M]. 北京：中国轻工业出版社，2008.

[2] 陈宏. 通风除尘与物料输送技术 [M]. 北京：中央广播电视大学出版社，2013.

[3] 王新泉，丁淑敏. 通风工程学 [M]. 北京：机械工业出版社，2023.

[4] 李建龙. 通风除尘与净化 [M]. 北京：冶金工业出版社，2022.

[5] 马中飞，沈恒根. 工业通风与除尘 [M]. 北京：中国劳动社会保障出版社，2009.

[6] 林聚英. 通风除尘与气力输送 [M]. 北京：中国财政经济出版社，1999.

[7] 王华志. 制粉工操作实务 [M]. 青岛：中国海洋大学出版社，2021.

[8] 彭建恩. 制粉工艺与设备 [M]. 成都：西南交通大学出版社，2005.

[9] 王风成，李东森，黄社章等. 制粉工培训教程 [M]. 北京：中国轻工业出版社，2007.

[10] 顾鹏程，胡永. 谷物加工技术 [M]. 北京：化学工业出版社，2008.